비만 및 체형관리학

이영미 · 이정희 · 최화정 · 윤미영

구민사
Technology Computer

INTRO

중국 당나라 때 관리를 등용하던 시험에서 인물평가의 기준으로 삼았던 네가지 조건이 있었는데 그것은 신언서판(身言書判)이다. 이 중 '신(身)'은 사람의 풍채와 용모 즉 체형을 뜻하는 말이다. 체형이란 옛날부터 오늘날에 이르기까지 중요한 요소임이 틀림없다. 다양한 정보생활과 직종에 종사하는 현대인들은 타인과의 만남을 많이 가지는 여건에 있으며 만남이 많아질수록 개개인의 이미지관리에 많은 관심과 노력을 기울이고 있다. 이러한 이유로 자기관리 방법의 하나인 체형관리가 좋은 평가를 받고 있다. 신체의 외형을 나타내는 체형은 건강을 포함하여 성격, 영양상태, 생활습관 등 여러 가지 정보를 담고 있기 때문에 만남에서의 첫인상을 만드는 요인 중의 하나가 된다. 건강의 개념이 강조되어 질수록 신체와 체형관리의 중요성은 더욱 부각되고 있다. 그러나 중요한 것임에도 불구하고 우리는 체형관리를 어려워하는 동시에 체형을 망가뜨리는 행동을 하기도 한다. 체형을 망가뜨리는 원인으로는 여러 가지가 있으며 식습관과 생활습관의 원인으로 비만의 유병률이 지속적으로 증가하고 있는 추세이다. 비만은 단순히 신체적인 외모와 건강 외에도 심리적, 정신적인 장애를 초래하게 되므로 보건문제의 심각성으로도 확대되고 있다. 한 편에서는 잘못된 정보를 바탕으로 무리한 다이어트나 체중조절을 하고 있는 사람들이 많아 건강을 해치고 있다. 이러한 비만을 개선하고 예방하거나, 건강한 체형을 유지하고 관리하기 위한 올바른 정보와 체계의 필요성이 강조되고 있는 것이다. 이에 비만과 체형관리에 대한 전문적인 지식과 관리방법을 피부미용인들의 영역에 초점을 두어 피부미용 현장에서 실제로 활용할 수 있는 비만 및 체형관리 교재를 출간하게 되었다.

본 책에서는 총 13장으로 큰 내용으로 이론적인 부분은 체형과 비만에 대한 개념, 정의, 요인들과의 관련성, 분류, 측정방법, 질병, 셀룰라이트, 식이요법, 운동요법, 스트레스와의 관계, 기기관리, 한방요법 등에 대해서 다루었으며, 실기적인 부분은 효율적인 비만개선과 체형관리를 위한 메뉴얼테크닉(수기법)의 기술로, 다양한 프로그램의 소개와 등관리, 복부관리, 하체관리, 상체관리 등에 대해서 다루었다. 또한 체형에 대한 진단과 프로그램 설정 및 관리방법에 대하여 자세하게 다루어, 이론과 실기, 그리고 활용까지 전반적인 내용에 대해서 다루고 있다. 따라서 미용 산업에서 두루 사용되고 있는 비만과 체형관리 실기를 체계적으로 공부하는 학생들과 모든 미용인들에게 도움이 되기를 바라며 여러 가지 미흡한 점은 추후 지속적으로 수정하여 개선하도록 할 것이며, 책이 출간되기까지 여러 가지로 도움주신 교수님들과 도서출판 구민사 조규백 대표님과 관계자 분들 그리고 늘 큰 힘이 되어주는 사랑하는 가족에게 감사드린다.

지자 일동

Contents

Contents

PART 03 체형관리 상담 및 분석

PART 04

체형관리 적용

Contents

비만 및 체형관리학

Obesity & Body Shape Managment

obesity&body shape managment

part 01

체형관리의 개요

Chapter 01 체형관리

1 체형관리의 개념

1_ 체형의 정의

체형이란 유전적 체질이나 환경, 질병, 영양 등의 영향에 따라서 형성된 신체의 외형을 말한다.

2_ 체형관리의 정의

체형관리란 물리적(physical), 심리적(psychological), 전기적(electrical), 화학적(chemical)인 방법을 이용하여 잘못된 생활습관으로 인해 몸의 골격이 변형되거나 근육이 경직된 것을 풀어주어 전체적인 몸의 형태를 바르고, 건강하고, 아름다운 체형으로 유지하기 위한 관리를 의미한다.

체형을 망치는 대표적인 것들에는 지방, 셀룰라이트, 수분, 노폐물 등이 있다. 체형관리는 알맞은 제품 등을 적용하여 이러한 것들을 분해시키고, 배출하기에 적합한 몸의 상태를 만들고, 제거하여 건강하고 아름다운 외형을 만드는 과정이다.

체형관리는 혈액과 림프액 등의 원활한 순환을 통한 건강유지와 몸의 균형을 이루는 골격과 근육에 주안점을 두어야하기 때문에 관리 시 중요점과 건강상의 문제점을 체크해서 접근해야 한다.

3_ 체형관리의 목적

체형관리는 신체에 관한 올바른 지식과 전문적인 트리트먼트 방법을 기본으로 하여 건강하고 아름다운 체형을 유지하는 것을 목적으로 한다.

4_ 체형관리의 효과

① 내적 측면에서의 효과로는 수기요법이나 기기를 이용한 물리적 자극을 주어 림프 순환을 촉진시킴으로서 체내 노폐물 배출, 부종완화, 근육 이완 및 탄력 증진 효과를 가질 수 있으며, 관절과 연결된 조직을 재생시키는 근육에서의 효과와 면역기능 증진 및 호르몬 분비 촉진 등의 항상성 유지에 대한 효과도 있다.

② 외적 측면에서의 효과로는 화장품을 이용한 물리적 자극을 통해 피부 표면의 발한, 지방분해, 셀룰라이트 감소, 부종완화, 체중감소, 아름다운 체형관리, 탄력 강화 등의 효과를 가질 수 있다.

③ 정서적 측면에서의 효과로는 다양한 요법과 테크닉 그리고 재료와 도구들을 이용한 터치로 중추신경계와 면역계의 상호작용을 도와 전신피로와 스트레스 완화시킴으로서 심리적 안정감 유도할 수 있다.

5_ 체형관리의 영역

체형관리의 영역은 다음과 같이 간단히 정리할 수 있다.

체형관리의 영역

생리적(physiological)	심리적(psychological)
• 재생과 탄력강화관리 • 하부순환 개선관리 • 부종관리 • 부분관리 • 튼살관리 • 셀룰라이트관리 • 체형관리	• 이완(realx)관리 • 스트레스(anti-stress) 완화 관리

6_ 체형관리의 적용되는 테라피의 종류

- 림프배농 마사지(lymphatic drainage massage)
- 스웨덴식 마시지(swedish massage)
- 지압마사지(shi-atsu)
- 경락요법(meridian)
- 반사요법(reflexology)
- 심부조직 마사지(deep tissue massage)
- 아로마요법(aroma therapy)
- 식물요법(phyto therapy)
- 수요법(spa, hydro, thalasso therapy)
- 스톤요법(stone therapy)
- 음악요법(music therapy, sound therapy)
- 색상요법(color therapy)
- 로미로미 마사지(lomilomi massage)
- 타이 마사지(thai massage)
- 아유르베다(ayurveda)
- 체어 마사지(chair massage) 등이 있다.

7_ 수기의 7가지 기본동작

① 경찰법(Effleurage, Stocking : 쓰다듬기)

② 유연법(Petrissage, Kneading : 주무르기)

③ 강찰법(Friction : 문지르기)

④ 고타법(Tapotment, Percusion : 두드리기)

⑤ 진동법(Vibration : 떨기)

⑥ 견인법(Stretching, Traction : 당기기)

⑦ 지압(Deep Pressure : 누르기)

5가지 여자 체형

3가지 남자 체형

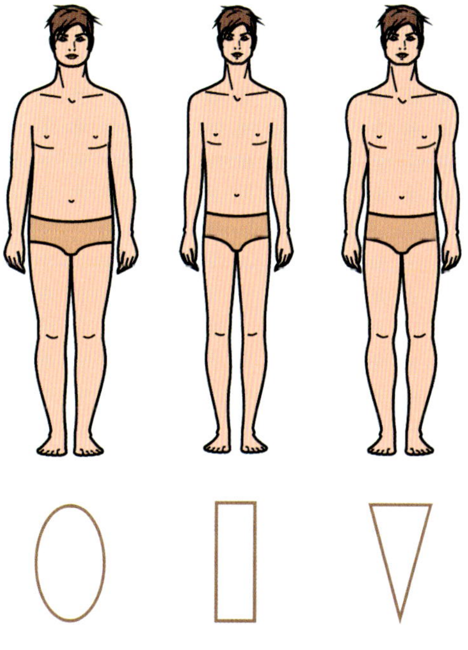

나의 체형은?

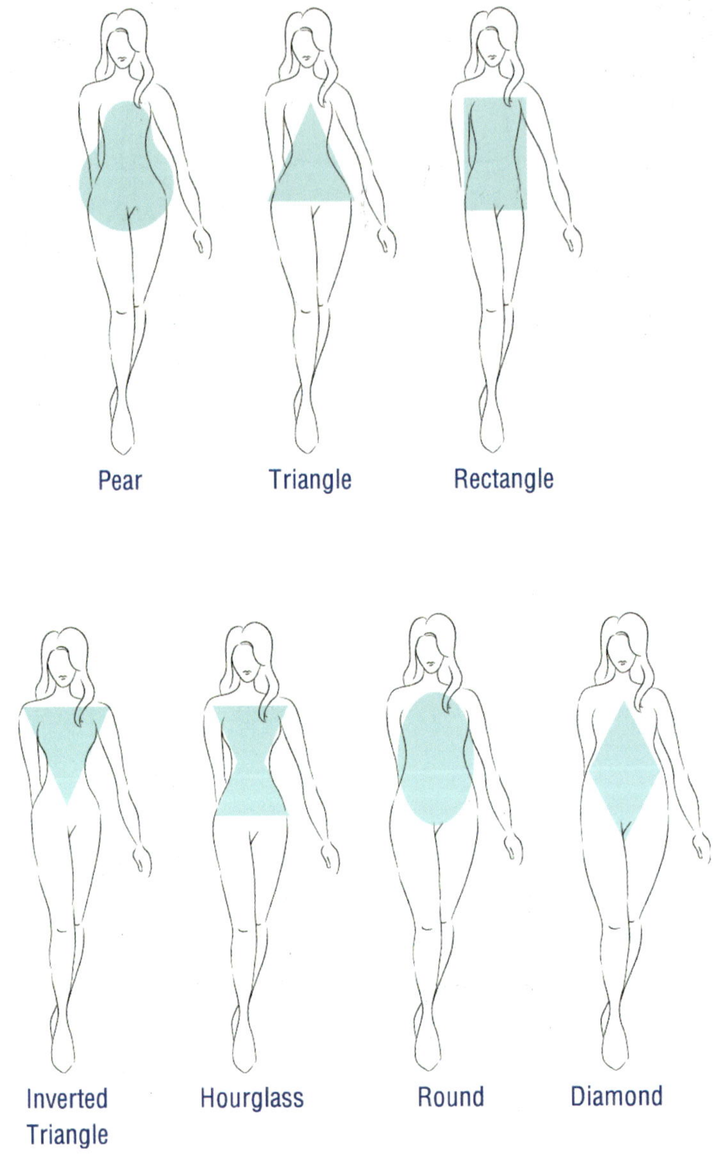
Pear
Triangle
Rectangle
Inverted
Triangle
Hourglass
Round
Diamond

7_ 골격과 근육

(1) 골격도

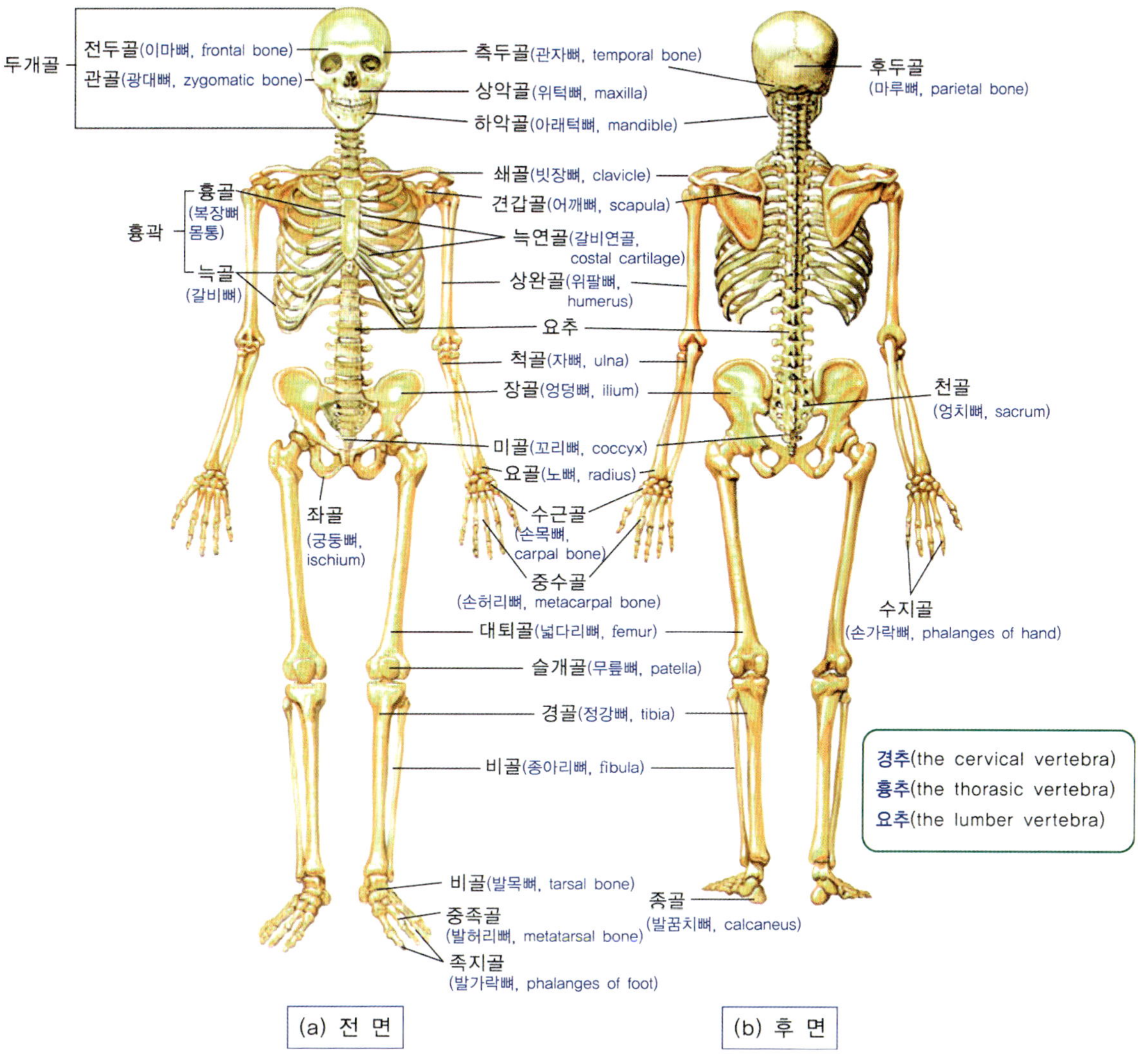

두개골
전두골(이마뼈, frontal bone)
관골(광대뼈, zygomatic bone)
측두골(관자뼈, temporal bone)
상악골(위턱뼈, maxilla)
하악골(아래턱뼈, mandible)
후두골
(마루뼈, parietal bone)
흉곽
흉골
(복장뼈
몸통)
늑골
(갈비뼈)
쇄골(빗장뼈, clavicle)
견갑골(어깨뼈, scapula)
늑연골(갈비연골,
costal cartilage)
상완골(위팔뼈,
humerus)
요추
척골(자뼈, ulna)
장골(엉덩뼈, ilium)
천골
(엉치뼈, sacrum)
미골(꼬리뼈, coccyx)
요골(노뼈, radius)
좌골
(궁둥뼈,
ischium)
수근골
(손목뼈,
carpal bone)
중수골
(손허리뼈, metacarpal bone)
수지골
(손가락뼈, phalanges of hand)
대퇴골(넓다리뼈, femur)
슬개골(무릎뼈, patella)
경골(정강뼈, tibia)
비골(종아리뼈, fibula)
경추(the cervical vertebra)
흉추(the thorasic vertebra)
요추(the lumber vertebra)
비골(발목뼈, tarsal bone)
종골
(발꿈치뼈, calcaneus)
중족골
(발허리뼈, metatarsal bone)
족지골
(발가락뼈, phalanges of foot)
(a) 전 면
(b) 후 면

(2) 골격의 기능

① 지지(supporting)

② 보호(protection)

③ 지렛대 역할(lever)

④ 조혈기능(hemopoiesis)

⑤ 무기질 저장(storage of mineral salts)

(3) 근육과 기능

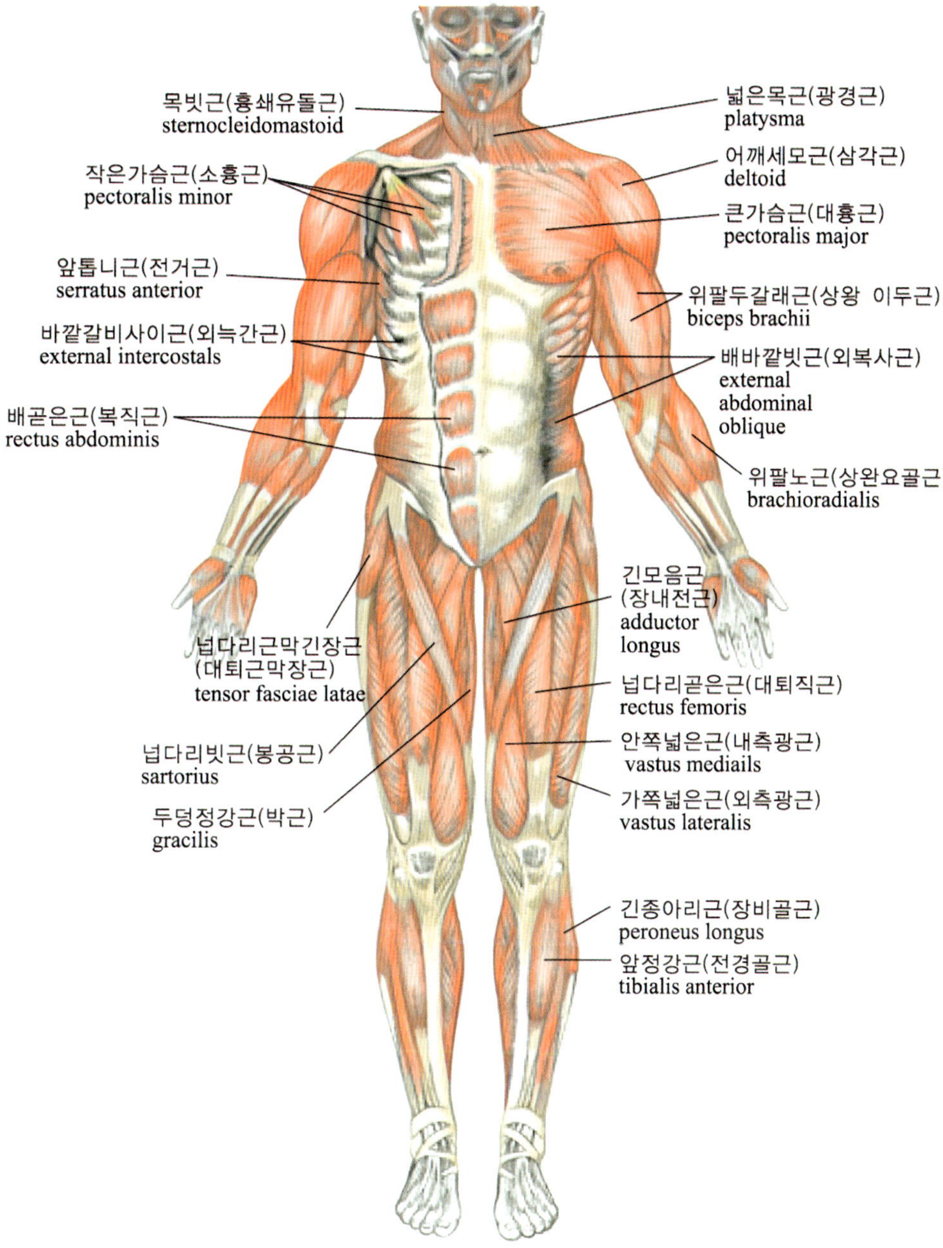
목빗근(흉쇄유돌근)
sternocleidomastoid
넓은목근(광경근)
platysma
작은가슴근(소흉근)
pectoralis minor
어깨세모근(삼각근)
deltoid
큰가슴근(대흉근)
pectoralis major
앞톱니근(전거근)
serratus anterior
위팔두갈래근(상왕 이두근)
biceps brachii
바깥갈비사이근(외늑간근)
external intercostals
배바깥빗근(외복사근)
external
abdominal
oblique
배곧은근(복직근)
rectus abdominis
위팔노근(상완요골근)
brachioradialis
긴모음근
(장내전근)
adductor
longus
넙다리근막긴장근
(대퇴근막장근)
tensor fasciae latae
넙다리곧은근(대퇴직근)
rectus femoris
넙다리빗근(봉공근)
sartorius
안쪽넓은근(내측광근)
vastus mediails
두덩정강근(박근)
gracilis
가쪽넓은근(외측광근)
vastus lateralis
긴종아리근(장비골근)
peroneus longus
앞정강근(전경골근)
tibialis anterior

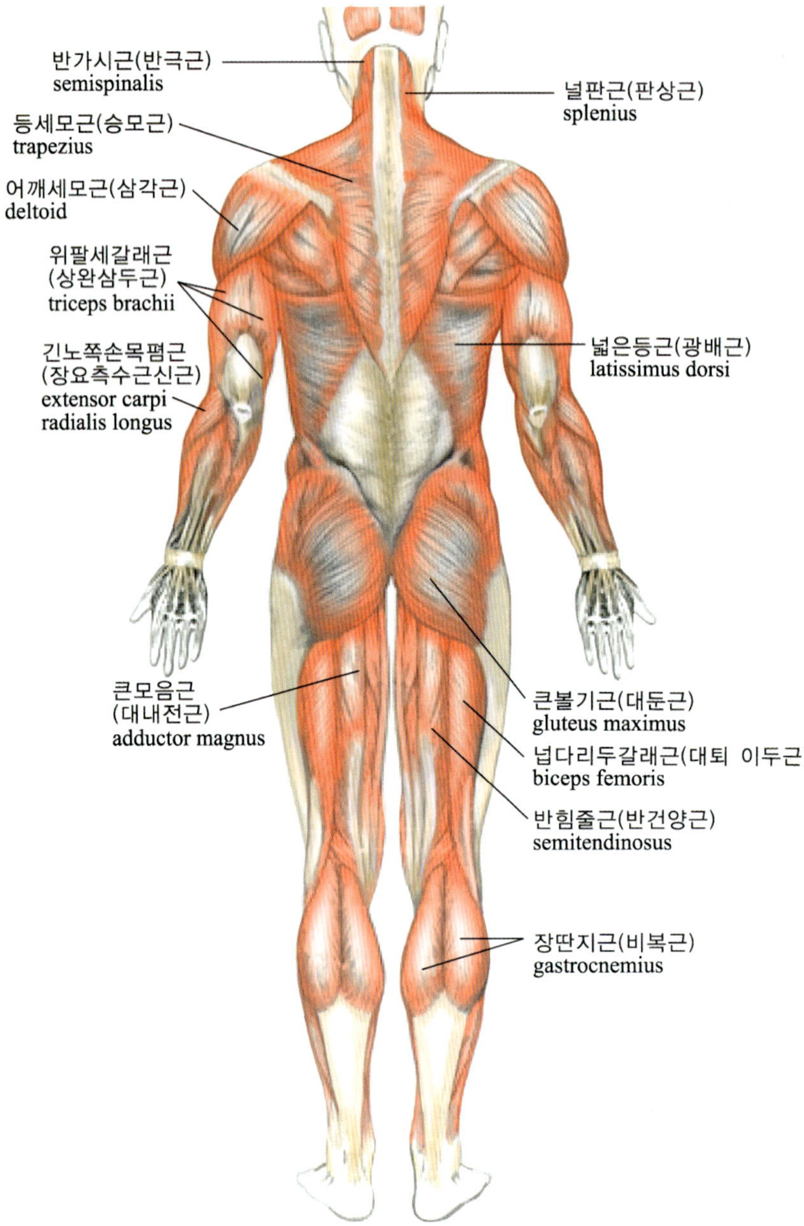
반가시근(반극근)
semispinalis
널판근(판상근)
splenius
등세모근(승모근)
trapezius
어깨세모근(삼각근)
deltoid
위팔세갈래근
(상완삼두근)
triceps brachii
넓은등근(광배근)
latissimus dorsi
긴노쪽손목폄근
(장요측수근신근)
extensor carpi
radialis longus
큰모음근
(대내전근)
adductor magnus
큰볼기근(대둔근)
gluteus maximus
넙다리두갈래근(대퇴 이두근)
biceps femoris
반힘줄근(반건양근)
semitendinosus
장딴지근(비복근)
gastrocnemius

이름	이는곳	닿는곳	작용
배바깥빗근(외복사근) external abdominal oblique	아래 8개의 갈비뼈	백색선(inea alba) 엉덩뼈(ilium)의 뒤, 가쪽	갈비뼈를 아래로 끌어당겨 배안의 압력을 높힘, 척주의 굽힘
바깥갈비사이근 (외늑간근) external intercostals	모든 갈비뼈의 아랫면	각 갈비뼈의 위쪽면	갈비뼈를 위, 앞쪽으로 당김
속갈비사이근 (내늑간근) interna lintercostal	모든 갈비뼈의 뒷면	모든 갈비뼈의 아랫면	갈비뼈를 아래, 뒤쪽으로 당김
위눈꺼풀올림근 (상안검거근) levator palpebrae superioris	눈 위의 나비뼈(sphenoid)	위눈꺼풀	눈꺼풀을 올림(눈을 뜸)
깨물근(교근) masseter	광대뼈(zygomatic)의 가쪽	아래턱뼈(mandible)의 가쪽	아래턱뼈를 위로 올림
눈둘레근(안륜근) orbicularis oculi	눈확(orbit)의 안쪽	눈 주위의 피부	눈꺼풀을 내림(눈을 감음)
입둘레근(구륜근) orbicularis oris	입주변의 결합조직	입의 가쪽 가장자리	입술을 다무는 운동 및 입술을 앞으로 내밈
작은가슴근(소흉근) pectoralis minor	셋째-다섯째 갈비뼈	어깨뼈	어깨를 앞으로 당김, 어깨뼈를 아래로 돌림, 갈비뼈를 위로 당김
넓은목근(광경근) platysma	어깨의 결합조직	아래턱뼈 및 얼굴의 결합조직	턱과 아랫입술을 밑으로 내림, 아랫입술을 뒤로 당김
배곧은근(복직근) rectus abdominis	두덩뼈(pubis)의 위, 앞쪽	다섯째-일곱째 갈비연골, 칼돌기(xiphoid)	갈비뼈를 밑으로 내림, 척주의 굽힘
입꼬리당김근 (구각거근) risorius	가쪽 얼굴의 결합조직	입의 가쪽 가장자리	입꼬리를 가쪽으로 당김
목갈비근(사각극) scalenes	목뼈	첫째 둘째 갈비뼈의 윗면	갈비뼈를 위로 당김, 목의 굽힘, 머리의 돌림
앞톱니근(전거근) serratus anterior	첫째-아홉째 갈비뼈의 위, 앞쪽면	어깨뼈(scapula)의 안쪽 모서리	어깨뼈를 앞으로 내밈
목빗근(흉쇄유돌근) sternocleidomastoid	빗장뼈(clavicle) 및 복장뼈 자루(manubrium)	관자뼈(temporal)의 꼭지돌기	목의 굽힘, 머리의 가쪽 굽힘 및 돌림
큰광대근(대관골근) zygomaticus major	광대뼈	입의 가쪽 가장자리	입꼬리를 올리면서 뒤로 당김
작은 광대근(소관골근) zygomaticus minor	광대뼈	윗입술	윗입술을 올리면서 뒤로 당김

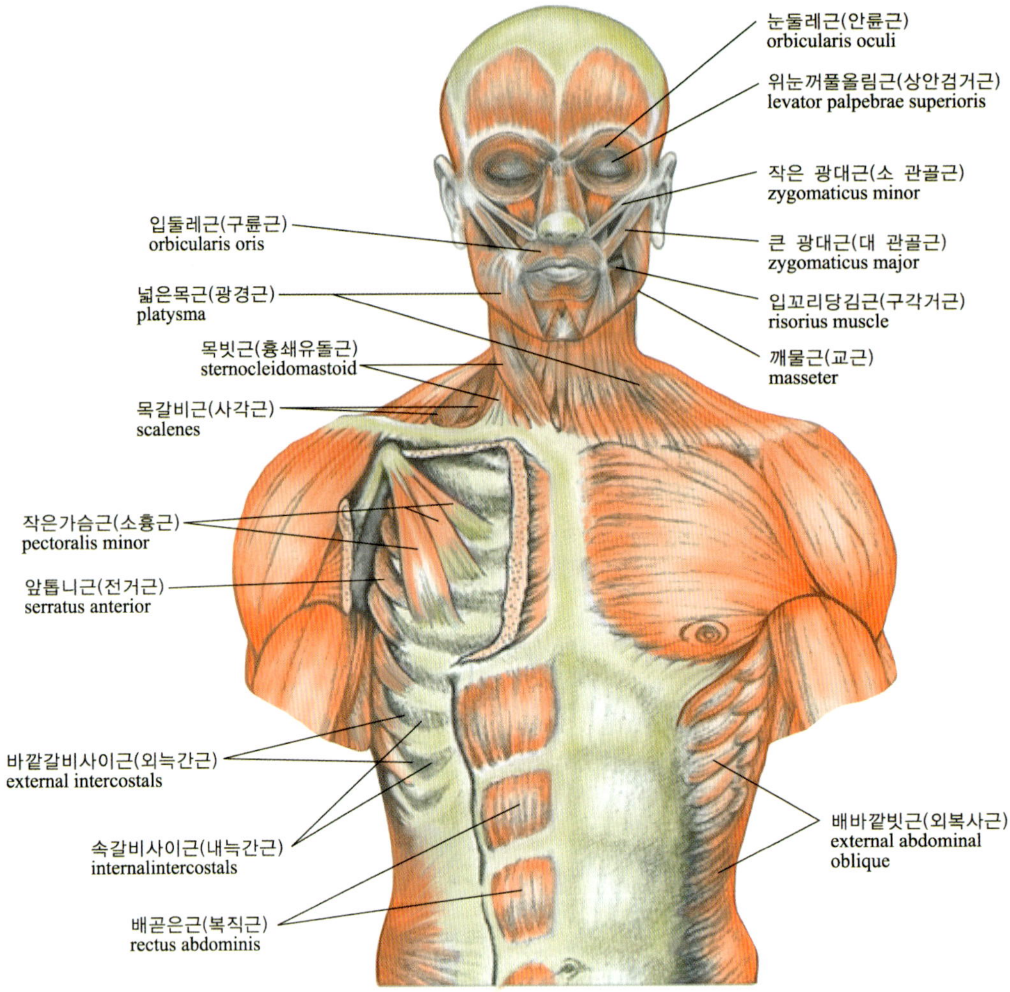
눈둘레근(안륜근)
orbicularis oculi
위눈꺼풀올림근(상안검거근)
levator palpebrae superioris
작은 광대근(소 관골근)
zygomaticus minor
입둘레근(구륜근)
orbicularis oris
큰 광대근(대 관골근)
zygomaticus major
넓은목근(광경근)
platysma
입꼬리당김근(구각거근)
risorius muscle
목빗근(흉쇄유돌근)
sternocleidomastoid
깨물근(교근)
masseter
목갈비근(사각근)
scalenes
작은가슴근(소흉근)
pectoralis minor
앞톱니근(전거근)
serratus anterior
바깥갈비사이근(외늑간근)
external intercostals
배바깥빗근(외복사근)
external abdominal
oblique
속갈비사이근(내늑간근)
internalintercostals
배곧은근(복직근)
rectus abdominis

어깨 앞쪽과 팔에 위치하는 근육

이름	이는곳	닿는곳	작용
위팔두갈래근 (상완이두근) biceps brachii	어깨뼈(scapula)의 두 곳	노뼈(radius) 윗부분의 앞쪽	팔꿉관절의 굽힘
위팔근(상완근) brachialis	위팔뼈(humerus)아랫부분의 앞쪽	자뼈(ulna)의 윗부분	팔꿉관절의 굽힘
위팔노근(상완요골근) brachioradialis	위팔뼈 아랫부분의 가쪽	노뼈 아랫부분의 가쪽	팔꿉관절의 굽힘
어깨세모근(삼각근) deltoid	빗장뼈(clavicle)와 어깨뼈	위팔뼈의 가쪽	위팔의 벌림
노쪽손목굽힘근 (요측수근굴근) flexor carpi radialis	위팔뼈 아랫부분의 안쪽	둘째 및 셋째 손허리뼈 (metacarpal)	손목의 굽힘 및 벌림
자쪽손목굽힘근 (척측수근굴근) flexor carpi ulnaris	위팔뼈 아랫부분의 안쪽, 자뼈 윗부분의 안쪽	콩알뼈(pisiform), 갈고리뼈(hamate) 및 다섯째 손허리뼈	손목의 굽힘 및 모음
새끼두덩의 근육 (소지근) hypothenars	콩알뼈, 갈고리뼈 및 손목인대	새끼손가락 첫마디뼈의 안쪽, 다섯째 손허리뼈의 안쪽	새끼손가락의 벌림, 굽힘, 맞섬
긴손바닥근(장장근) palmaris longus	위팔뼈 아랫부분의 안쪽	손바닥의 결합조직	손목의 굽힘
큰가슴근(대흉근) pectoralis major	빗장뼈, 둘째-여섯째 갈비뼈의 아래면	위팔뼈의 윗부분	어깨의 굽힘, 모음, 어깨를 안쪽으로 돌림
엄지두덩의 근육 (무지근) thenars	손배뼈(scaphoid), 큰마름뼈(trapezium), 작은마름뼈(trapezoid), 손목인대	첫째 손허리뼈의 가쪽, 엄지손가락의 첫마디뼈의 가쪽	엄지손가락의 굽힘, 모음 및 맞섬

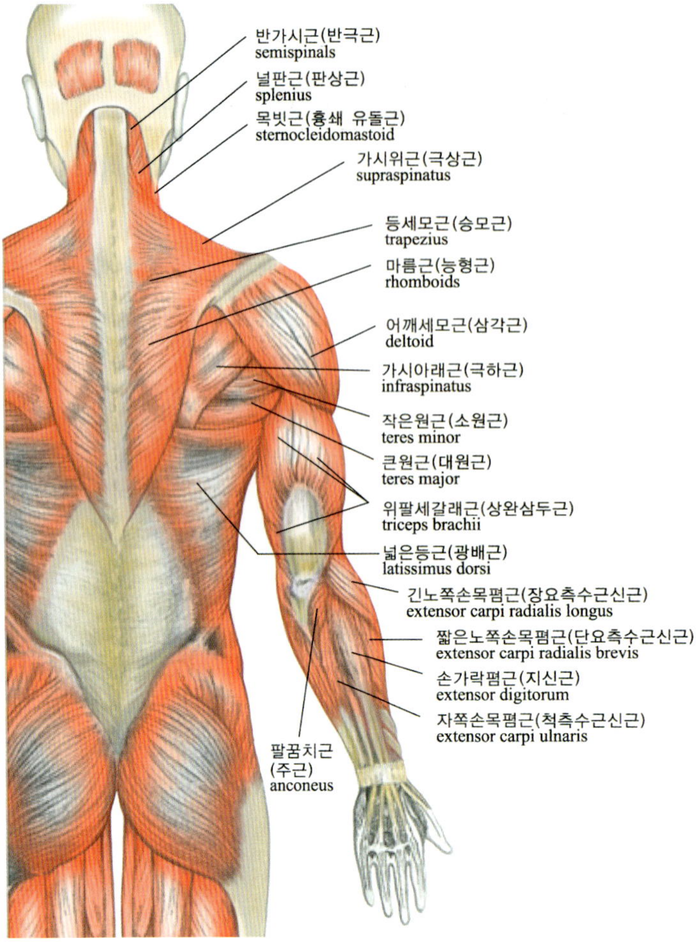
반가시근(반극근)
semispinals
널판근(판상근)
splenius
목빗근(흉쇄 유돌근)
sternocleidomastoid
가시위근(극상근)
supraspinatus
등세모근(승모근)
trapezius
마름근(능형근)
rhomboids
어깨세모근(삼각근)
deltoid
가시아래근(극하근)
infraspinatus
작은원근(소원근)
teres minor
큰원근(대원근)
teres major
위팔세갈래근(상완삼두근)
triceps brachii
넓은등근(광배근)
latissimus dorsi
긴노쪽손목폄근(장요측수근신근)
extensor carpi radialis longus
짧은노쪽손목폄근(단요측수근신근)
extensor carpi radialis brevis
손가락폄근(지신근)
extensor digitorum
자쪽손목폄근(척측수근신근)
extensor carpi ulnaris
팔꿈치근
(주근)
anconeus

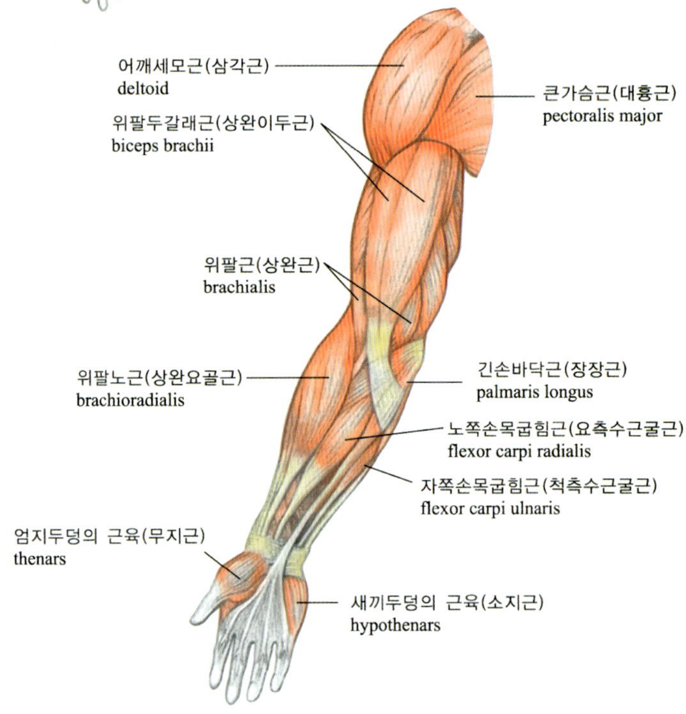
어깨세모근(삼각근)
deltoid
큰가슴근(대흉근)
pectoralis major
위팔두갈래근(상완이두근)
biceps brachii
위팔근(상완근)
brachialis
위팔노근(상완요골근)
brachioradialis
긴손바닥근(장장근)
palmaris longus
노쪽손목굽힘근(요측수근굴근)
flexor carpi radialis
자쪽손목굽힘근(척측수근굴근)
flexor carpi ulnaris
엄지두덩의 근육(무지근)
thenars
새끼두덩의 근육(소지근)
hypothenars

등과 어깨, 팔에 위치하는 근육

이름	이는곳	닿는곳	작용
팔꿈치근(주근) anconeus	위팔뼈(humerus) 아랫부분의 가쪽	자뼈(ulna) 윗부분의 뒤쪽	팔꿉관절의 폄
짧은노쪽손목폄근 (단요측수근신근) extensor carpi radialis brevis	위팔뼈 아랫부분의 가쪽	셋째 손허리뼈(metacarpal)	손목의 폄 및 벌림
긴노쪽손목폄근 (장요측수근신근) extensor carpi radialis longus	위팔뼈 아랫부분의 가쪽	둘째 손허리뼈	손목의 폄 및 벌림
자쪽손목폄근 (척측수근신근) extensor carpi ulnaris	위팔뼈 아랫부분의 가쪽, 자뼈의 뒤쪽	다섯째 손허리뼈	손목의 폄 및 모음
손가락폄근(지신근) extensor digitorum	위팔뼈 아랫부분의 가쪽	둘째부터 다섯째 손가락 중간마디뼈와 끝마디뼈	손목 및 손가락의 폄
가시아래근(극하근) infraspinatus	어깨뼈(scapula)의 뒷면	위팔뼈 윗부분의 뒷쪽	위팔의 가쪽 돌림
넓은등근(광배근) latissimus dorsi	T7-12 및 L1.5, 갈비뼈	위팔뼈 윗부분의 앞쪽	위팔의 폄, 벌림 및 안쪽 돌림
어깨올림근(견갑거근) levator scapuli	C1-4	어깨뼈의 안쪽	어깨뼈의 올림
마름근(능형근) rhomboids	C7 및 T1-5	어깨뼈 안쪽	위팔의 폄, 모음 및 안쪽 돌림
널판근(판상근) spleniu	C7-T6	뒤통수뼈(occipital), 관자뼈(temporal), c1-4	머리의 폄, 굽힘 및 돌림
가시위근(극상근) supraspinatus	어깨뼈의 뒷면	위팔뼈 윗부분의 뒷쪽	위팔의 벌림
큰원근(대원근) teres major	어깨뼈의 아랫부분	위팔뼈 윗부분의 앞쪽	위팔의 폄, 모음 및 안쪽 돌림
작은원근(소원근) teres minor	어깨뼈의 가쪽	위팔뼈 윗부분의 가쪽	위팔의 가쪽 돌림
등세모근(승모근) trapezius	뒤통수뼈와 C7 및 T1-12	빗장뼈(clavicle)와 어깨뼈	빗장뼈, 어깨뼈 및 목부위의 여러 운동
위팔세갈래근 (상완삼두근) triceps brachii	어깨뼈와 위팔뼈	자뼈 윗부분의 뒷쪽	팔꿈관절의 폄

비만 및 체형관리학

Obesity & Body Shape Managment

obesity & body shape managment

part 02

비만의 개념 &셀룰라이트

Chapter 02 비만의 개념과 측정

1 비만의 정의

비만(obesity)은 소비 칼로리에 비해 섭취 칼로리가 높음으로써 지방이 과잉 축적되는 체지방 과다(over fat) 상태이다. 즉, 비만은 체중이 단순히 많이 나가는 것보다 체중에서 차지하는 체지방의 비율이 높은 것이다. 체지방이 남자의 경우 체중의 15~20%, 여자의 경우 20~25% 정도를 정상으로 판단하며, 남자의 경우 25% 이상, 여자의 경우 30% 이상일 경우 비만증이라고 정의한다.

과체중(over weight)이란?

기준이나 표준에 비하여 지나치게 많이 나가는 몸무게로 나이에 비해 체중이 평균보다 많이 나가는 것을 의미하며, 뼈의 무게가 무겁거나 근육의 발달로 초래될 수도 있다. 따라서 비만을 판단하는 중요한 기준은 체중이 많이 나가는지를 판단하는 것이 아니라, 체지방량이 필요 이상으로 많이 축적되어 있는지를 판단하는 것이다.

2 비만의 원인

비만의 기본적인 원인이 에너지를 많이 섭취하고 소비를 적게 하는 것에 있지만 먹는 양과 몸무게는 비례한다는 상식과 다르게 아무리 많이 먹어도 여전히 마른 사람이 있는가 하면, 보통사람에 비해 많이 먹지 않는데도 비만인 사람들도 많다.

즉, 비만은 각 개인의 체질과 에너지 대사속도가 다르다는 생화학적 개별성(biochemical individuality)과 사회적인 요인들이 다양하게 복합되어 있음을 고려해야 한다. 이러한 이유로 비만치료의 접근방식이 모두에게 일반적으로 적용되는 것 외에 각 개인이 가지고 있는 내적요인들에 대한 고려도 중요하기 때문에 비만의 원인을 크게 외적요인과 내적요인으로 나누어서 살펴볼 필요가 있다.

1_ 유전적, 환경적 원인

부모의 체형과 체질은 자녀에게 유전되고 동일한 환경에서 생활하는 자녀에게 그대로 영향을 미친다. 비만아동의 60~80%에서 부모의 한쪽 또는 모두가 비만임이 알려져 있으며, 두 부모가 모두 비만일 경우 자녀가 비만일 확률이 80%이다. 또한 비만이 가족성으로 집중 발생하며, 쿠싱증후군이나 카팬터증후군 등이 유전과 관련된 증후군이다. 대부분 가족의 비만은 환경과 유전의 영향이라고 할 수 있다.

과체중과 비만의 근본적인 원인은 칼로리 과잉섭취나 불균형적인 칼로리 소비, 그리고 이 두 가지에 기인하는 에너지 균형의 문제이다. 외식과 인스턴트식품, 패스트푸드를 즐겨 먹는 식습관의 변화양상도 비만이 되는 이유 중 하나이다.

2_ 내분비 대사 장애

인체의 잉여에너지를 지방세포에 저장하기 위해 지방합성을 유도하는 과정과 다시 잉여에너지를 방출하기 위해 지방분해를 촉진하는 과정은 모두 내분비에서 분비하는 호르몬들과 신경전달물질들에 의해 진행된다. 이러한 내분비 물질들은 각 개인의 심리적 요인에 의해서도 많은 영향을 받는데, 각 개인이 가지고 있는 성격적인 특성도 비만의 요인에 포함될 수 있다.

- 갑상선 기능 저하증, 쿠싱증후군, 다낭성 난소 등의 일부 내분비 질환에 비만이 동반된다.
- 갑상선 호르몬의 결핍은 우리 몸의 모든 대사작용을 감소시켜 체내에 모든 대사산물이 축적되게 된다.
- 부신피질 호르몬의 과잉상태는 에너지 소모를 저하시키며 식욕이 항진되어 결국 비만이 초래된다.
- 만복 중추, 식욕 중추의 이상으로 섭식 기능에 장애가 발생한 경우에도 이와같이 비만이 형성된다.
- 여성의 경우 에스트로겐, 고나도트로핀, 안드로겐, 테스토스테론 등 성호르몬의 활동과 출산 및 수유를 위한 방편으로 생식기관 보호 및 에너지 저장의 목적으로 엉덩이, 허벅지주위 지방축적이 이루어진다.
- 특히, 에스트로겐의 경우 레벨이 떨어지는 갱년기의 경우에는 지질의 혈중 함량이 높아지고 이를 복강 내 쉽게 축적하게 되어 복부비만이 증가하게 된다.
- 렙틴의 민감도가 떨어질 경우 저장지방이 많음에도 뇌가 이를 인식하지 못하여 지속적으로 체지방의 증가로 진행하게 된다.

호르몬[hormone]이란?

동물의 부신, 목밑샘, 내분비샘으로부터 분비되는 액체, 체액과 함께 순환하여 모든 기관의 작용을 촉진, 증감하거나 반대로 억제하기도 한다.

3_ 심리적인 요인

스트레스, 우울증, 불안, 불행감 등이 대표적인 예로 스트레스는 외부의 사회 환경적인 요인일 수 있지만, 이를 받아들이는 개인의 특성은 매우 다르다. 같은 환경이라도 유난히 스트레스를 크게 받아들이는 성격이 있는가 하면, 이를 정신적으로 잘 소화시켜 별 무리 없이 받아들이는 경우도 있다. 스트레스는 특히 국소비만에 많은 영향을 준다. 스트레스를 받게 되면 코티솔의 분비가 증가하여 복부에 지방을 축적하게 된다. 과다한 식욕항진은 영양소의 불균형적인 섭취를 야기한다. 곧 영양소의 불균형은 계속적으로 음식을 먹고자 하는 욕구를 발생하게 된다. 우울증의 경우 교감신경계의 활동의 감소하거나 덜 민감해지게 되는데 자율신경계 저하로 인한 교감신경의 활동이 적을 때 아드레날린이 적게 분비되며, 이것은 신진대사률이 낮아지고 지방이용을 적게 한다.

4_ 과식과 잘못된 식습관

① 과식

비만의 원인이 대부분 과식에서 온다는 것에 대하여는 누구나 공감하고 있다. 우선 살이 찐 사람은 보통 사람들에 비해 많이 먹으며, 기름진 음식을 많이 즐겨 찾는다. 식욕은 대뇌 시상하부의 만복 중추와 섭식 중추에 의해 조절되는데, 배가 부르면 만복중추가 이를 느껴 그만 먹게 하고, 배가 고프면 섭식중추에서 식욕을 증가시켜 음식을 먹게 한다. 비만인 사람은 음식을 충분히 섭취하고도 만복감을 쉽게 느끼지 못하여 계속해서 더 먹게 되는데 스트레스나 호르몬적 불균형이 이러한 만복감을 둔감하게 할 수 있다.

인슐린은 혈당 저해제로 당뇨병의 치료에 쓰이며, 비만증과 그 외 간장병 등의 치료에도 쓰인다.

인슐린은 지속적인 에너지 공급을 유지하기 위해서 섭취한 에너지의 여분을 간, 근육, 지방조직에 글리코겐이나 중성지방으로 저장하였다가 필요시에 포도당 및 지방산과 글리세롤로 다른 조직에 에너지를 공급하는 즉, 이런 에너지의 저장과 방출에서 가장 중요한 호르몬이다.

* 인슐린 : 이자의 랑게르한스섬의 베타세포에서 분비되는 호르몬

② 잘못된 식습관

과식에 대한 반대의 개념을 일반사람들은 소식이라고 생각하기보다 흔히 금식이나 끼니를 거르는 것으로 생각하는 경향이 있다. 살빼기 위해서는 굶는 것이 최고라는 생각을 하여 아침식사를 거르거나 아니면 하루에 2끼 정도로 줄여서 식사를 하는데, 이 경우에는 오히려 건강에 해로움을 주면서 비만을 더욱 악화시킬 수 있다. 끼니를 거르게 되면 허기가 져서 다음 식사 때 더 많이 먹게 되고, 급격히 증가되는 혈당치로 인해 인슐린의 분비가 촉진되어 지방합성이 증가되며, 장기간 금식의 경우에는 지방세포에 에너지 보유를 위한 요구가 기억되어 평소에도 지방분해 작용이 수동적으로 진행되기도 한다.

몸이 심하게 비대한 사람의 또 다른 특징으로 밤늦게 야식을 즐겨먹고 폭식을 하거나 간식을 수시로 먹는 것을 볼 수 있는데, 이렇게 불규칙적인 식시습관과 더불어 음식 섭취량이 많으면 당연히 비만이 될 수 밖에 없다.

5_ 운동 부족

- 운동부족은 신체가 필요로 하는 최소한의 에너지인 기초대사량의 감소를 유발시킨다.
- 몸을 많이 움직이거나 운동을 하게 되면 에너지가 필요하고 이를 위해 지방분해 작용이 활발해진다.
- 운동을 하면 신진대사 작용이 활발해지고 이로 인해 지방분해를 촉진분해를 촉진하는 카테콜아민을 비롯한 호르몬들의 분비가 왕성해지게 된다.
- **운동권장량** 1일 : 30분 ~ 1시간 / 1주일 : 3 ~ 5회
- 운동 후 적어도 2 ~ 3시간 동안 인체 대사량이 증가된다.

6_ 기타

대사율, 호흡상, 흡연, 스트레스, 불안감, 우울, 약물남용이나 환경호르몬, 토양오염 등도 비만의 요인이 될 수 있다. 최근에는 여러 사회 환경적인 변화가 비만의 잠재적 요인들로 작용하고 있다.

호흡상

호흡률(respiratory quotient), 호흡계수라고도 하며 일반적으로 RQ로 약칭하는데, 생체가 산소 호흡을 할 때 배출하는 이산화탄소의 부피와 흡입한 산소의 부피와의 비를 말한다. 이 값은 섭취하는 영양소의 종류에 따라 다르며, 영양생리학상 중요한 계수이고, 이것에 의해 영양소의 종류를 추정할 수 있다.

3 비만의 종류

1_ 증식형 비만(hyperplastic obesity)

- 지방세포의 크기는 정상이나 그 수가 많아 체지방량이 늘어난 비만이다.
- 유년기의 소아형 비만이 이에 속한다.

체세포 증식이 왕성한 유아기, 소아기, 사춘기에는 열량섭취가 소비보다 많으면 그 잉여 에너지가 지방세포의 증식을 초래한다. 이런 상태의 비만은 치료하기가 더욱 어려운데 체중조절을 시도하여 세포의 크기를 작게 할 수는 있지만, 한 번 늘어난 세포의 수는 줄일 수 없기 때문에 치료의 효율성도 떨어지고 나중에 다시 원상복귀되기 쉽다. 따라서 성장기의 체중 관리는 아무리 강조해도 지나치지 않다.

2_ 비대형 비만(hypertraphic obesity)

- 지방세포의 수는 정상이나 지방세포의 크기가 증가하는 비만이다.
- 성인 비만이 이에 속한다.

성인이 된 후에는 지방세포의 숫자는 더 이상 증식하지 않는다. 다만 열량 섭취가 과도한 경우에 이미 있는 지방세포들에 지방 저장이 증가해 그 세포의 크기가 불어나고 부풀어 오른다. 식이 요법이나 운동을 통해 에너지 대사를 높이면 지방세푸에 저장되어 있던 지방이 빠져나가 그 크기가 줄어들 수 있어 비교적 치료가 용이하다.

3_ 혼합형 비만

- 지방세포의 수와 크기가 복합적으로 증가하는 형태이다.
- 일반적으로 고도비만이 이에 속한다.
- 성장기와 성인기의 중간에 있는 사춘기 때는 열량 섭취가 과도한 경우, 일부 지방세포 증식이 있으면서 동시에 지방세포에의 저장으로 인해 크기도 증가한다.

4 비만의 분류

1_ 질환유무에 따른 분류

① 단순성 비만

비만의 대부분이 여기에 속하며, 지방세포의 비대에 의한 것으로 과식, 잘못된 식이, 운동 부족 등의 원인으로 발생한다.

소아기의 과잉 영양으로 지방세포수 증가되어 비만증이 발생하며, 비만체질이 형성되면 증가된 지방세포수는 감소되지 않는다.

② 증후성 비만

비만을 유발시키는 질환에 의해 2차적으로 발생하는 비만이다.

쿠싱 증후군, 갑상선 기능 저하증, 다낭성 난소 및 인슐린 종 등의 내분비 질환에 의해 발생되는 것들이 이에 속한다.

2_ 지방조직의 형태에 따른 분류

① 증식형 비만(hypercellular obesity)

세포의 크기는 정상이나 지방세포의 수가 많아지는 비만을 세포증식형 비만이라고 하며, 대게 아동기나 사춘기 동안 발생하여 유아기형 비만 혹은 소아 비만이라고도 한다. 성년기라도 증가할 수 있다.

비만이 아동기나 청소년기에 발생했을 때 지방세포의 수는 3~5배까지 증가할 수 있으며, 성년기까지 비만이 유지될 수 있다.

② 비대형 비만(hypertrophic obesity)

세포증식형 비만과는 달리 지방세포의 개수에는 변화 없이 그 크기가 커진다는 특징이 있다. 성인형 비만이라고도 한다.

③ 혼합형 비만

지방세포의 수가 많아지고 그 크기도 커진다는 특징이 있다. 고도비만이 이에 속한다.

3_ 지방분포 부위에 따른 분류

① 상체 비만(upper body obesity)

주로 복부나 허리에 지방이 축적된 형태의 비만으로 복부형(abdominal), 사과형(apple shape)이 상체 비만에 속한다.

- 남성에게 많아 남성형(android), 안드로이드형 비만(androidtype obesity)이라고 한다.
- 어깨, 얼굴, 팔, 목, 가슴, 복부의 윗부분이 뚱뚱한 형태이며 몸의 아랫부분인 엉덩이와 다리는 비교적 날씬한 편에 속한다.
- 일반적으로 지방세포의 크기가 크다.
- 식사의 불균형과 운동 부족, 많이 먹는 것이 주요 원인이다.
- 상체의 늑골 위의 목 뒤, 어깨, 팔 등의 부위에 비만이 발생하여 사과(apple) 모양의 형태가 된다.
- 하체비만보다 허혈성 심질환, 당뇨병, 고지혈증 등의 성인병 발생의 위험이 높다.
- 주로 남성들이 이 유형에 속하지만, 여성들 중에도 폐경기나 호르몬의 영향 등의 원인으로 이러한 유형이 될 수 있다.

② 하체 비만(loser body obesity)

- 말초성(peripheral), 둔부형(gluteal), 여성형(gynoid), 배형(pea shape)이 하체비만에 속한다.
- 둔부와 대퇴부에 지방축적이 과다하게 있으며, 하지정체와 부종 순환정체 문제를 동반하고 있다.
- 엉덩이 또는 대퇴부에 지방이 축적된 형태로 둔부형비만 또는 지노이드형 비만(gynoid-type obesity)이라고 하며, 여성에게 많다.
- 주로 여성들이 이 유형에 속하지만 남성에게도 이 타입이 발견될 수 있으며, 비대한 하체에 비해 상체의 안면과 목 부분은 정상처럼 보일 수 있다.
- 지방세포의 수가 많고 체중조절이 어렵다.

- 승마형 비만

  원인) 생식기 기능의 저하, 생리 기능저하 및 여성 호르몬의 관계

- 팔과 하체에 발생하는 비만

  원인) 중년여성의 경우 여성 호르몬 과다에 의한 조직의 저탄력도 영양과 산소공급의 저하로 혈액순환과 림프순환의 저하 ➞ 배(pear) 모양의 형

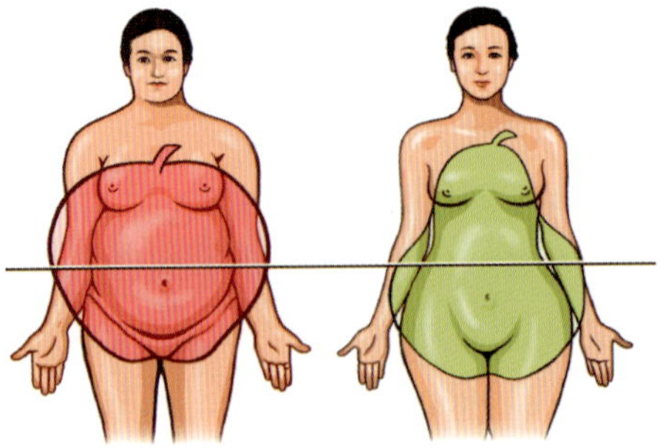

〈남성형비만〉 〈여성형비만〉

③ 전체 비만(원통 타입)

- 복부, 둔부가 다 비대하여 몸 전체가 원통처럼 보이며 BMI 수치가 매우 높다.
- 몸의 움직임이 매우 둔하여 걷거나 뛸 때 힘들어 한다.
- 인체 내에 쌓인 지방조직들이 내장 및 체내기관들의 움직임을 방해하여 여러
- 합병증을 동반하는 경우가 많다.
- 체중조절시 특별한 치료와 관리가 필요하다.

4_ 지방의 체내 저장 분포 부위에 따른 분류

- 상체 비만의 유형으로 내장지방형 비만과 피하지방형 비만으로 나뉜다.
- 구분하는 방법

  ㉠ 컴퓨터 단층촬영을 이용하여 면적비를 구한다.

  ㉡ 내장지방(visceral fat)과 피하지방(subcutaneous fat)의 면적비(V/S)

  ㉢ 0.4 이상 → 내장지방형 비만

  ㉣ 0.4 미만 → 피하지방형 비만

① 내장지방형 비만(visceral fat)

유독 배만 앞으로 불룩하게 나온 타입으로 흔히 복부 비만이라고 불린다. 겉살보다 속살에, 피하보다 내장에 지방 축적이 심하기 때문에 건강에 대한 위험이 매우 높다. 비만의 주요 합병증들인 심혈관 질환, 당뇨병, 고혈압, 동맥경화, 통풍 등의 발병률이 높다.

지방세포의 크기가 크다.(체중조절이 비교적 쉽다)

- 분배부위에 지방이 축적된 복부형 비만 중에서도 배안(복강)에 축적된 지방의 비율이 40%를 넘는 내장지방 축적형 비만은 당뇨병과 고혈압, 고지혈증 등 만성 퇴행성질환에 걸릴 확률이 높다.
- 내장 지방 : – 지단백질(lipoprotein)의 중성지방의 분리
  – 중성 지방을 지방 세포에 저장

내장형 비만이 위험한 이유

내장 주위에 쌓인 지방층은 혈관 속으로 쉽게 침투해 들어가 혈중 콜레스테롤 수치를 높이는 주범이다. 또한 인체의 포도당 소비를 조절하는 인슐린의 작용이 방해를 받아, 이로 인해 낮아진 인슐린의 효율을 높이기 위해 인슐린의 분비가 늘면서 심장과 혈관에 무리가 와 결국 당뇨병, 고혈압 등의 심혈관계 질환으로 직결된다.

② 피하지방형 비만(subcutaneous fat)

- 배와 허리는 물론 몸 전체가 뚱뚱하게 살찐 형태이다.
- 피부 밑에 쌓인 지방으로 인한 비만을 말한다.
- 주로 성장기에 살이 찔 경우에는 피하지방형인 경우가 많다.
- 30대 이후의 성인들 내장지방형 비만이 대부분이다.
- 청소년기에 배가 나오는 경우 → 피하지방형 비만으로 볼 수 없다.
- 20대 전 후의 여성의 피하지방형 → 미용 상의 문제일 뿐 건강적인 측면에서는 큰 문제는 되지 않는다. → 주된 축적 부위 : 엉덩이, 허벅지, 팔뚝

5_ 소아 비만

① 소아 비만의 원인

생리적으로 지방이 비축되기 쉬운 시기가 세 차례가 있는데, 생후 6~7개월까지, 사춘기, 중년기이다. 젖먹이 시기 초기는 신체의 지방이 예비 열량으로서 필요할 뿐만 아니라 어른들과 비교하여 몸에 비해 표면적이 넓기 때문에 보온을 위해 피하지방을 많이 비축해 둔다는 의미를 지닌다. 어린이가 언제부터 비만이 되는가에 대한 조사 결과를 살펴보면, 대략 비만 어린이의 50% 이상이 0~4세 사이에 시작된다고 한다. 5~11세 시기는 30% 내외, 나머지는 11세 이상에서 시작한다. 이를 보면 젖먹이 및 유아기에 비만이 되는 어린이가 가장 많음을 알 수 있다.

어린이 비만이 늘어나는 원인은 먹거리의 변화와 도시화로 인한 환경의 변화를 가장 큰 요인으로 꼽을 수 있다.

한 세대 전만 하더라도 탄수화물 중심에서 이제는 고단백, 고지방식으로 바뀌었고, 과자나 청량음료 등의 기호품은 어느 곳에서도 쉽게 얻을 수 있고 종류도 다양해서 선택의 폭도 넓어졌다. 또한 도시화로 TV, 게임 등으로 집안에서 보내는 시간이 많은 아이들에게는 자연스레 뛰어놀 수 있는 시간이 줄어들게 되었다.

식사를 어떻게 하느냐에 따라 체중이 증가하는 양상이 달라지는데, 하루에 먹는 양이 같다면 적은 양으로 자주 먹는 것이 살찌지 않는 방법이다. 뚱뚱한 사람이 한꺼번에 많이 먹는 모습을 들여다보면 게걸스럽게 순식간에 먹어치우는가 하면, 한 입에 넣는 양이 많고, 충분히 씹어 맛을 보는 일이 드물게 된다. 많이 먹으면서도 먹는 시간이 짧다는 것을 알 수 있다.

짧은 시간에 먹어치우면 한꺼번에 위에 많은 음식물이 들어가게 된다. 배가 부르면 시상 하부의 만복 중추에 신호가 보내져 만복 중추가 그만 먹으라는 지령을 내리게 된다. 한꺼번에 먹는 사람은 위에 음식물이 가득 차는데 소요되는 시간이 짧은 까닭에 그만 먹으라는 지령을 미처 내리기 전에 음식물이 뱃속으로 들어오게 되어 과식하게 된다.

비만 어린이나 그 어머니에게 어린이가 식사에 걸리는 시간을 물어보면 10~15분이라는 대답이 가장 많았다는 조사결과가 있다. 가족 중에서도 빨리 먹고, 더 먹고, TV를 보면서 먹는 구성원은 어린이가 대부분이다. 어린이에게 '빨리 빨리 많이 먹어'라고 하는 것은 비만측면에서 보면 그다지 좋은 방법은 아니다.

② 소아 비만의 문제점

소아 비만은 유아기에서 사춘기까지 학동기 어린이의 비만을 일컫는데, 키에 비해 몸무게가 20% 이상 많이 나가는 것을 의미한다.

일반적으로 소아 비만이 성인 비만보다 위험하다. 비만은 지방세포의 숫자가 늘어나거나 지방세포의 크기가 커지면서 발생하는데 성인 비만은 지방세포의 크기가 커지는 것이 보통이다. 그러나 어린이들은 성장속도가 빨라 비만세포 역시 빠른 수로 증가한다. 한번 증가한 세포의 수는 줄어들기 어려우므로 성인 비만으로 이어지기 쉽다. 살을 빼기 위해 굶게 되면 일부 지방세포가 영양공급을 받지 못해 굶게 되는데, 이와 동시에 식욕을 자극해 음식을 먹게끔 유도를 한다. 따라서 살을 빼기는 더욱 어려워지는 악순환이 계속된다.

비만은 직접적으로 건강 이상을 발생시키는데 소아 성인병이 바로 그것이다. 콜레스테롤이 혈관에 끼어 발생하는 동맥경화, 지방간, 고혈압, 당뇨병 등의 질환과 이로 인한 합병증이 우려된다. 소아 비만의 가장 큰 위험은 비만으로 인한 정서장애가 발생할 수 있다는 것이다. 다른 사람들 앞에 나서기를 꺼려하고 자신감 상실, 심지어는 우울증까지 생기게 되고 향후 성격형성과 대인 관계에 악영향을 미칠 수 있다.

③ 소아 비만의 진단

의학적인 비만아의 정의는 체중이 신장별 표준체중(대한소아과학회 1998) 보다 20% 이상될 때로 한다.

아래와 같은 공식으로 비만도를 구할 수 있다.

카우프 지수 – 영유아 비만도 측정

카우프 지수 = 체중(kg) ÷ 신장(m) ÷ 신장(m)

- 13 이하 : 체중미달
- 13~15 : 약간 저체중
- 15~18 : 정상
- 18~20 : 약간 과체중
- 20 이상 : 소아 비만

로러 지수 – 어린이 비만도 측정

로러지수 = 체중(kg) ÷ 신장 (m) ÷ 신장(m) ÷ 신장(m) × 10

- [신장 110~129cm 어린이] 로러지수 180 이상이면 소아 비만
- [신장 130~149cm 어린이] 로러지수 170 이상이면 소아 비만
- [신장 150cm 이상 어린이] 로러지수 160 이상이면 소아 비만

>> 표준체중-성장기 청소년 비만 측정

표준 체중 = 신장(cm) - 100 D×0.85(남자는 0.9)

표준 체중의 ±10%까지는 정상 체중, 20% 이상이 되면 비만으로 볼 수 있다.

④ 소아 비만의 치료

소아 비만증의 치료는 알맞고 균형 있는 음식섭취와 적절한 운동을 실시하고 잘못된 식사습관 및 생활습관을 고치는 행동요법이 가장 효과가 좋다. 소아 비만의 치료에 단식, 건강보조식품, 약물, 수술 등은 금기사항이나 의사의 지도하에 12세 이상 청소년에게 약물치료가 이루어지기도 한다.

㉠ 식이요법

식이요법의 경우 무조건 식사 양을 줄이면 성장 장애, 뇌발달 장애가 생기므로 기존 식사 때보다 열량을 20~30% 줄이면서 탄수화물과 지방을 덜 먹는 대신 단백질을 충분히 섭취하도록 한다. 균형 잡힌 식이조절과 함께 식사시간을 규칙적으로 정해서 편식을 막고 고르게 영양을 섭취하도록 하는 것이 중요하다.

㉡ 운동요법

소아 비만 치료에 좋은 운동으로는 유산소 운동인 걷기, 조깅, 계단오르기, 자전거 타기, 줄넘기, 수영, 스케이트 등이 있다. 규칙적인 유산소 운동은 심폐기능을 향상시키고 혈액량과 혈색소량의 증가를 가져오며, 정신적으로 긴장과 불안이 해소되고 우울한 기분이 줄어 자신감을 증진시킬 수 있다.

또한 하루 한시간 이내의 규칙적인 운동은 오히려 식욕을 감소시킨다. 운동은 일주일에 3~5일 매일 1시간씩 규칙적으로 하는 것이 좋다. 규칙적인 운동을 할 수 없는 경우에는 하루에 2시간 정도 실외에서 친구들과 활발히 놀게 하는 것만으로도 충분히 비만을 예방하고 치료할 수 있다.

㉢ 약물요법

약물요법의 경우 식욕 억제제, 열생산 촉진제, 식품흡수 억제제 등이 비만 치료에 이용될 수 있다. 비만 치료의 핵심은 식사조절과 운동이지만, 이미 비만해진 아이에게 운동을 시킨다거나 욕구 불만이 많아지는 청소년 시기에 식사를 조절하는 것은 그리 쉬운 일은 아니다. 그래서 비만 치료 시작 3~4개월까지 운동 및 식이요법으로 관리하다 반응이 없는 12세 이상의 환자의 경우 약물 요법을 고려하기도 한다.

㉣ 행동수정 요법

음식을 빨리 먹거나 한끼를 몰아 식사하거나, 다른 일을 하면서 음식을 먹거나, 야식을 먹는 등의 나쁜 습관은 바로 잡아 주고, 식사일기나 운동 일기를 쓰도록 하여 자기관철을 할 수 있도록 지도해 올바른 습관을 길러주는 것이 행동 수정요법이다. 이는 소아 비만이 아이의 문제가 아니라 가족의 문제로 서로 협력하여 잘못된 습관은 수정하고 좋은 습관은 길러 주어야 한다.

5 비만 측정방법

비만도를 측정하는 기구를 총칭하여 비만도계라 부른다. 비만도계 중 가장 기본적인 것은 체중계와 신장계이다.

체형분석에 사용되는 기기

기기명	목적
체중계	체중
체지방 측정기	체지방, 저지방
체성분 분석기	체중, 신장, 체지방, 제지방, 체성분 분석
셀룰라이트 측정기	셀룰라이트 분포
캘리퍼	피부 주름 두께
줄자	신체 부위별 사이즈

비만을 판정하는 데는 신장과 체중을 실제로 측정해서 비만의 여부를 측정하는 방법, 피하지방의 두께를 측정하는 방법 등 신체의 지방 조직을 간접적으로 측정하는 방법이 일반적이다.

- 비만은 체내 지방이 과다하게 축적된 것을 의미하므로 체내지방을 측정함으로써 비만의 정도를 측정할 수 있다.
- 비정확한 체지방을 측정하기 위해 기계 장비까지 시장에 출시되어 있지만, 최근 전 세계적으로 가장 많이 사용되고 있는 방법은 신체질량지수(BMI), 허리둘레(waist circumference), 그리고 표준 체중법(ideal body weight)이다.

1_ 비만의 기계학적 검사

- 비만검사는 주로 체성분 검사를 한다.
- 인체의 수분, 체지방, 근육, 무기질량 등을 측정한다.
- **체성분 검사** : 비만을 주로 담당하는 가까운 병원이나 한의원에서 측정해 볼 수 있으며 최근에는 헬스클럽 등에도 비치되어 있는 경우가 있다.

2_ 체성분 분석

① 체성분의 정의

- 인체를 구성하고 있는 성분을 말한다.
- 체지방과 제지방으로 분류

제지방

- 골격근을 이루는 근육과 단백질
- 뼈대를 이루는 무기질
- 체수분

② 정상 체성분 비율

㉠ 제지방(근육량 + 무기질)의 적정 범위

ⓐ 근육량 남자 : 체중의 80~ 85%, 여자 : 체중의 70~80%

ⓑ 무기질 남자 : 체중의 5.8~6.0%, 여자 : 체중의 5.5~6.0%

㉡ 근육량(골격근 + 내장근 + 심근)

ⓐ 골격근의 량 : 체중의 40~45%

3_ 표준 체중과 비만도 측정

다음은 신장과 체중의 관계를 분석하여 비만도를 측정하는 방법들이다. 일반인들이 가장 손쉽게 사용하는 방법으로 먼저 신장에 따라 표준 체중을 계산한 후 실제체중을 표준 체중으로 나누어 100을 곱하면 비만도가 계산된다.

위의 두 공식을 이용해 나온 수치에 따라 비만도를 다음과 같이 평가하는데, 120% 이상이 초과하는 경우부터 병적인 증상이 서서히 시작되는 비만이라고 정의하고 의료적인 치료가 필요한 환자의 범주에 속한다고 볼 수 있다.

- 90% 이하 : 허약
- 90% ~ 100% : 마름
- 100% ~ 110% : 정상
- 110% ~ 120% : 과체중
- 120% ~ 130% : 경도 비만
- 130% ~ 150% : 중등도 비만
- 150% 이상 : 고도 비만

표준 체중을 계산하는데 있어서 위의 방법은 어린이의 경우에는 적용되지 않고, 또한 신장이 적은 사람에게는 적절치 않아 155cm 이하의 성인들은 그냥 신장에서 100을 뺀 수를 표준 체중(broca's index)으로 하기도 한다.

한국인의 정상 체중 범위

신장(cm)	체중(kg)	
	남자	여자
145	-	43~54
148	-	44~54
151	51~63	44~54
154	52~64	45~56
157	53~65	46~57
160	54~66	47~58
163	55~67	48~58
166	56~68	48~59
169	57~69	49~60
172	58~70	50~61
175	60~72	51~61
178	61~73	51~62
181	62~74	52~63
184	63~75	53~64

① 비만 판정의 기준

㉠ 연령과 성에 대하여 표준체중 설정

㉡ 체중의 초과 %의 정도를 기준으로 설정

② 비만도 측정

비만도(%) = 현재체중(kg) / 표준체중(kg)

③ 표준체중

㉠ 이상적 체중, 또는 바람직한 체중을 의미한다.

㉡ 건강유지상 가장 적절하고 신체활동에 가장 효율적인 체중을 말한다.

표준체중(standard weight)

표준체중은 개개인의 신장(身長)에 어울리는 체중이다. 대개 자신의 키에서 100을 뺀 숫자가 자신의 표준체중에 가깝다고 하는데, 이것은 어린이의 경우에는 적용이 되지 않는다. 신장이 160cm 이상이 되면 110을 뺀 값이 표준체중에 가깝다. 또 100을 빼고 0.9를 곱하는 방법, 즉 '(신장 - 100)×0.9 = 표준체중'이라는 수식을 사용하여 표준체중을 구하기도 한다. 신장이 155cm 이하인 사람은 자신의 신장에서 100을 뺀 값을 표준체중이라고 할 수 있다.

④ 과체중

수치상으로는 평균 몸무게 보다 많이 나가지만 체지방 성분이 높아서 몸무게가 많이 나가는 것이 아니라 웨이트나 하드트레이닝으로 인한 제지방(체지방을 제외한 나머지 성분) 즉, 근육이 커져서 몸무게가 늘어나는 경우를 과체중이라 한다.

⑤ 이상 체중

㉠ 체지방량이 많다는 것은 건강의 측면에서 볼 때 바람직하지 못한 것은 사실이지만 특정 개인에 대한 적당한 체지방량과 체중을 정확하게 제시한다는 것은 사실상 불가능하다.

㉡ 가장 이상적인 체지방량(활동적인 젊은 성인들이나 운동선수들을 대상으로 측정된 자료)

ⓐ 남자 : 체중의 15%

ⓑ 여자 : 체중의 25%

4_ 체질량 지수(body mass index. BMI)

의사와 연구진들에 의해 가장 보편적으로 사용되는 비만측정 방법이다. 자기 신장과 체중 사이의 관계를 측정하는 지수로서, 자신의 몸무게(kg 단위)를 미터(miter 단위)의 신장을 제곱하여 나누어서 얻어진 수치를 가지고 비만도를 판단하는 것이다.

- 과체중과 비만을 판단하는데 가장 널리 사용되는 지표이다.
- 자신의 체지방량이 건강상의 위험을 알아보는 지표이다.
- 비만 유병율 또는 비만과 연관된 건강위험을 측정한다.

BMI 계산법

$$\text{신체질량지수(BMI)} = \frac{\text{체중(kg)}}{\text{신장(m)}^2}$$

MI 수치에 따른 비만 평가도 / 세계보건기구(WHO) 기준

비만도 분류		BMI 수치	
		WHO기준	아시아-태평양기준
Underweight(저체중)		<18.5	<18.5
Normal range(정상)		18.5 ~ 24.9	18.5 ~ 22.9
Overweight(과체중) - Preobse(비만전단계)		25.0 ~ 29.9	23.0 ~ 24.9
Obese(비만)	Class Ⅰ(중등증)	30.0 ~ 34.9	25.0 ~ 29.9
	Class Ⅱ(중증)	35.0 ~ 39.9	≧30.0
	Class Ⅲ(극도의 비만)	≧40.0	

서양에서 과체중은 BMI가 25 ~ 29.9kg/m²로, 비만은 BMI가 30kg/m² 이상으로 정의하지만 우리나라에서는 25 ~ 26kg/m² 이상을 비만으로 규정하고 있다.

BMI에 의한 측정방법은 성장기 어린이나 너무 고령인 노인들, 그리고 운동선수처럼 근육량이 과도하게 많은 사람들에게는 잘 맞지 않은 경우도 있지만, 일반적으로 가장 믿을 수 있는 방법으로 세계보건기구에서 권장하는 기준법이다.

① **체질량지수의 이용대상** : 체질량지수의 정확성 성인 19~70세 사이의 연령층

② **체질량지수 판정 시 주의를 요하는 경우**

㉠ 운동 선수와 보디빌더를 하는 사람(근육량은 체질량지수에 비례적으로 크게 작용하기 때문이다).

㉡ 임산부 및 수유기에 있는 여성

㉢ 성장 중인 어린이나 약하고 활동력이 없는 노인

5_ 허리둘레 대 엉덩이 둘레비 측정법(WHR)

- 체지방이 장기에 침착하여 성인병의 원인이 된다.
- 비만의 정도도 중요하지만 지방의 분포가 중요하다.
- 복부비만에서 둔부비만보다 대사증후군의 위험이 높게 나타난다.
- 복부비만을 판정할 때 체지방 정도, 즉, 비만 정도와 무관하게 허리둘레의 증가만으로 대사성질환이 증가된다고 알려져 있다.
- 심혈관계 질환의 발병위험도는 동양인의 경우 서양인에 비해 같은 체질량 지수에서도 높은 이유는 동양인의 경우 복부비만율이 높기 때문이다.

① WHR(waist to hip ratio) 측정 방법

비만의 유형을 구분하는데 있어 WHR(waist to hip ratio)이라는 허리둘레의 지방 분포를 평가하는 방법으로 허리와 엉덩이 크기의 비율이 평가 방법으로 사용된다. 계산하는 방법은 허리둘레를 엉덩이 둘레로 나누어서 얻어진 치수를 가지고 비만의 유형과 위험도를 평가한다. 허리둘레는 갈비뼈 하단과 골반의 장골능선의 상단 사이에 가장 오목한 부위를 측정하는 방법으로 가장 간단하며 유용하여 널리 애용되고 있다.

WHR(waist to hip ratio) = 허리둘레 / 엉덩이 둘레

이때 얻은 수치가 여성이 0.8 이상일 경우와 남성이 1.0 이상일 때는 건강의 위험도가 높은 복부 비만으로 정의될 수 있다.

허리와 엉덩이둘레의 비율을 기준으로 복부비만의 여부를 측정한다.

1980년대 미국의 Kissebah나 스웨덴의 Bjorntorp 등이 연구한 방법이다.

- 상반신 비만 : WHR이 높은 비만
- 하반신 비만 : WHR이 낮은 비만

복부 내장의 지방이 비만도에 적절한 지표가 될 수 있다. 세계보건기구(WHO)에서는 비만도의 기준으로 허리둘레의 사이즈를 다음과 같이 발표하였다.

허리둘레 기준의 비만위험도 / 세계보건기구(WHO) 발표

	백인	아시아	중국
남성	〉 102cm	〉 88cm	〉 90cm
여성	〉 80cm	〉 85cm	〉 80cm

㉠ WHR 측정 방법

ⓐ 허리둘레를 잴 때

→ 갈비뼈 아래와 배꼽 위 사이의 가장 가는 부분의 둘레를 측정한다.

→ 똑바로 선 상태에서 복근을 편안히 풀고 팔을 옆으로 늘어뜨린다.

→ 양발을 모은다.

→ 측정한다.

ⓑ 엉덩이 둘레를 잴 때

→ 똑바로 선다.

→ 엉덩이의 가장 굵은 부분의 둘레를 측정한다.

허리둘레 기준의 비만위험도 / 세계보건기구(WHO) 발표

a 측정부위	① 일반적으로 배꼽위치(A)에서 측정 ② 과다한 지방축적으로 배가 팽창하여 아래로 처짐으로써 배꼽이 정상위치에 있지 않은 경우에는 갈비뼈 활 아래 모서리(늑골궁하연)와 앞엉덩뼈 능선 위쪽선(전장능골선)의 중간점(B)에서 측정
b 측정시 자세와 호흡	① 양발을 나란히 하고 서서 긴장을 풀고 팔을 내린다. ② 배벽의 긴장을 뺀다. ③ 가벼운 날숨이 끝날 때 측정한다.
c 측정시 주의점	① 비신축성 소재의자를 사용한다. ② 0.1cm 단위로 측정한다. ③ 허리둘레의 앞뒤가 수평이 되도록 측정한다. ④ 자가 배로 파고 들어가지 않도록 주의한다. ⑤ 식사로 인한 측정오차를 피하기 위해 공복 시에 측정한다.

② 내장지방 면적

허리/엉덩이 둘레비에서 허리둘레는 피하지방과 내장지방을 구분할 수가 없기 때문에 복부 전산화 단층 촬영 결과 내장지방의 면적이나 내장지방/피하지방의 면적비를 이용하여 비만도를 평가하기도 한다.

㉠ 피하지방을 측정할 때 기준이 되는 부위

ⓐ 남자 : 가슴(chest), 복부(abdomen), 대퇴전면(anterior thigh)

ⓑ 여자 : 삼두박근(triceps), 상장골(suprailiac), 대퇴전면(anterior thigh)

㉡ 측정부위의 해부학적 위치

ⓐ 가슴(chest) : 남자는 젖꼭지와 겨드랑이 주름 사이의 중간을 대각선으로 잡는다.

ⓑ 복부(abdomen) : 배꼽의 오른쪽 2cm 지점을 수평 또는 수직으로 잡는다.

ⓒ 삼두박근(triceps) : 팔을 펴고 어깨 높은곳과 팔꿈치 돌기의 중간을 수직으로 잡는다.

ⓓ 상장골(suprailiac) : 겨드랑이 선과 장골능(iliac crest)의 연장선위를 대각으로 잡는다.

ⓔ 대퇴(thigh) : 고관절과 슬관절 사이에서 대퇴중앙의 전면 부위의 수직으로 잡는다.

6_ 캘리퍼 측정법(피부 주름 두께 측정법)

피부 주름 두께를 측정하는 것은 체중과 신장을 이용한 방법보다 좀 더 정확하게 체지방량을 평가할 수 있다. 캘리퍼를 사용하여 한국인의 경우 상완, 견갑골 하부 피부 주름 두께를 측정하여 그 합으로부터 체밀도를 계산하여 체지방률을 알아내는 방법이다.

남자의 경우 30mm 이상을 과체중, 45mm 이상을 비만으로 보며, 여자의 경우에는 45mm 이상을 과체중, 60mm 이상을 비만으로 본다.

캘리퍼법은 측정자가 일정한 힘으로 피검자의 피하지방층을 포함하는 피부를 집어 올려 그 두께를 측정하기 때문에 측정에 숙련도가 요구되고 측정자에 따라 오차가 발생할 수 있다는 결점이 있다. 더욱이 캘리퍼법은 최근 비만인의 증가와 함께 중증 비만인은 측정이 불가능하다는 문제점도 생겨났다.

캘리퍼에 의한 측정 부위별 피하지방 두께 측정 방법

부위	측정방법
가슴	남자는 유두와 겨드랑이 주름 사이의 중간 지점을 측정한다. 여자는 유두로부터 2/3 지점을 내각으로 측정한다.
복부	배꼽 오른쪽 2cm 지점을 수직으로 측정한다.
상완이두	배 위, 어깨와 팔꿈치의 중간 지점을 수직으로 측정한다.
상장골	겨드랑이선과 장골능이 이어지는 곳을 대각으로 측정한다.
견갑하	견갑골의 하각을 따라 1~2cm 아래의 피부를 대각(45°)으로 측정한다.
상완삼두	팔을 자연스럽게 내린 상태에서 상완후면, 견봉(어깨)과 주두도기(팔꿈치)
대퇴	사이의 중앙 지점을 수직 측정한다.

7_ 체지방 측정기 측정법/체지방 비율 분석법

① 체지방 비율 분석법 수중체중 측정법

- **장점** : 아주 간단하게 비만 여부를 측정할 수 있다. 간접 방법 중에 가장 정확한 측정을 할 수 있는 방법이다.
- **원리** : 지방조직과 제지방조직을 아르키메데스(Archimedes)의 원리를 이용하여 체지방량을 측정하여 계산한다.
- **단점** : 측정방법이 용이치 않아 숙련자들이 실험 등을 목적으로 실시하는 경우 이외에는 일반적으로 사용되지는 않는다.

물 속에서 비만도를 측정하는 방법으로 전체 체중에서 지방이 차지하는 비율(체지방 비율)이 25% 이상이 되면 쉽게 물에 뜨게 되는 것을 이용한 것이다.

대체로 체지방 비율은 남자 15~18% 정도, 여자 18~22% 정도가 적당하며 여성의 경우 25% 이상일 때를 비만으로 간주한다. 그러나 근육조직이 발달한 사람보다 마른 체격에 지방이 많은 사람이 오히려 더 날씬해 보이는 경우가 있다. 이런 경우 체지방 비율 분석법을 활용하면 비만도를 정확히 알아낼 수 있다.

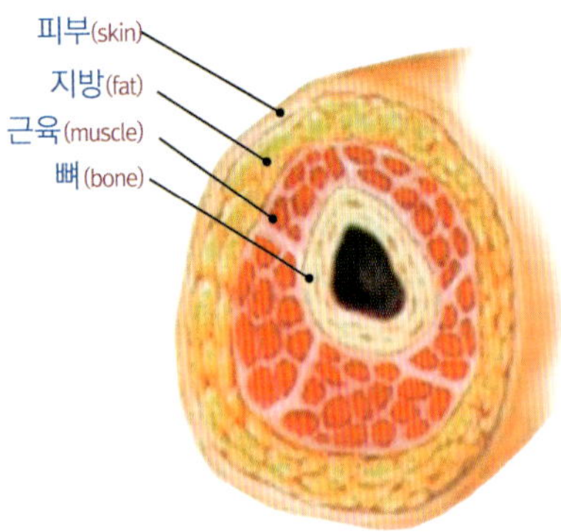

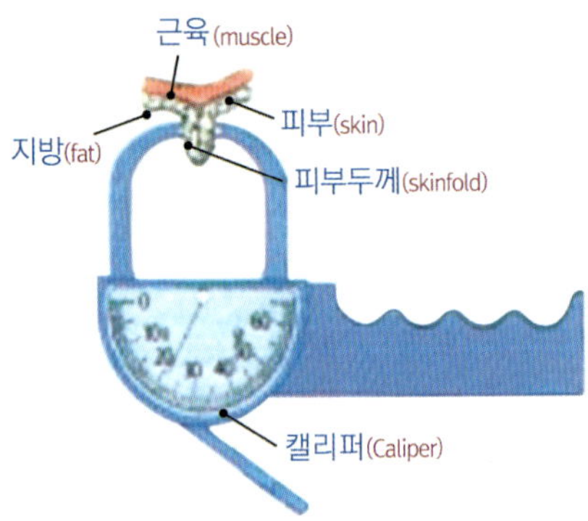

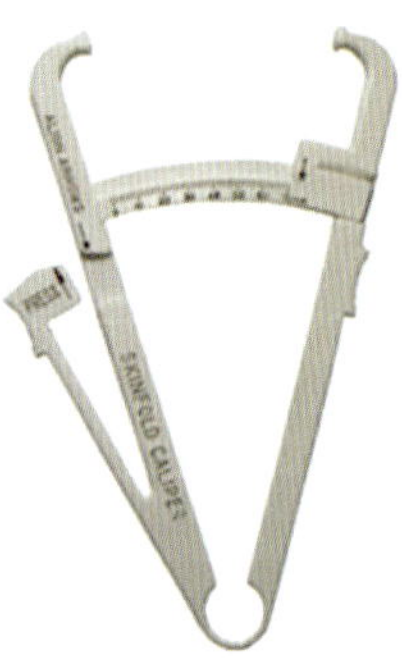

㉠ **체지방 비율이 25% 이상일 때**

쉽게 물에 뜬다. 과체중, 중도 비만, 고도 비만의 여성이 해당된다.

㉡ **체지방 비율이 22~25%**

숨을 들여 마시면 뜨고 내쉬면 가라앉는다. 건강한 보통 여성은 이 범주에 속한다.

㉢ **체지방 비율이 15~21%**

숨을 들여 마신 상태에서도 서서히 물 속에 가라앉는다. 마른 여성이나 보통의 건강한 남성이 이 범주에 들어간다.

㉣ 체지방 비율이 14% 이하
바닷물에서도 쉽게 가라앉는다. 마른 남성이 이 범주에 속한다.

8_ 신체 계측 및 줄자 측정법

부위	측정방법
신장	• 맨발로 양발 끝을 30~40° 벌리고, 신장계의 기둥에 발뒤꿈치, 엉덩이, 등 부위가 가볍게 닿는 위치에서 직립자세를 취한다. • 머리는 귀와 눈이 수형으로 유지하고, 신장계의 계측대를 머리 정점에 대고 측정한다.
목 둘레	똑바로 선 자세에서 시선을 수평으로 유지하게 하여 경추 5번 위치를 지나는 선을 측정한다.
가슴 둘레	피검자의 양팔을 올린 후 견갑골 하각과 유두를 통과한 선을 숨을 내쉰 후 측정한다.
복부 둘레	배꼽을 통과하는 수평선을 피검자가 숨을 내쉰 후 측정한다.
둔부 둘레	좌우 대퇴돌기점을 지나는 수평둘레를 측정한다.
상완근 둘레	피검자는 팔에 힘을 빼고 가볍게 손을 아래로 내린 상태에서 상완 중앙부의 최대 팽창부위를 측정한다.
전완근 둘레	팔에 힘을 빼고 가볍게 손을 아래로 내려 상완 중앙부의 가장 굵은 부위를 측정한다.
손목 둘레	팔에 힘을 빼고 가볍게 손을 아래로 내린 상태에서 손목의 가장 가는 부위를 측정한다.
대퇴근 둘레	양발을 5~10cm 정도 간격을 두고 다리를 벌린 상태에서 대퇴의 가운데 가장 굵은 곳을 줄자를 이용하여 측정한다.
비 복근 둘레	대퇴근 둘레를 측정할 때의 자세에서 종아리 가운데 가장 굵은 곳을 측정한다.
발목 둘레	대퇴 둘레를 측정할 때의 자세에서 하퇴의 복숭아 뼈 바로 위의 가장 가는 부위를 측정한다.

9_ 생체 전기저항 측정법(bioelectrical impedance) = BI법

- 몸에 약한 전류를 흘려 전류가 물이 있으면 잘 흐르고 물이 없는 부위에서는 전기저항 값이 커진다는 원리를 이용하여 체내의 지방량을 측정한다.
- 최근에 많이 이용되는 방법이다.
- 중수희석법 = 수중체중측정법 : 체지방을 측정하는 가장 정확한 방법이다.
  단점) 측정이 쉽지 않고 시설을 갖추기 어렵다.
- 임피던스 측정법 : 간단하게 비만의 정도를 측정할 수 있는 장비이다.

Chapter 03 비만이 인체에 미치는 영향

1 비만과 건강

비만은 그 자체만으로도 용모 손상(disfigurement) 외의 미용 상의 문제, 생활에서의 불편감(discomfort), 비능률(disability)을 비롯하여 고혈압, 동맥경화, 심근경색 등의 심장혈관계 질환, 신장장애, 당뇨병, 폐질환 등의 만성 질환에 대한 빈도를 증가시키고 생리적 기능을 저하시킬 뿐만 아니라 일상생활을 위축시켜 죽음(death) 등의 현상을 초래하는 하나의 질병(disease)이라는 점을 인식해야 한다. 특히 젊은 연령층(25~34세)의 심한 비만증 남자의 사망률은 정상군에 비해서 12배가량 높고 나이가 들면서 감소하는 것으로 되어 있으며, 심장혈관계 질환이 가장 흔한 사인이 되고 있다는 것은 이미 알려진 사실이다. 비만은 고혈압이나 당뇨병보다도 훨씬 더 다양하고 심각한 합병증을 유발하므로 더욱 더 적극적인 치료가 필요한 질병이라 할 수 있다.

심장질환 연구에서 연령별 상대체중에 대한 사망률을 조사했을 때 비만한 사람은 체중이 정상인 사람보다 당뇨병 발생률이 5배 높으며, 고혈압은 약 3.5배, 담석증은 약 3배, 통풍은 약 2.5배, 심장질환은 약 2배, 관절 장애는 약 1.5배, 불임증은 약 3배 높았고 그 외에도 고지혈증과 지방간, 또는 호흡 기능 장애가 흔히 나타났으며 비만한 여성에서는 자궁내막암, 난소암, 유방암, 담낭암에 의한 사망률이 높고, 비만한 남성에서는 대장암, 전립선암 등이 합병되기 쉽다. 특히 비만도가 30%를 넘으면 합병증의 발생 빈도는 현저하게 증가되는 것으로 알려져 있다.

1_ 비만에 관련된 질병의 발생기전

비만에 관련되어 질병이 발생되는 기전은 아직 명확히 알려져 있지 않으나 과도한 체지방 축적에 의한 물리적 압력에 의한 것, 비만에 따른 내분비 대사 이상에 의한 것, 그리고 양쪽 원인이 복합적으로 작용하는 것 등으로 크게 3가지로 나누어 생각해 볼 수가 있다.

① 물리적 압력에 의한 질병 발생

복부에 지방 침착이 진행되면 골반이 앞으로 기울게 되기 때문에 균형을 유지하기 위해서는 요추를 앞으로 구부려야 한다. 이러한 요추 이상은 좌골신경통이나 추간판탈출증의 원인이 된다. 체중과다와 비만으로 인해 고관절이나 슬관절에 체중 부하가 증가되면 정형외과적 질환인 변형성관절염을 일으킬 수 있으며, 심해지면 보행이 곤란해지는 경우도 있다. 또한 복부 지방의 과잉 침착으로 탈장이 생길 수 있으며, 외과적 수술시의 위험률이 상승된다.

흉부와 복부에 지방이 지나치게 많이 쌓이는 비만의 경우, 흉부의 운동이 제한을 받아 호흡 기능 장해를 일으키기 쉽게 된다. 고도 비만환자에서 나타나는 증후군인 피크윅(Pickwick) 증후군은, 일종의 산소 결핍 상태인 경련, 호흡곤란, 청색증, 다혈증, 우심부전증, 혈중 탄산가스 농도의 상승, 의식 장애 등의 증상을 나타낸다.

피크윅 증후군(pickwickian syndrome)

내장지방이 흉부, 복부, 기도 주변에 과도하게 축적되면 호흡장애를 일으켜 얼굴이 붉어지고 항상 졸고 있는 상태에 빠지며 이러한 형태를 피크윅 증후군이라 한다.

② 내분비 · 대사이상에 의한 비만증과 질병 발생

㉠ 대사증후군과 비만증의 관계

대사증후군에서는 내장지방의 축적이 포인트이다. 즉, 내장지방축적형 비만과 깊은 관계가 있다. 여기에서는 대사증후군에 의하여 나타나는 병의 종류와 전향(anteversio)조사 결과를 알아본다.

대사증후군(metabolic syndrome)

여러 가지 신진대사(대사)와 관련된 질환이 함께 동반된다(증후군)는 의미에서 만들어진 용어로, 고중성지방혈증, 낮은 고밀도 콜레스테롤, 고혈압 및 당뇨병을 비롯한 당대사 이상 등 각종 성인병이 복부비만과 함께 동시 다발적으로 나타나는 상태를 말한다. 무증상 또는 복부비만의 증상을 보이며, 가정의학과나 내분비내과에서 진료를 받을 수 있으며, 내분비 또는 영양 및 대사질환으로 분류되며, 다른 이름으론 성인병, 신진대사 증후군, 인슐린 저항성 증후군으로 불린다.

비만증에서 대사증후군의 위치

2000년 일본비만학회(japan society of study of obesity : JASSO)에서는 비만증을 '비만에 기인하는 건강장애가 있거나 임상적으로 그 발병이 예측되어 의학적으로 감량이 필요한 병태'라고 정의하였으며 그 심각성을 고려하여 같은 해 후생노동성과 일본의사회(japan medical association : JMA)에서는 '노동자재해급부제도'를 만드는 등 적극적인 예방대책을 세우고 있다. 대사증후군을 구성하는 지질대사이상, 고혈압, 고혈당 등은 모두 대부분은 내장지방축적 때문에 발생하며 비만증 중 지방세포의 질적이상에 의한 질환에 포함된다. BMI 지수 25 이상에 내장지방축적이 더해져 합병증이 2개 이상인 경우가 대사증후군에 해당한다. 이때 꼭 비만상태일 필요는 없다. 그리고 증상이 진행되어 내장지방축적에 합병증 위험요소 3가지가 모두 들어있다면 대사증후군이 더욱 진행되어 중증화한 것에 해당한다. 후생노동성과 일본의사회는 이 중증화된 상태 비만증, 고혈당, 고지혈증, 고혈압을 '죽음의 사중주'라 부른다.

의학적 검사가 필요한 비만의 종류

비만증 환자에게서 내장 주위에 쌓인 지방층은 혈관 속으로 쉽게 침투해 들어가 혈중 콜레스테롤 수치를 높이는 주범이다. 또한 인체의 포도당 소비를 조절하는 인슐린의 작용이 방해를 받아, 이로 인해 낮아진 인슐린의 효율을 높이기 위해 인슐린의 분비가 늘면서 심장과 혈관에 무리가 와 결국 당뇨병, 고혈압 등의 심혈관계 질환으로 직결되어 협심증이나 심근경색 등 관상동맥질환의 위험요인이 증가한다. 임상현장에서는 허리둘레가 남성은 90cm 이상, 여성은 85cm 이상, 복부 CT로 측정에서는 내장지방면적이 100㎠ 이상의 내장지방축적이 기준치 이상이고 대사증후군이 의심되는 경우라면 증상이 없더라도 의학적 검사를 실시하여 심전도검사나 목동맥에코(경동맥반향)로 목동맥의 내막중막두께(intima-media thickness : IMT)를 측정하는 것이 바람직하다. 물론 심전도에서 허혈 소견이나 흉통 등의 증상이 있으면 24시간 홀터심전도(holter electrocardiogram)나 트레드밀 부하검사 등의 정밀검사가 필요하다.

대사증후군에 의해 발생하는 질환과 그 구조

최근 지방세포나 비만에 대한 연구에서 축적된 내장지방에서는 유리지방산(free fatty acid : FFA)이 방출되고, 방출된 유리지방산은 문맥을 통해 간으로 들어감으로써 지방합성이 활발해져 인슐린감수성이 저하된다. 그리하여 고지혈증, 내장기능 장애, 고혈압등이 발생하게 되는 대사증후군에서의 다양한 질환이 발병하는 구조가 밝혀졌다.
지방세포 자체에서 '아디포사이토카인(adipocytokine)'이라는 여러 생리활성물질이 분비된다. 여기에서 'adipo'는 지방이라는 의미이다. 이 아디포사이토카인의 생산조절 이상(분비과다나 분비 부전)이 대사증후군의 발병에 크게 관여하고 있다. 아디포사이토카인에는 동맥경화를 예방하고 수복하는 아디포넥틴(adiponectin)과 동맥경화를 촉진시키는 물질이 들어있다. 그중 병의 발생에 관여하는 대표적인 물질로 인슐린저항성을 유발하는 TNFα(tumor necrosis factor α)나 레지스틴(resistin), 고혈압발병에 관여하는 안지오텐시노겐(angiotensinogen), 동맥경화와 연관 있는 혈전형성촉진인자인 PAI-1(plasminogen activator inhibitor type Ⅰ) 등이 있다.

아디포사이토카인(adipocytokine)

인간게놈 프로젝트에서 수천 개에 달하는 지방조직의 유전자발현을 밝혀낸 결과, 지방조직에는 굉장히 많은 분비단백질이 포함되어 있다는 사실이 알려졌다. 즉, 생체에서 15~30%의 용량을 차지하는 지방조직이 생체의 최대분비기관이라는 것이 밝혀진 것이다. 그리고 이러한 지방조직 유래 내분비인자를 총칭하여 아디포사이토카인(아디포카인)이라는 개념을 부여하였다.
아디포사이토카인은 모두 생리적 작용을 가지고 있고 항상성 유지에 관여하지만, 비만일 경우에는 지방축적상태에서 그 생산분비가 과다 혹은 과소해진다. 그리고 이 밸런스의 파탄이 대사증후군의 발병 · 촉진에 관계되어 있다는 사실이 밝혀져 있다.

아디포넥틴은 내장지방이 축적되면 분비가 저하되어 저아디포넥틴혈증을 일으킨다. 그래서 인슐린 저항성, 당대사 이상, 고혈압, 나아가 동맥경화의 발병으로 이어진다. 그 때문에 아디포넥틴은 대사증후군의 주요 인자로 주목받고 있다. 즉 내장지방이 축적되면 다수의 위험인자가 쌓여 아디포사이토카인의 생산조절 이상 등과 같은 직접적인 작용과 함께 동맥경화의 강력한 트리거포인트로 작용한다. 이 때문에 내장지방의 축적과 그 구조가 중요해지게 된 것이다.

대사증후군의 예방

관상동맥질환의 위험인자는 내장지방의 축적, 고혈압, 혈당상승 등이다. 따라서 대사증후군의 진단을 적극적으로 실시하여 그 대상자에게 조기부터 축적된 내장지방의 감소를 목적으로 하는 체중감량 등으로 예방치료를 실시하는 것이 동맥경화성질환의 예방에 불가결하다고 생각된다.

대사증후군의 진단기준

대사증후군의 진단을 할 때에는 먼저 허리둘레를 측정하여 내장지방의 축적 여부를 조사한다. 최근 유럽 WHO자문기관이나 미국 NIH가 이 증상을 '대사증후군(metabolic syndrome)'이라 명명하고 발한 진단기준을 대사증후군의 진단기준과 그 의미, 비만증에서의 위치, 다양한 증상을 일으키는 구조 등에서 알아보면 대사증후군의 증상을 고려할 때 중요한 역할을 하는 것이 배안(복강)의 내장지방축적이다. 내장지방축적은 CT스캔 등으로 배꼽부위의 CT 단면상으로 측정된 내장지방면적 100cm^2(내장지방량 평가기준치)를 측정하는 것이 이상적이나 판정에는 남성 90cm, 여성 85cm에 해당하는 허리둘레를 사용한다. 이 내장지방면적에 지질대사이상, 고혈압, 공복 시 고혈당의 3항목 중 2항목 이상에 추가로 해당되면 대사증후군으로 판정한다.
대사증후군은 내장지방축적이 원인인 질환이므로 트리글리세라이드(중성지방)의 상승과 HDL콜레스테롤의 저하 양면을 모두 동반하는 경우가 많기 때문에 대사증후군을 진단할 때 진단항목 중 당대사이상은 주로 인슐린저항성이 그 원인으로 여겨지고 있으나, 현시점에서는 인슐린저항성의 존재를 간단히 진단할 지표가 없으므로 진단기준으로 공복 시 혈당치가 사용되고 있다.

다음 표는 대사증후군 진단기준검토위원회가 일본내과학회지(2005)에서 제시한 것을 일부 고쳐 요약한 것이다.

대사증후군의 진단기준

내장지방 축적	허리 둘레	남성 ≥ 90cm 여성 ≥ 85cm (내장지방량은 남녀 모두 ≥ 100cm^2 상당)

위 조건에 더해 아래 2항목 이상에 해당(남녀 모두)

고트리글리세라이드혈증	≥ 150mg/dl	수축기혈압	≥ 130mg/Hg
또는		또는	
저 HDL 클레스테롤 혈증	〈 40mg/dl	공복 시 혈당	≥ 110mg/dl

- 가능한 한 CT스캔 등으로 내장지방량을 측정하는 것이 바람직하다.
- 대사증후군이라고 진단되면 당부하검사가 권장되나 필수적인 진단요소는 아니다.
- 고트리글리세라이드혈증, 저HDL콜레스테롤혈증, 고혈압, 당뇨병 등에 대한 약물치료를 받고 있는 사람은 각각의 항목에 포함시킨다.

대사증후군의 치료방법

대사증후군은 그대로 진행되면 결국 동맥경화성질환을 발생시키는 질환이다. 동맥경화성질환의 위험성이 높은 상태라는 사실을 이해하고 생활습관, 기호 등을 파악하여 행동요법을 가미한 식이요법, 운동요법의 생활지도를 실시한다. 치료목적은 축적된 내장지방의 경감으로 목표치는 현재 체중이나 허리둘레에서 마이너스 5% 감소를 기준으로 하고 식이요법은 1,200~1,800kcal/1일의 비만증치료식단을 활용하여 완만한 감량을 유도하되, 그 페이스를 지속할 수 있도록 한다. 또한 유산소운동이 주가 되는 운동요법을 증상의 중증도를 고려하여 검토해 본다. 내장지방 축적형비만인은 1회 식사에 30분 이상 걸리고, 만족할 때까지 먹고, 간식을 자주 먹으며, 아이스크림을 좋아하고 녹황색채소를 싫어하는 특징을 보이는데 이런 식습관도 개선하고 흡연은 동맥경화위험요인을 한층 높이므로 금연지도도 빼 놓을 수 없는 항목이 된다. 이렇듯 식이요법과 운동요법, 행동요법 등의 구체적인 예방적 치료를 실시해 동맥경화성질환의 예방계획을 세운다.

ⓛ 비만과 당질 대사 이상

비만증에서 내분비 대사이상에 기인하는 질병은 매우 다양하다. 특히 비만은 인슐린(Insulin) 저항성의 원인이 되고 내당능을 저하시킨다. 이렇듯 비만은 당뇨병의 최대의 위험 인자 중의 하나이다. 당뇨병과 고지혈증은 비만에서 흔히 볼수 있는 고인슐린혈증과의 관계가 큰 것으로 알려져 있다. 그 밖에 비만자에게는 통풍, 월경불순, 불임 등이 나타나고 고콜레스테롤혈증, 고중성지질혈증 등이 나타날 수 있다.

당뇨병은 비만하지 않은 사람 보다 비만한 사람에게서 3배 이상 더 발생한다. 상체 비만은 심혈관 질환의 발생과 관계가 있고, 인슐린 정항성이 있는 것으로 알려져 있다. 당뇨병이 있는 사람들 중에서 여성들은 중심성 또는 상체지방 분포를 갖고 있다.

혈당이 오르내리고 들쭉날쭉해지는 가장 큰 이유는 폭식과 과식, 흰쌀밥과 흰밀가루와 같이 도정하고 정제한 음식, 설탕이 들어간 음식, 끼니를 거르는 습관에 의해 발생한다.

한꺼번에 소화되어 흡수된 당분은 혈중에 혈당을 높게 올리고 이는 췌장의 인슐린 분비를 자극한다. 인슐린을 분비하는 췌장의 만성적인 자극은 혈당을 자꾸 떨어뜨리게 되는데 이 과정에서 몸에 저장된 당분이나 단백질을 분해하여 혈당을 만들어 내지 못하는 사람은 저혈당증에 빠지게 되는 것이다. 저혈당증 상태에 빠지게 되면 당을 에너지로 바꾸는 일을 효율적으로 해내지 못하게 되고 체중 증가를 가져 온다. 체중의 증가는 간과 췌장과 같이 복부 비만을 증가시켜 인슐린의 분비를 방해할 뿐만 아니라, 지친 췌장은 더 이상의 정상적인 인슐린을 만들어 내지 못하거나 인슐린 합성이 제대로 되지 않는 상태에 빠지게 되는데 이 단계가 내당능 상태라 할 수 있다.

이것을 방치할 경우 인슐린을 만들어 내지 못하게 되어 당뇨병으로 이행되는 것이다.

내당능 장애가 당뇨병으로 진전되는 것을 방지하려면 생활습관을 개선하고 비만, 특히 내장지방축적을 해소하여야 한다. 감량은 현재 체중이나 허리둘레의 5% 감소를 목표로 한다. 한편 비만에 의한 2형 당뇨병의 진전을 방지하려면 식이요법, 운동요법, 금연 등 생활습관의 개선이 필요하다.

당뇨병은 제1형과 제2형으로 구분되는데, 제1형 당뇨병은 '소아당뇨'라고도 불리며, 인슐린을 전혀 생산하지 못하는 것이 원인이 되어 발생하는 질환이다. 제1형 당뇨병의 경우에는 인슐린 치료가 필요하다. 제2형 당뇨병의 경우에는 생활 습관 교정을 기본으로 하며 추가로 약물 투여가 필요할 수 있다.

비만증과 2형당뇨병의 관계

인슐린저항성을 동반하는 2형당뇨병이 전체 당뇨병의 95%를 차지하며 비만증과 깊은 관련이 있다. 원인은 과식 때문에 인슐린분비량이 이자(췌장)에서의 생산량을 웃도는 것이다. 과체중이나 비만은 2형당뇨병으로 갈 수 있는 중대한 원인이다. 다시 말하면 비만을 해소하면 당뇨병으로의 진전을 방지하고 심혈관계질환의 합병예방도 가능해지는 것이다. 비만의 원인을 알아내기 위해서는 먼저 체중변화, 식사습관, 운동습관, 스트레스 환경 등의 생활습관, 가족의 병력, 임신당뇨병의 유무 등을 확인한다. 일본당뇨병학회편에서 발표한 과학적 근거에 기초한 당뇨병진료가이드라인(동경:남강 당.2004)에 의하면 2형당뇨병으로의 진행과 관계있는 내용에는 내장지방축적형 비만, 신체움직임이나 운동이 부족한 경향, 에너지섭취량, 트랜스형지방산, 동물성지방(포화 지방산)의 과다, 흡연, 음주습관의 상습자가 많았다.

식이요법이나 운동요법을 실시하여 내장지방축적량을 줄이고 혈당, 혈압, 혈청지질 등을 정기적으로 검사하여 정상치에 가까워지게 하는 것이 중요하며, 2형당뇨병으로의 진행을 방지하는 생활습관개선으로는 식이요법, 운동요법, 금연 등을 통해 생활습관을 개선하고 당대사상태나 동맥경화성질환을 합병 여부는 3~6개월마다 체크한다. 내장지방의 감소를 위해서는 무리한 감량보다는 현재체중이나 허리둘레의 5% 감소를 목표로 하는 것을 권유한다.

내장지방은 축적되기 쉬운 반면 줄이기도 쉬우므로 체중이나 허리둘레를 5% 줄이는 것만으로도 내장지방은 감소한다. 예를 들면 BMI가 22가 될 때까지 감량하지 않더라도 내당능은 개선되는 경우가 많으므로 BMI보다는 내장지방량을 줄이는 일이 중요하다. 허리둘레의 측정이나 CT검사를 통한 내장지방면적을 정기적으로 측정하여 내장지방축 적 상태를 파악하고, 필요하다면 개선을 위한 어드바이스를 해준다. 또한 심혈관계질환 의 발병이나 진전을 예방하기 위해서 일본당뇨병학회가 과학적 근거에 기초한 당뇨병 진단가이드라인(동경:남강당, 2004)에서 혈당 이외의 목표치에 가깝게 조절하기 위해 제시한 항목을 아래 표에 소개한다.

혈당치 이외의 조절목표

	항목		목표치
BMI	체중(kg)/신장×신장(m)		22kg/㎡
혈압	수축기혈압		<130mmHg
	확장기혈압		<80mmHg
혈청지질	관상동맥질환 없음	총콜레스테롤	<200mm/dl
		LDL콜레스테롤	<200mm/dl
	관상동맥질환 있음	총콜레스테롤	<180mm/v
		LDL콜레스테롤	<100mm/dl
		HDL콜레스테롤	≥40mm/dl
		중성지방	<150mm/dl

식사제한에서는 탄수화물 및 지질의 섭취제한이 중요하다. 탄수화물의 섭취를 제한하여 혈중중성지방(트리글리세라이드)을 줄이고 당이 포함된 청량음료수에도 주의해야 한다. 지질을 구성하는 지방산에는 포화지방산과 불포화지방산이 있는데 포화지방산은 과도하게 섭취하면 LDL콜레스테롤(나쁜 콜레스테롤)을 증가시킨다. 따라서 동물성지방, 포화지방산, 트랜스지방산 등을 과다 섭취하지 않도록 주의한다. 이외에도 간식과 당지수(glycemic index : GI)가 높은 식품의 섭취에 주의한다.

신체활동량을 높이는 운동습관은 체중조절과 당뇨병 예방에 도움이 되고, 당뇨 병발병을 저하시키므로 개개인에 맞는 적절한 운동을 찾아서 매일하도록 노력한다.

내장지방의 축적을 촉진시키고 인슐린저항성을 높이는 흡연은 삼가하고 과도한 음주는 당뇨병의 발병을 촉진시킬 뿐 아니라 간기능에도 나쁜 영향을 끼치므로 음주량을 적절히 제한해야 한다.

담배를 끊으면 살이 찌는 이유

담배에는 여러 종류의 유해물질이 들어있어 다양한 질병을 유발한다. 흡연을 하면 식욕이 저하되고 체중도 감소하는 것으로 알려져 있다. 그 원인은 확실하지는 않지만, 흡연을 하면 위액이나 담즙은 많이 나오지만 위나 샘창자(십이지장)점막의 혈류는 감소하므로 그 언밸런스 때문에 소화흡수가 나빠지는 것으로 보고 있다.

금연하면 살이 찐다고 히여 담배를 끊지 않는 사람이 종종 있다. 그러나 담배를 피는 사람은 피지 않는 사람보다 허리둘레가 굵고 내장지방이 쌓여있다. 담배는 동맥경화를 진행시키고 심근경색을 유발한다고 알려져 있으므로, 살을 빼기 위해 담배를 핀다는 것은 당치도 않은 일이다.

ⓒ 비만과 지질대사 이상

혈청지질(혈청성분중에 함유되어 있는 지방성분)은 콜레스테롤·트리그리세라이드·인지질·유리지방산 등으로 구성되어 있다. 이들은 지단백 (lipoprotein)의 형태로 체내에서 이동하며, 지단백질은 4가지로 분류한다. ① 카일로마이크론(chylomicron), ② 초저밀도지단백질(VLDL), ③ 저밀도지단백질(LDL), ④ 고밀도지단백질(HDL)이다. 비만으로 인한 총콜레스테롤이 증가하는 것은 지방조직에 저장되어 있는 총콜레스테롤 때문이며 혈중 콜레스테롤을 운반하는 리포단백은 크기에 따라 중형인 LDL과 소형인 HDL 두가지로 분류된다. LDL에 실려 운반되는 LDL 콜레스테롤의 증가는 동맥경화를 촉진시키며, HDL에 실려 운반되는 HDL 콜레스테롤은 동맥경화를 예방하는 기능이 있다. 여성의 경우 폐경기 이후 에스트로젠 감소로(폐경이 되면 에스트로젠의 부족으로 비슷한 나이의 남성에서는 볼 수 없는 지단백 형태의 변화가 일어나게 된다. 총 콜레스테롤 농도와 저밀도 지단백질 콜레스테롤(LDL 콜레스테롤)의 농도는 증가하고 고밀도 지단백질 콜레스테롤(HDL 콜레스테롤)의 농도는 감소한다.

비만에는 여러 가지 종류의 고지혈증이 나타나지만, 그 중에서도 중성지방 및 VLDL(very low density lipoprotein)의 증가를 흔히 볼 수 있다. 비만한 사람에서는 체지방의 분해 산물인 유리지방산이 혈중에 증가해 있고, 고에너지 음식 섭취로 인해 당질이 증가되면 중성지방의 합성이 높아져, 고중성지방혈증을 일으키게 된다.

성인에서는 비만도의 증가에 따라 혈중의 콜레스테롤과 중성지방이 증가하고 반대로 HDL 콜레스테롤은 저하된다. 비만한 사람에게서는 중성지방의 합성과 분비가 모두 왕성하나, 합성 쪽이 더 높아 결국은 체지방이 축적되는 방향으로 진행된다. 따라서 이러한 대사상태에서는 에너지 섭취가 적어도 점차 뚱뚱해지며 다시 야위어지기 어렵게 된다.

HDL 콜레스테롤은 비만, 당뇨병, 운동부족, 흡연, 당질의 과잉 섭취 등에서 저하된다. 따라서 HDL 콜레스테롤을 증가시키기 위해서는 절도 있는 식생활, 비만의 해소, 적절한 운동, 금연 등이 필요하다.

③ 물리적 압력과 내분비 · 대사이상의 양자에 의한 질병 발생

심한 비만 환자는 과도한 지방 조직의 축적으로 흉벽이나 횡격막의 운동이 제한되고 호흡장애가 오게 되고 호흡 운동 능력이 제한되어 조금만 움직여도 숨이 차게 된다. 특히 중증 비만인 사람이 목 부분에 지방이 과잉 침착되면 야간 수면 중에 주기적으로 기도를 막아 무호흡 발작을 반복하며 불면에 빠지게 된다. 이러한 사람은 야간의 불면과 주기적인 코골음, 눈뜨기 직전의 질식감, 낮잠과 만성적인 피로감 등을 나타낸다. 일반적으로 비만한 사람에서는 산소 소비량, 순환 혈액량, 심박출량의 증가를 보이며 이러한 물리적 부하의 결과 심비대, 고혈압, 만성신염등이 일어난다. 이 때 내분비·대사성 요인이 같이 관여하는 것이 최근 연구에 의하여 밝혀지고 있다. 비만한 사람에서는 레닌, 알도스테론, 코티솔 등의 순환 혈액량의 증가를 야기할 수 있는 호르몬의 분비가 증가되어 있고, 고인슐린혈증이흔히 동반되며, 인슐린은 신장에서의 나트륨의 재흡수를 촉진시키는 작용이 있다. 이것에 따라 수분도 흡수되기 때문에 순환혈액량이 증가된다. 더욱이 비만의원인이 되는 다식에 의해 식사로 섭취되는 염분의 양이 증가하면 역시 순환 혈액량이 증가된다. 또한 다식에 의해 노르에피네프린 대사의 항진과 갑상선 호르몬의 분비 항진이 일어나면 교감 신경계의 활동이 촉진되어 혈압 상승을 일으킨다.

2 비만의 합병증

비만과 관련된 증상으로는 발한, 피로감, 호흡곤란, 관절통, 부종, 수면장애, 흉통 등이 나타나며, 비만은 여러 가지 성인병의 중요한 원인이 되기도 하고 비만인 사람은 정상인 사람보다 사망률이 2배나 높고 비만의 정도가 심할수록 사망률도 점점 늘어난다.

비만증에 합병되기 쉬운 질환

기관	합병증	발생원인
순환기계	심장장애 : 심비대, 지방심, 심근경색 혈관장애 : 고혈압, 동맥경화	작업량, 심부하의 증대, 지방침착, 관상동맥경화, 심박출량증가, 동맥경화, 혈중지질증가, 고혈압
호흡기계	호흡곤란, 잦은 졸음	흉곽・복강의 지방 침착, 폐 환기장애, 호흡곤란으로 수면장애
대사계	혈액조성이상 : 당뇨병, 통풍, 고지혈증 간, 담낭장애 : 지방간, 담석증	고혈당, 내당능 저하, 고지혈증, 지방 침착, 고 Cholesterol 혈증
성기능계	여성의 불임, 월경 불순, 성욕 감퇴	
기타	변형성 관절염, 요추의 어긋남, 체중부하	

1_ 비만증(adipositas)

비만(肥滿, obesity) 또는 비만증(肥滿症, 영어 : adipositas)은 사람의 몸무게가 지나치게 나가는 것을 통틀어 부르는 낱말로서 의학적으로는 지방의 침착(沈着), 과다로 몸이 지나치게 뚱뚱해져서 운동 장애나 기능 장애를 일으키는 병증이라 하고 병리학적으로는 세계 보건 기구(WHO)에서 정한 이른바 표준 몸무게 기준치(BMI : Body Mass Index)가 30 이상인 경우에 비만증이라고 일컫는다. 비만증은 체질, 과식, 운동 부족, 유전, 연령, 내분비 장애 등에서 비롯된다.

비만증이 있는 성인은 보통 사람보다 뇌졸중이 2배, 간경변이 4배, 당뇨병이 무려 5배 이상이나 높게 발병한다. 대부분의 경우, 비만이면 체중이 정상치보다 많이 나가는 것을 뜻하지만, 체중이 그다지 많이 나가지 않더라도 몸의 구성 성분 중 체지방 비율이 높은 것도 비만이라고 한다. 비만은 그 자체로는 문제가 되지 않는다. 그러나 문제는 비만으로부터 야기될 수 있는 사회적 장애와, 과다한 지방으로 생기는 2차적인 합병증이다.

비만은 고지혈증, 고혈압, 동맥경화, 당뇨병, 지방간, 관절 이상의 발생비율을 현저하게 증가시킨다.

비만에 원인이 있거나 그에 관련하여 나타나는 건강 장애

<table>
<tr><td rowspan="7">Ⅰ. 지방세포의 질적 이상에 의한 비만증</td><td colspan="2">1. 내당능장애 · 2형 당뇨병</td></tr>
<tr><td>2. 지질대사 이상</td><td>• 고콜레스테롤혈증
• 저HDL콜레스테롤혈증
• 고트리글리세라마이드(중성지방)혈증</td></tr>
<tr><td>3. 고혈압</td><td></td></tr>
<tr><td>4. 고요산혈증 · 통풍</td><td></td></tr>
<tr><td>5. 지방간</td><td>비알코올성지방성간염(nonalcoholic steatohepatitis : NASH) 포함</td></tr>
<tr><td>6. 관상동맥(심장동맥)질환</td><td>• 심근경색
• 협심증</td></tr>
<tr><td>7. 뇌경색</td><td>• 뇌혈전증
• 뇌색전증
• 일과성뇌허혈발작</td></tr>
<tr><td rowspan="3">Ⅱ. 지방세포의 양적이상에 의한 비만증</td><td>8. 뼈 · 관절질환</td><td>• 변형성무릎관절증
• 변형성엉덩관절증
• 변형성척추증
• 요통증</td></tr>
<tr><td>9. 수면무호흡증 · Pickwicik증후군</td><td></td></tr>
<tr><td>10. 월경 이상</td><td>• 월경주기 이상
• 월경량과 주기 이상
• 무월경
• 월경수반증상에 의한 이상</td></tr>
<tr><td rowspan="2">Ⅲ. 특수한 병상태를 동반하는 건강장애</td><td colspan="2">11. 비반임신부</td></tr>
<tr><td colspan="2">12. 심리적 서포트가 필요한 비만증</td></tr>
</table>

① 비만증의 원인과 질병

인간의 유전자는 아주 척박한 환경에 알맞게끔 진화되어 왔다. 인간의 유전자는 처음 인류가 이 땅에 태어난 뒤, 수백만 년 이상을 영양이 부족한 환경에서 살아야 했기 때문에, 남는 에너지를 배설하지 않고 비축하는 시스템으로 진화했으며, 지방을 에너지 저장원으로 택한 이유도 1g / 4kcal 밖에 내지 못하는 탄수화물이나 단백질에 비해 1g / 9kcal라는 높은 에너지 효율을 가지고 있기 때문이다. 한정된 육체 속에 더 많은 에너지를 저장하려면 에너지 효율이 높은 방식을 선택해야 했고, 생존을 위해 지방을 아끼는 것이 진화적으로 유리한 전략이었다. 그러나 최근 인류가 풍족한 생활을 하기 시작하면서 에너지비축이 상대적으로 증가하게 되자 오히려 에너지를 소모하는 시스템을 가동해야 하지만 지방 친화적으로발달한 인간의 몸이 단시간 내에 바뀌지는 않기 때문에, 오늘날 많은 사람들은 지방을 줄이는 데 어려움을 겪는다.

2_ 당뇨병(diabetes mellitus)

당뇨병은 체중증가 또는 과식 등에 의해 혈중포도량을 조절하는 인슐린의 활동이 저하되어 당 분해가 제대로 되지 않아 체내 당이 축적되어 마침내는 소변으로 빠져나가는 질환이다.

인슐린은 당 분해 작용을 하는 효소, 당을 체내에 수많은 세포로 옮기는 역할을 한다. 세포는 이것을 에너지원으로 사용하여 대사를 한다. 비만인의 당뇨병 유병률은 비만이 아닌 사람에 비해 4.5배나 되며, 중년에 비만해지면서 시작되는 인슐린 비의존형 당뇨병(non insulin-dependent diabetes mellitus : NIDDM)은 비만과 밀접한 관계를 가진 대표적인 질환이다. 인슐린 비의존성 당뇨병이란, 혈당 조절에 중요한 역할을 하는 인슐린이 부족해서 생기는 것이 아니라 인슐린은 충분히 있는데도 당뇨병이 생기는 것으로 비만이 주요인으로 작용한다. 비만에서 당뇨병의 발생 과정을 요약하면, 먼저 섭취에너지의 증가와 비만은 인슐린저항성을 증가시키고, 췌장의 베타세포(β-cell)에서 인슐린 분비 증가가 필요하다. 이때 유전적으로 베타세포에서 인슐린 과잉 분비를 유지할 수 없는 사람은 인슐린의 작용이 부족해지고, 결국 혈당이 올라가게 된다. 따라서 비만은 유전적 요인과 더불어 당뇨병의 발생에 밀접하게 관여된다. 혈중 포도당 농도는 탄수화물 대사의 항상성을 반영하는 검사로 아침에 공복시 측정하며 정상범위는 70~110mg/dl이다.

3_ 고혈압(hypertension)

심장은 몸 구석구석에 혈액을 공급하는 펌프 역할을 하는 기관으로 비만으로 지방이 늘어나면 지방조직에 포함된 혈액량이 증가하여 말초까지 혈액이 가지 않아 그만큼 펌프가 강하게 움직여야 하므로 혈압이 상승하게 된다.

신체가 필요로 하는 혈액 공급량은 체중에 비례하게 되므로 비만한 사람의 심장은 항상 과로하게 된다. 대한고혈압학회에서 제시하는 성인의 혈압분류를 표면정상혈압이 80/120mmHg(확장기 혈압이 80mmHg, 수축기 혈압이 120mmHg)인데 반하여 고혈압의 경우에는 확장기 혈압이 95mmHg 이상, 수축기 혈압이 160mmHg 이상이다. 여윈 사람도 고혈압이 있지만 비만은 고혈압의 주원인으로 지방의 과다는 산소의 필요량을 증가시켜 비만인은 산소 공급을 위한 심장의 심박출량이 표준 체중의 사람보다 증가하여 혈압이 높아지게 되며, 또한 체내 포도당의 증가에 의한 인슐린의 증가가 신장에서의 나트륨의 재흡수를 증가시켜 우리 몸의 체액의 증가를 초래하고, 동맥혈관의 통로를 좁히거나 혈압을 상승시킨다. 특히, 고혈압 환자는 체지방율이 높은 비만이 많으며, 특히, WHR이 0.9이상으로 매우 높은 것이 특징이다. 고혈압은 뇌졸중이나 심장근육경색, 안저(눈바닥)출혈의 원인이 된다.

혈압을 낮추기 위해서는 체중을 줄이는 것이 선결과제이며 저염식이 또한 식이요법의 기본이라고 할 수 있다. 염분섭취를 줄이는 것은 혈압강하에 효과가 있으나, 특히, 감량은 식염섭취량과 상관없이 혈압을 낮춘다. 고혈압이 생길 위험은 비만 환자가 정상인보다 2배 가량 높다. 그러므로 고혈압 환자가 비만이라면 체중 조절을 게을리 해서는 안 된다. 외국의 조사를 보면 체중 1%의 감량은 수축기 혈압 1mmHg, 확장기혈압 2mmHg을 저하시킨다고 한다. 그리고 체중 1kg의 감량은 수축기혈합 0.4mmHg, 확장기혈압 0.3mmHg를 저하시켜 감량에 의해 수축기혈압, 확장기혈압 모두 저하한다는 사실을 보여준다.

체중감량

섭취에너지량의 감소는 당대사이상이나 지질대사이상뿐만 아니라 고혈압의 개선에도 효과가 있다. 비만증환자가 감량을 하면 식염섭취량과 관계없이 혈압이 저하되는 것을 보아도 감량이 중요하다는 사실을 알 수 있다. 섭취에너지량이 적으면 그만큼 단기간에 혈압을 저하시킬 수 있으나, 그렇다고 해서 섭취에너지량이 적으면 적을수록 좋다는 뜻은 아니다. 일일섭취에너지량을 1,000kcal 이하로 낮춰버리면 며칠 내로 '기아이뇨'현상이 나타나 혈액량이 줄어들어 급격히 혈압이 저하되어 위험해진다.

보통 식품으로 얻는 일일섭취에너지량이 1,000kcal 이하인 상태를 수개월 간 지속하면 필수아미노산이나 비타민이 부족하게 되므로 당질(자당, 과당)과 지질(포화지방산)만을 제한하도록 한다. 다만 일일섭취에너지량이 1,200kcal 이상이면 혈압이 충분히 떨어지지 않는다. 더욱이 여성은 저에너지상태에 적응하게 되어 체중이 줄어들지 않는 경우도 있으므로 주의해야 한다.

식염섭취의 제한

식염의 과다섭취는 혈압을 상승시키고 고혈압의 발생빈도를 높이기 때문에 하루 5.8g 이하로 섭취를 제한한다. 가공식품에는 식염이 의외로 많이 포함되어 있으므로 가공식품은 되도록 피하고 칼륨함유량이 높은 천연식재료로 조리한 음식을 보다 많이 섭취하도록 한다.

알코올섭취의 제한

알코올은 수 시간 내에 혈관을 확장시켜 혈압을 저하시키지만, 음주가 습관화되면 혈압을 상승시킨다. 에탄올로 환산하면 하루에 남성은 20~30g(맥주 큰병 하나, 소주 작은병 반) 이하, 여성은 10~20g 이하로 제한한다. 절주에 의한 혈압저하효과는 통상 1~2주 이내에 나타난다.

운동요법의 포인트

운동은 혈압을 낮추는 작용이 있다. 가벼운 운동이라도 수축기혈압을 4~8mmHg 내린다고 한다. 동시에 좋은 콜레스테롤인 HDL콜레스테롤을 상승시키고, 인슐린감수성을 개선시킨다. 즉, 고혈압의 개선에는 운동을 빼 놓을 수 없다고 할 수 있다. 구체적으로는 운동강도가 낮은 자전거타기, 수영, 걷기 등의 유산소운동을 1회 30분 이상, 주 3~5회 실시한다.

- 약물을 사용한 혈압강하 시의 주의점

약물요법은 어디까지나 식이요법, 운동요법을 3~6개월 간 실시하고 혈압의 저하가 충분하지 않을 때 고려해야 한다. 혈압강하치료의 일차 선택약으로 인정되고 있는 강압제는 ① 이뇨제, ② 베타차단제 및 알파베타차단제, ③ 칼슘길항제, ④ 안지오텐신전환 효소억제제(angiotension converting enzyme inhibitors : ACE－I, ACE 억제제), ⑤ 안지오텐신Ⅱ수용체차단제(angiotension receptorblocker : ARB)의 5종류가 있다. 이들 일차선택 강압제들의 강압효과와 강도는 비슷하나 환자에게 개별적으로 적용했을 때 이환율, 사망률, 부작용발생률 등은 큰 차이가 있다. 특별한 동반질환이 없으면 일반적으로 AB/CD 법칙을 따른다. 즉 만 55세를 기준으로 젊은 사람은 ACE억제제와 베타차단제를, 그리고 고령자에서는 칼슘길항제와 이뇨제를 우선 투여한다. 혈압이 140/90mmHg 이하로 조절되지 않을 때는 단계적으로 치료한다.

비만증환자 중에는 혈압강하제에 충분히 반응하지 않는 경우가 있다. 이것은 BMI의 증가에 따라 혈압강하제의 양이나 종류를 늘려도 혈압이 제대로 조절되지 않는 경우이다. 이러한 경우에는 무턱대고 혈압강하제의 투여량을 늘리거나 병용약을 추가하지 말고 식이요법이나 운동요법을 재검토함과 동시에 행동요법의 재고를 추천한다.

4_ 고지혈증(Hyperlipidermias)

고지혈증은 혈액 내에 콜레스테롤(cholesterol)이나 트리글리세라이드(triglyceride, 중성지방) 등과 같은 지방성분(지질)이 비정상적으로 증가(지나치게 많은)된 상태를 말한다. 비정상적인 혈액 내 지질상태를 이상지질혈증(dyslipidemia)이라고도 하며, 높아진 혈중 지질에 따라 고중성지방 혈증, 고콜레스테롤혈증이라고도 한다.

혈중지질은 콜레스테롤 · 트리그리세라이드 · 인지질 · 유리지방산 등으로 구성되어 있다. 이들은 지단백질(lipoprotein)의 형태로 체내에서 이동하며, 지단백질은 4가지로 분류한다. 카일로마이크론(chylomicron), 초저밀도지단백질(VLDL), 저밀도지단백질(LDL), 고밀도지단백질(HDL)이다.

비정상적으로 증가된 혈중지질이 혈관벽에 쌓이게 되면 염증을 일으키고 그 결과 심혈관계질환을 유발한다.

고지혈증의 원인으로는 과다한 지방섭취나 과칼로리 섭취, 술이나 약 등과 같은 원인에 의해서도 생길 수 있으며 유전적 또는 갑상선기능저하증 · 황달 · 신증후군 · 당뇨병 등의 질환에 의해 이차적 요인으로 인해 혈액 내에 특정 지질이 증가하여 고지혈증이 발생하는 경우도 많다.

중성지질(triglyceride)은 혈액내 지질의 총량 중 가장 큰 부분을 차지하며 혈액 내 중성지질은 식사로부터 섭취되거나 간에서부터 합성된다. 알코올이나 탄수화물, 과량의 고지방 식품의 섭취는 혈액내 중성지질을 상승시키는 원인이 된다.

콜레스테롤(cholesterol)은 혈액을 비롯한 신체의 거의 모든 조직에 위치하며, 담즙의 생성이나 신체내 스테로이드 물질 합성의 전구체로서 중요하다. 식사를 통해 들어온 콜레스테롤과 간에서 다량 합성되고 담즙을 통하여 배설된다. 비만한 사람은 정상 체중인 사람에 비해 콜레스테롤이나 중성 지방의 수치가 상승되어 있는 경우가 많다. 특히 비만인 사람은 정상인 사람보다 총 콜레스테롤이나 중성지방질의 비율은 높고, 몸에 유익한 콜레스테롤(HDL)은 적다. 따라서 비만인 사람에게 고지혈증이 생길 위험이 2~3배 높고 그에 따라 동맥경화가 생길 위험이 2~3배 높아진다. 고지혈증이 잘 생기는 이유는 몸 전체에 지방량이 많은 상태이므로 그러한 여분의 지방이 혈액 중에 많이 흐르기 때문이다.

고지혈증은 혈소판 응집기능 항진, 혈소판 응고시간의 단축, 선용계기능의 저하 등 혈액의 응고에 변화를 일으켜 혈액점도가 상승하고 결국 혈액의 성질과 상태에 병적 변화와 혈관염에 의한 말초순환 장애를 일으키며 방치하면 동맥에 죽상경화를 일으켜 혈전을 만들어 혈관을 폐쇄시키며 이것이 뇌에서 일어나면 뇌경색, 심장의 관상동맥에서 일어나면 심근경색을 일으켜 사망의 직접적인 원인이 된다. 특히 중성지방이 1000mg/dl 이상이 되면 급성췌장염을 일으키기도 한다.

콜레스테롤과 트리그리세라이드 값은 모두 200mg/dL 이하로 유지하는 것이 좋으며, 환자 개인의 특성과 질환을 고려한 의사의 지시에 따라 콜레스테롤값이 200~250mg/dL일 때는 주로 식이요법, 250~300mg/dL일 때는 식이요법과 약물요법의 겸용, 300mg/dL 이상일 때는 철저한 지질저화 약물투여가 필요하다.

운동을 하면 좋은 콜레스테롤인 HDL 콜레스테롤은 올라가고, 나쁜 콜레스테롤인 LDL 콜레스테롤은 떨어지게 된다. 단, 100미터 전력 질주와 같은 짧은 시간의 고강도 운동은 조심해야 한다.

5_ 거식증(신경성 식욕부진)

거식증(拒食症)은 먹는 것을 거부하거나 두려워하는 신경성 식욕 부진증이다. 뚱뚱해지는 것에 대한 극단적인 두려움 때문에 나타나는 증상으로 정신 질환의 하나이다. 체중 증가에 대한 혐오감에서 식사량을 무리하게 줄이고, 식후에 무리하게 토해 내거나 하여 영양실조가 되기도 하고 음식을 계속 거부하게 되면 체온과 맥박수의 감소, 빈혈, 혈액 내 미네랄 대사(칼륨)의 이상, 폐경 등과 같은 증상이 나타나고 사망에 이르는 경우도 있다. 거식증이 심화되면 생리불순이 올 수 있고 한 때 기사에 패션모델이 심한 다이어트로 인해 거식증에 걸려 죽었다는 기사도 있었다.

섭식 장애는 대표적으로 두 가지 질환, 거식증(신경성 식욕부진증)과 폭식증(신경성 대식증)이있다. 이 두 질환은 서로 긴밀하게 연결되어 있다. 거식증은 체중감소를 특징으로 하는데, 살찌는 것에 대한 걱정과 공포를 가지고 있고 자신이 비만이 아닌데도 비만이라는 왜곡된 생각을 가지고 있다. 그래서 체중을 줄이기 위해 식사를 제한하거나 먹고 나서 인위적으로 토하는 등의 행동을 하게 된다.

폭식증은 단순히 일시적인 과식이나 식탐이 아니라 음식에 대한 자제력을 잃고 비상식적으로 많은 양의 음식을 미친 듯이 먹어 대고, 폭식 후에는 의도적으로 구토와 설사를 일으킨다. 거식증과 폭식증의 증상이 복합적으로 나타나는 경우도 있고, 질병의 전체 증상이 아닌 일부 증상만을 보이는 경우도 있다.

미국 정신과학협회에서 정한 기준으로 거식증(신경성 식욕부진증)과 폭식증(신경성 대식증)을 살펴보면 다음과 같다.

거식증 진단

① 얼굴이 창백한 경우
② 완벽주의자인 경우
③ 먹는 것이 두려운 경우
④ 살이 찔까봐 두려운 경우
⑤ 폭식을 하고 후회하는 경우
⑥ 추위에 예민한 경우
⑦ 기분변화가 심한 경우
⑧ 머리카락이 많이 빠지는 경우
⑨ 어지럽고 잘 쓰러지는 경우
⑩ 원인 없이 생리가 멈춘 경우
⑪ 사람들을 피하게 되는 경우
⑫ 음식을 먹어도 맛을 느끼지 못하는 경우
⑬ 다른 사람들이 말랐다고 하지만 내 생각에는 말랐다고 생각하지 않는 경우
⑭ 체중을 줄이기 위해 무리한 운동이나 구토, 변비약 등을 사용하는 경우
⑮ 하루에 몇 번씩 체중계에 올라가서 체중을 재는 경우
⑯ 단기간에 심각하게 체중이 감소한 경우
⑰ 자신에 대한 불안감과 열등감이 있는 경우
⑱ 어떤 음식을 섭취하냐에 따라 내가 달라진다고 느껴지는 경우

위 20가지 문항 중 5개 이상에 해당하면 거식증이 의심되며, 10개 이상에 해당하면 거식증 치료가 필요하며, 15가지 이상 해당하면 심각한 거식증이다.

6_ 수면 무호흡 증후군(sleep apnea syndrome)

수면 무호흡 증후군은 수면 시 호흡이 중단되는 것을 특징으로 하며, 어떤 경우에는 저산소증이 되기도 한다. 심한 비만 환자는 과도한 지방 조직의 축적으로 흉벽이나 횡격막의 운동이 제한되고 호흡 운동 능력이 제한되어 조금만 움직여도 숨이 차 호흡장애가 오게 된다. 특히 수면 무호흡 증후군(sleep apneasyndrome)은 중증 비만에서 목 부분에 지방이 과잉 침착되어, 야간 수면 중에 주기적으로 기도를 막아 무호흡 발작을 반복하며 불면에 빠지기도 하고 주기적인 코골음, 눈뜨기 직전의 질식감, 낮잠과 만성적인 피로감 등을 나타낸다. 수면 중 충분한 피로회복이 되지 않으면 낮 동안 앉아 있을 때 기도의 압박이 없어져 호흡이 편해지기 때문에 야간의 수면 부족을 메우려고 앉아서도 졸게 된다.

7_ 여성 질환

비만한 여성에서는 난소의 기능 장애에 의한 월경 이상, 불임증 및 자궁암 등이 합병하기 쉬운 것으로 알려져 있다. 비만 여성의 약 50%에서 무월경이나 과소월경 등의 월경 이상이 나타났다. 시상하부와 뇌하수체의 신호에 따라 난소에서 분비되는 호르몬에 의해 조절되는 월경은 비만이 되면 뇌로부터의 이러한 조절이 원활히 작용되지 못하여 월경 이상을 초래하는 것으로 보고 있다. 비만 여성에서는 난소 피막의 비후와 난소 발육 부전 등의 기질적 장애가 발견되는 경우도 많다.

비만 여성들은 폐경기 이후 초기에는 화끈거림, 식은땀, 심장의 두근거림, 불면증, 후기에는 관절통, 요통, 손마디 통증, 손발저림, 빈뇨, 야뇨, 요실금, 성교통, 기억력 감소, 불안, 초조 등의 증상을 보이는데, 이는 여성 호르몬의 부족으로 오는 증상들이 나타나는 것으로 볼 수 있다. 또한 증상의 유무와 강도에 따라 골다공증을 진단하기란 매우 어렵지만 폐경기 여성의 가장 큰 문제 중 하나는 골다공증(osteoporosis)이다. 에스트로겐은 뼈의 칼슘이 혈액 속에 녹아 들어가는 것을 억제하는 작용을 갖고 있으나 폐경기 후에는 이 에스트로겐이 부족하기 때문에 뼈의 주성분인 칼슘 등이 줄어들어 골다공증이 생긴다. 나이가 들어 팔, 다리, 허리, 무릎 등이 아프다고 주물러 주기를 요구하는 것은 자연적인 현상이 아니고 많은 부분이 골다공증에 의한 것이라고 학자들은 주장하고 있다. 한국 여성의 경우 서양 여성에 비해 골밀도가 낮은 관계로 골다공증이 잘 발생된다고 할 수 있다.

지방 세포는 안드로겐(남성 호르몬)을 에스트로겐(여성 호르몬)으로 바꾸는 작용이 있기 때문에, 비만 여성의 경우 혈중 에스트로겐이 증가하여 이것이 자궁내막을 자극해 자궁암의 원인이 될 가능성도 시사하고 있다. 비만인은 지방 세포내에 저장되어 있던 에스트로겐(에스트로겐의 일부는 지방 세포내에 저장되기 때문에)이 지방 세포로부터 방출되어 자궁내막을 지속적으로 자극하게 되면 점차암으로 진행될 수 있다. 비만 여성의 유방암 발생 빈도가 높은 것도 유선에 에스트로겐의 수용체가 있기 때문으로 알려져 있다. 한편, 여성은 임신을 계기로 비만이 되기 쉬운네, 임신 중 권장되는 수준 이상의 체중 증가는 출산 후 체중 증가로 이어질 가능성이 높다. 임신 중 체중증가 정도, 임신 전 체중, 인종, 출산력, 모유수유 등이 출산 후 체중 증가에 영향을 미치는 요인으로 작용한다.

3 비만과 호르몬

비만은 식욕 조절과 밀접한 관련이 있다. 식욕 조절이 잘 되지 않아 폭식을 하거나 3식 외에 밤에도 음식을 찾아 참지 못하는 모든 현상들이 호르몬과 관련이 깊다.

1_ 인슐린

인슐린은 포도당을 조직의 체내에 수많은 세포로 보내 에너지원으로 사용하게 하고 남은 포도당은 지방의 형태로 바꿔 저장하는 역할을 한다. 따라서 당지수가 높은 식품은 식사 직후에 혈액 속 포도당 수치가 급격히 높아지는데, 혈당이 높아지면 이를 본래 상태로 되돌려 놓기 위해 췌장에서 인슐린이 분비된다. 혈당수치가 급격히 높아지면 인슐린이 대량으로 분비되어 조직에서 미처 에너지원으로 충분히 사용되기 전에 잉여 포도당이 재빨리 지방으로 전환되어 지방세포에 저장되는 양이 많아지게 된다.

인슐린은 시상하부 외측핵에 있는 공복 혹은 섭식 중추를 자극하여 섭식을 증가시키는 작용이 있다. 즉, 고인슐린혈증은 섭식량을 증가시키고 간과 지방조직에 지방합성을 촉진하여 다른 어떤 내분비 기전의 이상과 중심성, 내장성 비만에 지대한 영향을 미친다.

2_ 코티졸(cortisol)

하이드로코티존(hydrocortison)이라고도 하며 코티졸은 아드레날린과 더불어 인체가 스트레스환경이나 위기 상황에 직면했을 때 부신 피질에서 분비되는 호르몬으로 스트레스호르몬이라고도 불린다. 코티졸이 인체 내에 과잉 생산되거나 혹은 외부에서 과잉 약제 투여, 스트레스 상황이 장기화되면 흉선과 임파선으로부터 유리된 임파구의 수를 감소시키므로써 항체생산 및 면역기능을 약화시켜 여러가지 감염성 질환을 유발하고, 암에 걸릴 가능성을 증가시킨다. 이러한 장기적인 코티졸의 과다증가 현상은 뼈의 형성 억제로 인한 골다공증 악화와, 상처치유력의 지연, 여러 가지 감염증세에 시달리게 된다. 일일 부신 피질에서 분비되는 코티졸의 양은 12~30mg 정도로 가장 많이 분비되고 또한 강도도 가장 강력하다.

코티졸은 인슐린과 같이 존재하여야만 작용을 하는데 지방세포에서 중성지방의 주요 합성조절인 리포프로테인 리파아제(lipoprotein lipase)를 자극하여 지방분해를 억제한다. 부신피질에서 당질 코르티코이드가 만성적으로 과다하게 분비되어 일어나는 질환으로 쿠싱증후군이 있으며, 쿠싱증후군 환자는 얼굴이 달덩이처럼 둥글게 되고, 비정상적으로 목 뒤에 지방이 축적되며(물소혹), 배에 지방이 축적되어 뚱뚱해지는 반면 팔다리는 오히려 가늘어지는 중심성 비만을 보인다.

스트레스 반응경로

스트레스유발자 → 감각신경의 자극 → 시상하부 → 뇌하수체 → 부신피질자극호르몬(ACTH) → 부신피질 → 부신수질 → 스트레스 호르몬들(코티졸, 알도스테론, 에피네린) → 혈당증가, 면역반응과 알레르기 반응 억제, 혈압 증가

3_ 세로토닌(serotonin)

세로토닌은 뇌의 내측 시상하부 중추에 존재하는 신경전달물질로 기능하는 화학물질 중 하나로 모자라면 우울증, 불안증 등이 생긴다. 우울증을 치료하기 위해 SSRI(세로토닌 재흡수 억제제)를 투여하는 과정에서 체중감소효과가 부수적으로 나타나면서 비만치료제로 부각되었다. 세로토닌이 식욕 및 음식물 선택에 있어서 중요한 조절자로 작용을 하기 때문에 탄수화물 섭취와 가장 관련이 있는 것으로 알려져 있다. 국소적으로 세로토닌이 증가하면 식욕이 감소하게 되고, 감소할 경우에는 반대 현상이 나타난다. 이와 같은 세로토닌의 역할을 이용한 비만치료제로는 '리덕틸'이 있다. 리덕틸은 뇌에서 섭취할 음식의 양과 소모할 에너지를 조절하는 세로토닌과 노르아드레날린이라는 신경전달 물질의 흡수를 억제, 쉽게 포만감을 느끼도록 해 결과적으로 음식물 섭취를 줄이게 함으로써 체중을 감소시킨다.

4_ 렙틴(leptin)

렙틴은 "LEPTOS(빼빼마른)"라는 단어에서 유래한 저장된 지방으로부터 분비되는 단백질이다. 시상하부를 중심으로 하는 중추(뇌)가 스스로의 지방량을 모니터하고 있다고 한다. 그리고 체지방이 감소한 것을 뇌에 알리는 역할은 렙틴(leptin)이라는 호르몬이 하고 있다. 렙틴은 지방세포에서 분비되고 중추로 전달되어 체지방량을 조절한다. 즉 중추는 자신의 몸에 체지방이 얼마나 있는지를 렙틴농도를 체크하여 감지하는 것이다. 혈중 렙틴의 농도는 체지방량에 비례한다.

일반적으로 렙틴의 혈중농도는 밤부터 이른 아침 동안에 높아졌다가 식사 전후에는 변화가 없다. 하루 중 여러 번의 식사에 따라 단기적으로 포만감이나 공복감을 조절하는 것은 말초조직에서 오는 여러 신호이다. 이것들이 섭식중추가 있는 시상하부에 전달되어 식욕이 조절되는 것이다.

렙틴이 지방조직에서 분비되면 에너지대사 상태의 센서로 작용하게 되며 중추인 시상하부에 직접적으로 작용하며 뇌 이외의 여러 가지 말초조직에도 작용하여 생식이나 면역기능 조절, 당지질대사의 조절작용 등 다양한 호르몬 작용을 한다. 비만인 사람들은 렙틴을 많이 생산하더라도 적절하게 전달되지 않아 식욕을 제어하지 못하는 경우가 많은데 최근 연구에 의하면 코티졸 등에 의해 렙틴 수용체의 신호전달 체계가 문란해져서 렙틴 저항이 생긴다고 보고되고 있다.

식사를 제한하고 칼로리나 지방분의 섭취량을 줄이면 지방세포에 흡수되는 지방이 줄어들기 때문에 렙틴이 잘 분비되지 않는다. 따라서 포만감을 느끼지 못하고 계속 배고픈 것 같은 느낌을 받는다. 결과적으로 비만인은 포만감을 좀처럼 느끼지 못하여 점점 더 먹게 되고, 더더욱 살이 찌는 악순환에 빠지게 되는 것이다. 이것도 비만인 결점 중 하나이다.

5_ 카테콜아민(catecholamine)

카테콜아민은 흥분작용을 일으키는 호르몬으로 스트레스 호르몬의 일종이다. 아드레날린, 노르아드레날린, 도파민 등이 있으며, 호르몬, 신경전달물질로서 작용한다. 타이로신 → 도파민 → 노르아드레날린 → 아드레날린과 같은 경로로 합성되고 카테콜아민은 중추신경계의 신경전달물질로 널리 분포한다. 카테콜아민은 부신수질에 의해서도 생성되는데, 교감신경계와 함께 작용하여 긴장이 많이되는 상황에서 신체가 재빠르게 반응을 하도록 한다. 카테콜아민은 간과 근육에 있는 포도당을 분해하고 트리글리세리드(저장 지방)를 유리지방산으로 분해하는 등의 열과 에너지를 생성하는 반응을 자극하여 체열을 내게 한다. 카테콜아민은 또한 시상하부에서 신경전달물질의 역할을 함으로써 호르몬 분비를 조절하고, 이 호르몬들은 췌장의 랑게르한스섬이 글루카곤과 소마토스타틴(somatostatin)을 분비하도록 자극한다.

안정시에는 카테콜아민의 분비량이 낮고 수면시에는 더 저하된다.

카테콜아민은 각상상태를 촉진하는 작용이 있는데 운동을 시작하면 부신수질의 분비가 증가하여 아드레날린의 혈관확장작용에 의해 골격근의 혈관을 확장한다.

6_ 갑상선호르몬

갑상선 호르몬은 대표적인 대사촉진제이다.

갑상선 기능항진증 환자는 대사가 촉진되어 있기 때문에 체중이 많이 줄게 된다. 그러나 갑상선 호르몬은 지방 조직 뿐만이 아니라 체지방, 체조직도 소실시켜 병을 일으킨다. 따라서 지방 세포에만 작용하는 대사 촉진제의 개발이 진행되고 있으며 이미 동물 실험에서는 효과가 확인된 약제도 있다.

대표적인 약물로는 탄수화물의 흡수를 방해하는 아카보스와 지방의 흡수를 억제하는 슈크로스 포리에스터(SPE)라는 약물이 있다. 갑상선 호르몬의 분비 항진이 일어나면 교감 신경계의 활동이 촉진되어 혈압 상승을 일으킨다.

갑상선호르몬에는 성장호르몬의 작용을 도와주는 기능도 있다. 혈중포도당의 양은 한계가 있으므로 부족해지면 그 다음으로는 지방이 분해·연소된다. 나아가 근육이나 뼈까지 대사되어 줄어든다. 따라서 갑상선호르몬제를 복용하면 체중이 감소하여 위험하다는 뜻은 지방뿐만 아니라 골량이 감소하고 근육도 약해지기 때문이다.

요오드는 갑상선 호르몬 기능에 매우 중요한 작용을 하는데 갑상선은 인체의 신진대사 속도와 몸무게를 조절하는 역할을 한다. 인체 내에서 요오드는 60% 이상이 갑상선에 포함되어 있는데 갑상선의 주요 호르몬인 티록신의 구성성분으로 사용된다. 티록신은 단백질 합성과 탄수화물, 지질의 대사를 항진시키는데 특히 지방대사에 필수적인 작용을 한다. 지방세포의 베타-아드레노셉터(β-adrenoceptor)를 촉진하여 리파아제(hormone sensitive lipase)를 활성화시켜 저장되어 있는 중성지방을 분해하여 혈액속으로 빨리 연소시키는 작용을 한다. 스파관리에서 해초를 비만관리에 가장 기본적으로 사용하는 이유는 바로 이 요오드 때문이다. 비만관리에 사용되는 해초분말의 색상은 대부분 녹색이며, 요오드를 포함한 모든 미네랄 성분들은 인체로의 흡수작용이 매우 용이하다. 해초분말은 바다에서 수확된 해초를 초미립자 크기로 분쇄시킨 후, 냉동상태에서 건조시키는 특수 공정을 거치기 때문에 해초식물 자체가 가지고 있는 모든 영양성분들, 즉 탄수화물, 단백질, 지질, 종합 비타민들, 미네랄들, 미량원소들이 그대로 보존되어 있다. 해초 그 자체에는 메조쎄라피에 사용되는 비만관리를 위한 약물병합이 그대로 천연적으로 호합되어 보존되어 있다고 볼 수 있다.

7_ 성장호르몬

성장호르몬제

어른들이 "충분히 자고 운동을 하면 쑥쑥큰다"하는 말을 우리는 흔히 듣는다. 성장호르몬은 주로 골격근과 신체 장골의 성장에 영향을 주므로 신체의 크기와 키를 결정하고 운동, 수면, 그리고 저혈당시 분비된다. 그러므로 앞의 이야기는 사실이다. 성장호르몬에는 아미노산을 단백질로 전환시키고 지방을 분해하여 에너지로 사용하므로 비만해소호르몬이라 할 수 있다. 또한, 공복시나 식사사이 단백질이 포도당으로 전환되도록 한다. 즉, 혈당을 올리는 역할을 한다. 게다가 갑상선호르몬제처럼 복용을 중지하면 체중이 원래대로 돌아가는 결점이 없다. 그러나 성장호르몬제는 당뇨병을 유발할 수 있으므로 살빼는 약으로 사용해서는 안된다.

성인의 성장호르몬은 하루 약 300kcal(지방 40g)를 소비하는 지방분해능력이 있는데, SAS인 사람은 성장호르몬의 분비량이 최대 70%까지 저하된다. 즉, 칼로리소비량이 건강한 사람의 30% 정도에 불과하다. 이는 정상인 경우보다 1개월에 210kcal×30일 = 6,300kcal가 덜 소비된다는 것이다. 지방 1kg을 늘리는데 필요한 칼로리는 약 7,200kcal이므로 1개월에 875g, 1년이면 10kg 이상 살이 찐다고 계산할 수 있다. 비만 → 수면무호흡증 → 비만악화 → 수면무호흡증 악화 → 비만악화, 이렇게 비만과 수면무호흡증의 악순환이 계속되는 것이다.

8_ 에스트로겐(estrogen)

비만한 사람에서는 에스트로겐 이외에 프로락틴, 안드로겐, 코티솔 등의 생성이 증가된다. 비만 여성에 있어서는 혈액 중에 여성호르몬인 에스트로겐이 증가하여 이것이 자궁내막을 자극하여 자궁암의 원인이 될 가능성도 시사하고 있다. 에스트로겐의 일부는 지방 세포내에 저장되기 때문에 비만이 되어 있는 사람은 지방 세포로부터 방출되는 에스트로겐에 의해 자궁내막이 지속적으로 자극을 받게 되어 점차 암으로 진행된다고 생각된다. 유선에 에스트로겐의 수용체가 있기 때문에, 비만 여성은 유방암의 발생 빈도도 높은 것으로 알려져 있다. 에스트로겐(estrogen)분비가 감소하면 피하지방합성이 촉진되어 비만을 초래한다.

Chapter 04

셀룰라이트

1 셀룰라이트(cellulite) 정의

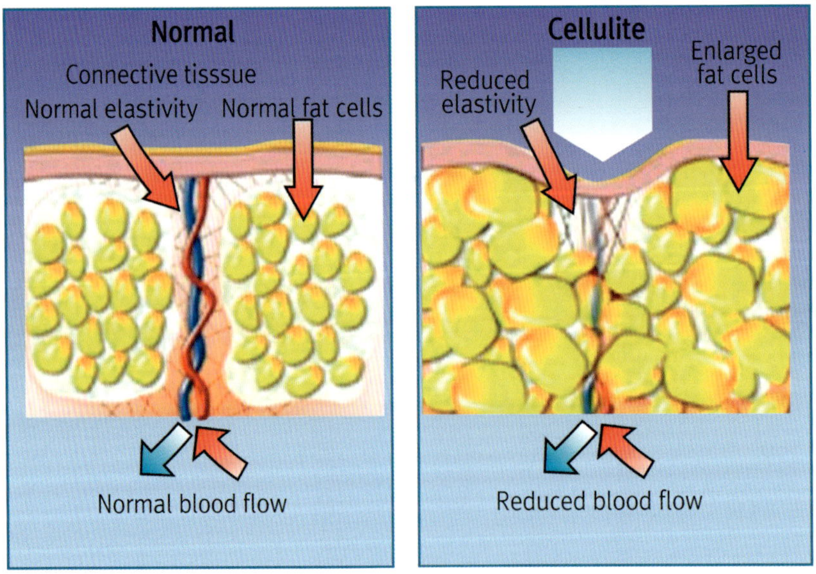

셀룰라이트(cellulite)란 용어는 프랑스의 호너(Hogner)에 의해서 사용되었다. 셀룰라이트는 cellula(세포를 의미)와 -ite(염증, 화농)의 합성어로 “세포들의 염증”이라는 단어의 의미를 가진다. 1920년대부터 미용관련 업계에서 먼저 사용되어 왔으며 의학용어는 아니다. 의학적으로 nodular liposclerosis, edematofibrosclerotic panninculopathy, panninculosis, gynoid lipodystrophy, hydrolipodystrophy 등으로 표현된다.

셀룰라이트는 국소적인 지방축적으로 인해 특히 둔부 및 허벅지 부위에 림프 및 혈관을 압박함으로써 순환장애를 일으키는 증상이다. 즉, 셀룰라이트는 지방세포의 과잉축적, 순환장애, 결합조직의 변성이라는 현상이 연속적으로 발생됨으로써 생성되게 된다. 따라서 형태학적 변화뿐만이 아니라 조직학적, 생화학적 변화와 결체조직의 손상이 동반되어 피부표면이 오렌지 껍질처럼 울퉁불퉁하게 되는 현상을 나타낸다.

셀룰라이트는 95% 이상 여성에게서 잘 나타나며, 지방세포가 많이 분포되어 있는 엉덩이, 허벅지, 복부, 팔 등에서 주로 발생되며, 대표적인 생성원인으로는 여성호르몬인 에스트로겐의 불균형이 적용되어, 여성에게서 주로 생성되는 원인이 된다.

2 셀룰라이트의 생성 원인

셀룰라이트는 비만과는 다르다. 셀룰라이트는 주로 여성에게 발생하며, 가장 큰 원인으로는 여성 호르몬의 불균형에 의해 혈액 및 림프순환 저하와 신진대사의 저하로 노폐물이 생성되고 수분과 지방이 축적되는 것을 유도하게 됨으로써 발생시키게 된다. 또한 남성과 여성의 지방세포를 형성하는 모양의 차이 때문이며, 그 외에 악화시키는 주요 요인으로는, 호르몬제 복용(경구피임약 등), 체액의 흐름 방해(몸에 꽉 끼는 옷, 굽이 높은 신발 등), 스트레스, 잘못된 식습관(음식물), 운동부족(활동부족), 음주, 흡연, 림프절의 절단 등이 있다.

대표적인 셀룰라이트 생성원인의 첫 번째는 내분비 요인으로 여성호르몬인 에스트로겐은 지방세포의 합성대사에 영향을 주어 호르몬 불균형을 유발한다. 따라서 셀룰라이트 발생은 여성에게서 주로 발생하며, 특히 사춘기, 임신기, 출산 후, 폐경기, 피임약 복용 시와 생리주기 때 호르몬의 균형이 깨져 셀룰라이트 생성과 악화를 유발시킨다.

두 번째로는 여성의 지방세포의 양은 남성에 비해 10~15%정도 더 많으며, 지방세포를 형성하는 구조의 모양(lobule)이 다르게 생겼기 때문이다. 남성의 다이아몬드 모양처럼 생긴데 비해 여성은 셀룰라이트가 생기기 쉽도록 면적이 넓고 위가 뚫린 벽돌모양으로 생겼기 때문이다. 이런 여성의 지방세포의 모양은 지방세포가 쉽게 커지고 위로 올라오게 되면서 서로 지방세포 막이 피부를 잡아 댕기면서 막이 더 딱딱해지고 피부를 위로 아래로 잡아당기게 되면서 울퉁불퉁한 모양을 유발하게 된다.

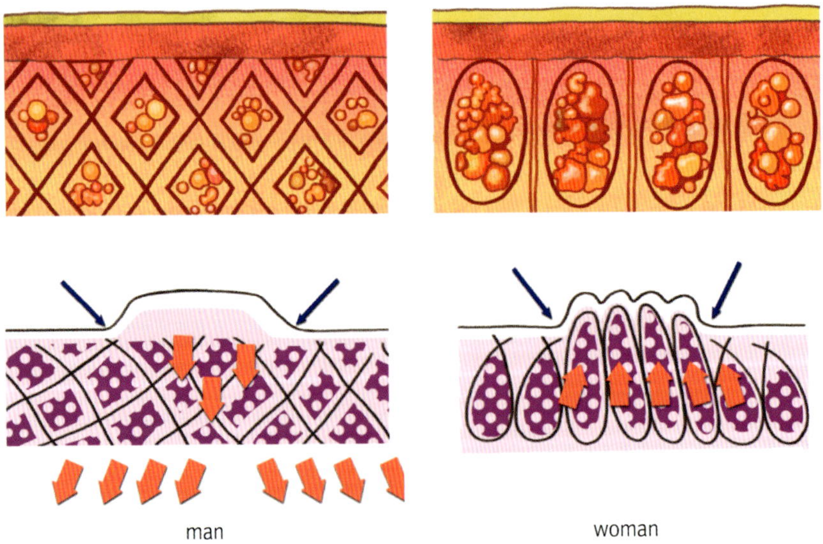

세 번째로는 혈액 및 림프 순환의 저하로 림프 그물조직이 노화되어 발생할 수도 있고, 나이가 들면서 더욱 악화시키는 요인으로 작용한다. 또한 꽉 끼는 옷의 압박, 하이힐 등에 의한 전체적인 순환장애에 의해서도 발생될 수 있다.

네 번째로는 신경계 요인으로 신경전달물질 중 카테콜아민은 에너지를 필요로 할 때 지방분해와 혈관운동에 작용하여 대사율을 항진시키는 작용을 한다. 따라서 감정이 불안하거나 예민해지면 자율신경이 위축되어 특정부위에 지방을 축적시켜 셀룰라이트를 발생시킬 수 있다.

다섯 번째로는 심리적 요인으로 극심한 스트레스와 불안, 갈등, 불면증 등은 부신피질에서 코티솔 호르몬이 발생하여 호르몬을 변화시켜 셀룰라이트 형성을 촉진시킨다.

여섯 번째로는 식생활 요인으로 잘못된 다이어트, 과식, 야식, 편식, 간식 등은 소화장애, 변비, 혈관 장애를 일으켜 노폐물 배출을 방해하여 셀룰라이트를 발생시킨다. 특히, 절식과 폭식을 반복하는 잘못된 다이어트는 지방세포의 축적을 빠르게 유발시켜 셀룰라이트 발생은 물론 순환장애를 유발하여 이미 생성된 셀룰라이트의 악화요인이 된다.

일곱 번째로는 운동부족(활동부족) 요인으로 현대인들은 기계화와 컴퓨터 작업 등 앉아서 고정화된 생활을 하는 경우가 많아짐에 따라서 섭취에너지에 비해 소비에너지가 적게 되고, 노폐물과 독소 등이 피부 진피층에 축적되어 지방세포와 결합하여 운동부족(활동부족)에 의해 셀룰라이트가 발생되기 쉬우며 주로 오래 앉아있는 수험생, 회사원의 경우 더욱 촉진된다.

그 외 유전적인 요인으로 발생할 수 있으며, 위의 여러 가지 요인들이 단독적으로도 원인이 될 수 있지만 주로 복합적인 작용으로 나타나고 있다.

2_ 셀룰라이트 생성 부위

셀룰라이트는 엉덩이, 대퇴부(허벅지), 무릎 안쪽, 팔 바깥쪽(상완), 복부 등에 집중되며, 주로 정맥이 많은 하체에 많이 생성된다. 연령이 증가함에 따라서는 엉덩이나 허벅지보다 복부에 더 많이 나타나는 경향을 보인다.

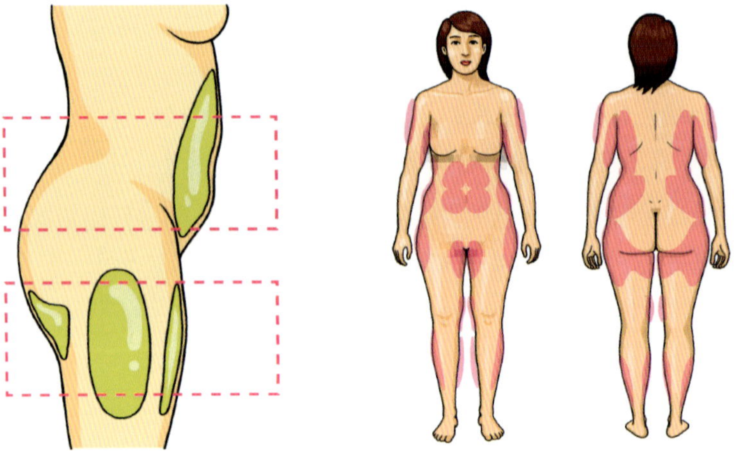

3 셀룰라이트의 형성단계

셀룰라이트는 세포사이의 수분과 노폐물이 과도하게 생성되어 지방과 독소가 빠져나가지 못해 생성된 것으로 지방세포의 과잉축척, 혈액 및 림프 순환장애, 결합조직의 변성 등에 의해 발생된다.

발생과정 1단계는 충혈단계로 피하지방조직의 구조가 변화하여 지방조직의 손상 및 축적되는 단계이다. 이는 혈관의 비정상적인 유출증대에 의한 부종성 침수의 증상을 보인다. 또한 부종세정맥 울혈단계로 세포간의 혈장이 유출된다.

2단계는 혈행장애 단계로 모세혈관 주위에 밀집된 콜라겐 섬유 등 결합조직들이 혈관을 압박하여 지방세포의 손상과 물질들의 배출이 유도되어 부종을 유발하는 단계이다. 이는 피부 표면이 조금 거칠어지기 시작하며, 신축성은 감소된다.

3단계는 경직화 단계로 미세 결절들이 생성되는 단계이다. 이는 지방세포와 수분이 축적되고, 주위의 결합조직의 변성에 갇혀 피부융기가 만들어지고, 경화성 결합조직들인 결절을 형성하며 이는 곧 셀룰라이트가 형성되는 것이다. 이때는 완전히 지방세포를 둘러싸며 세포에서 고립되는 단계이다.

4단계는 경직이 강화되는 단계로 거대 결절이 생성되는 단계이다. 작은 결절들이 증가되고, 딱딱한 작은 결합조직들이 뭉쳐져 큰 결절로 형성되는 단계로 육안으로도 피부표면이 오렌지 껍질처럼 보이며, 통증을 유발하는 완전한 셀룰라이트를 형성하는 단계이다.

4 셀룰라이트의 종류

셀룰라이트는 비만과는 다른 것으로 비만은 지방의 단순한 축적현상으로 과도한 과식과 운동부족의 주요 원인으로 남녀노소가 언제든지 발생할 수 있으며, 신체전반에 나타나는 특징을 가진다. 반면 셀룰라이트는 호르몬의 불균형, 혈액순환과 림프순환의 저하와 노폐물 정체의 주요 원인으로 마르거나 뚱뚱한 체질과는 상관없이 누구에게나 생길 수 있으며, 호르몬과 영향이 깊어 주로 여성에게서 발생하며, 신체 전반이 아닌 엉덩이, 허벅지, 팔 등에 집중적으로 나타나고 피부 표면이 울퉁불퉁하게 되는 피부 상태를 나타내는 특징이 있다.

셀룰라이트는 여러 종류를 나타내는데, 다음은 대표되는 셀룰라이트의 4가지 종류이며, 개인이나 신체부위에 따라서 많은 차이가 있다.

1_ 연성형 셀룰라이트

주로 허벅지나 팔의 안쪽에서 쉽게 보이는 셀룰라이트로 수분을 다량 보유하고 있어 스폰지처럼 말랑말랑한 상태로 살을 손으로 잡았을 때 통증과 탄력이 없어 쳐지는 상태를 유지하고 있다.

2_ 부종형 셀룰라이트

몸에 전체적으로 부종이 있는 덜 단단한 상태로 하체의 정맥이나 림프순환장애가 함께 있는 상태로 쉽게 붓고 무거운 상태를 유지하고 있다.

3_ 압축형 셀룰라이트

피부에 푸른빛을 띄기도 하고 통증이 있는 셀룰라이트로 가장 단단한 느낌을 주는 상태를 유지하고 있다.

4_ 섬유질성 셀룰라이트

손으로 잡았을 때 매우 딱딱하며 가장 악화된 상태의 셀룰라이트이다. 혈액순환의 장애로 가장 단단하게 변화되어 있으며, 피부도 거칠고 건조한 상태를 유지하고 있다.

5 셀룰라이트 진단시 나타나는 증상

셀룰라이트 피부는 양손으로 피부 부위를 잡았을 때 표면에 오렌지 껍질처럼 울퉁불퉁하게 나타나면 셀룰라이트로 진단할 수 있다. 셀룰라이트 부위는 정맥 및 림프순환장애로 조직액(체액)의 배출이 원활하지 못하고, 피부와 피하층 사이 조직간에 정체된 노폐물이 쌓이며, 결합조직과 신경의 압박으로 콜레겐과 엘라스틴 등의 섬유구조의 결합과 변형 등으로 인해 다음과 같은 증상이 동반될 수 있다.

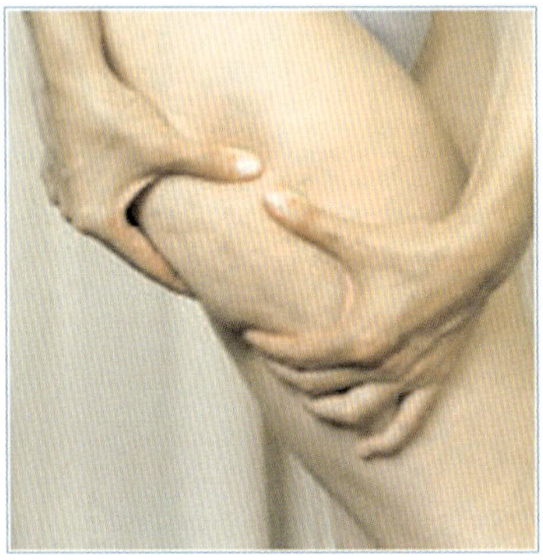

- 피부표면이 오렌지껍질처럼 울퉁불퉁하다.(진피층에 형성되기 때문에 육안으로 보인다.)
- 셀룰라이트 형성정도가 심한 경우 형성 부위에 통증이 온다.
- 콜라겐, 엘라스틴 등과 같은 섬유조직의 기능이 저하된다.
- 모세혈관확장증과 건조증상이 나타난다.
- 정맥류가 생기며 갈수록 심하게 두드러진다.
- 다리가 잘 붓고 무거우며, 하지경련 등 쉽게 말단마비 증상이 나타난다.
- 노폐물 축적현상이 일어나 체내에 독성물질이 쌓인다.
- 영양소의 공급이 감소하여 세포의 에너지 공급이 저하된다.
- 피부의 부피, 유동성, 예민성이 증가된 느낌이 든다.
- 피부에 결절이 들어있는 느낌이 들며, 다른 부위보다 피부온도가 차가운 느낌이 든다.

셀룰라이트 자가 진단 설문지

① 그냥 보기에도 피부가 울퉁불퉁합니까?	Yes / No
② 피부를 손가락으로 집을 때 아픕니까?	Yes / No
③ 두군데 이상 셀룰라이트가 있습니까?	Yes / No
④ 25세 이전부터 셀룰라이트가 있었습니까?	Yes / No
⑤ 생리전 증후군으로 고생하고 있습니까?	Yes / No
⑥ 잘 붓는 편입니까?	Yes / No
⑦ 만성 변비가 있습니까?	Yes / No
⑧ 지난 3년간 5% 이상 체중 변동이 있었습니까?	Yes / No
⑨ 현재 호르몬 제제를 복용하고 있습니까?	Yes / No
⑩ 커피, 차 혹은 술을 많이 마시는 편입니까?	Yes / No
⑪ 담배를 피웁니까?	Yes / No
⑫ 매일 8컵(2리터) 이상 물을 마십니까?	Yes / No
⑬ 포화지방이 많은 음식(음류, 유제품) 혹은 혈당지수가 높은 음식(밥, 빵, 국수, 스파게티)을 즐겨 먹습니까?	Yes / No
⑭ 짠 음식을 좋아합니까?	Yes / No
⑮ 최근 3개월간 운동을 하지 않았습니까?	Yes / No

※ 각 Yes로 체크한 항목이 8개 이상이면 셀룰라이트

6 셀룰라이트 관리방법

셀룰라이트는 전신적으로 나타나는 비만과는 다른 형성 원리를 가지게 되어 한 번 생성되면 쉽게 없어지지 않으므로 평소에 관리가 매우 중요하며, 꾸준한 관리를 필요로 한다. 그러나 식이요법, 운동요법과 그 외 약물요법을 시행해도 쉽게 분해되지 않는 것이 특징이다. 따라서 홈케어와 살롱케어로도 관리가 안 될시에는 의학적 치료방법을 적용할 수 있다.

1_ 홈케어(Home care)관리

홈케어 관리시 식이요법은 매우 중요하며, 셀룰라이트는 칼로리의 제한보다 식품의 조성에 초점을 두어야 한다.

- 하루 1.5~2L 이상의 물, 과일과 야채 등 식이섬유의 충분한 섭취, 싱겁게 먹는 음식을 통하여 노폐물배출을 용이하게 해준다. 특히, 변비와 부종을 완화시킬 수 있으며 물 마시는 것은 습관화하는 것이 중요하다. 그리고 기초대사량을 높이기 위해서 전체 칼로리의 15% 이상을 유지해야 하는 단백질 위주의 고단백 식이식품, 신선한 과일과 야채, 생선, 비타민 등을 섭취하며 당분, 전분, 지방의 섭취는 제한해야 한다. 또한 인스턴트 식품을 줄이는 것도 중요하다.
- 슬리밍 제품의 사용을 병행하면 효과적이며, 이때 알레르기나 접촉성 피부염이 있는 경우에는 주의해야 한다. 또한 슬리밍 제품을 단독으로 사용하는 것보다 유산소 운동과 병행하게 되면 보다 효과적이다.
- 몸에 꽉 끼는 옷은 정맥과 림프순환을 방해하므로 편안한 의복을 선택한다.
- 적당한 높이의 구두를 선택하여 발이 조이고 다리가 붓지 않도록 한다. 다리에 부종이 발견되면 다리를 심장보다 높게 하여 순환이 잘 되도록 한다.
- 목욕이나 반신욕을 할 때 아로마 입욕법을 병행하면 혈액순환과 림프순환에 효과적이며, 셀룰라이트가 집중되어 있는 부위나 다리부위의 지압점을 가볍게 지압해주면 효과적이다.
- 유산소운동(걷기, 조깅, 자전거타기, 수영)을 매일 40분~1시간 정도 꾸준히 한다. 단, 정맥류를 자극하는 테니스, 농구, 스쿼시 같은 격렬한 운동은 피하며, 주 2~3회 근육운동을 병행하면 좋다. 또한 혈액순환의 증가를 위하여 운동 전·후에는 반드시

스트레칭을 해주는 것이 좋다. 또한 운동만으로의 효과는 적으므로 여러 요인들과 함께 적용하도록 한다.

2_ 살롱(salon) 관리 방법

- 순환과 신진대사 증진을 통해 몸을 따뜻하게 하며 독소배출을 돕는다. 이때, 땀 분비를 돕는 전용화장품(핫젤, 팩 등), 메뉴얼 테크닉, 미용기기, 아로마테라피 등을 이용하면 더욱 효과적인 관리를 할 수 있다.
- 셀룰라이트 관리에 우수한 팩인 해초팩은 독소배출효과가 우수하고 풍부한 미네랄과 미량원소를 신체에 공급해준다. 또한 파라핀팩은 온열효과를 통한 효과가 있으며, 팩 관리시 림프순환이나 지방분해효과가 있는 에센셜오일을 함께 사용하여 셀룰라이트 분해에 효과적이다.

- 지방분해와 셀룰라이트 분해에 효과가 있는 미용기기인 엔더몰러지, 초음파, 중·저주파, 고주파 등으로 셀룰라이트 부위를 집중적으로 관리한다.
- 셀룰라이트 부위를 림프드레나지, 수기마사지 등을 한다. 이때 셀룰라이트 분해와 림프 및 혈액 순환촉진에 도움이 되는 아로마 에센셜오일이나 핫젤 등 전용 화장품과 함께 사용하면 셀룰라이트 분해 효과가 극대화된다.
- 셀룰라이트 관리를 위한 아로마테라피에 사용되는 오일은 혈액 및 림프 순환 자극, 독소 배출, 이뇨작용, 호르몬 균형 등의 효과를 가진 에센셜 오일을 사용해야 하며, 대표적으로는 그레이프 프루츠, 주니퍼, 펜넬, 싸이프러스, 로즈마리 등이며 사용시에는 받는 사람의 신체적 정신적 상태에 따라 맞게 사용해야 한다.

3_ 의학적 치료방법

홈 케어와 살롱 케어 관리 외에 부분지방 분해수술, 지방흡입술, 전기 지방분해침, 카복시테라피, 메조테라피, 약침요법, 초음파 수액 지방 융해술, 고주파 시방분해술 등의 의학적 치료방법도 있다.

Chapter 05 스트레스와 체형

1 스트레스와 식욕

먹는 양이 소비하는 양보다 많은 사람은 살이 찌는 것은 당연하다. 게다가 스트레스가 식욕을 불러 소비칼로리를 넘어가는 양을 먹게 되거나 운동할 의욕이 일어나지 않게 되면 비만이 되는 것이다.

스트레스는 현대사회에서 비만의 중요한 원인으로도 여겨지며 일반적으로 체중과 관련된 스트레스에 대한 생체반응을 두 가지 예를 들어 보면 어떤 사람은 스트레스 때문에 과식하지만, 다른 사람은 같은 스트레스의 영향으로 식욕을 잃기도 한다.

한마디로 스트레스라 해도 개인에 따라, 또는 스트레스의 종류에 따라 체중이나 식욕에 미치는 영향이 다르다. 이러한 차이를 불러오는 것이 생체의 메커니즘이다.

여기에서는 오래 전부터 만병의 근원으로 일컬어지는 스트레스에 대해 알아보자. 사람은 스트레스나 갈등이 있게 되면 이러한 복잡한 문제들이 원초적이고 단순한 본능으로 해소하려는 경향이 생긴다. 인간의 단순하고 원초적인 본능은 바로 식욕과 성욕이다. 그중 가장 손쉽고 복잡하게 계산하지 않고 비난받지 않으면서 할 수 있는 행위가 바로 식욕, 즉 먹는 것으로 해결하는 방법이기 때문에 어떤 스트레스나 갈등이 있게 되면 여성들은 자꾸 음식을 먹는 것으로 스트레스를 풀려고 하고 남성들은 술을 마시는 것으로 스트레스를 풀려고 하는 경향이 생기게 되는 것이다. 또한 사람은 불안과 초조한 경우 자꾸 먹게 된다. 미국 심리학자들의 재미있는 실험을 살펴보면 공포영화를 상영하는 영화관과 코미디 영화를 상영하고 있는 영화관 앞에서 영화관에 입장하는 관객들에게 커다란 팝콘봉지를 나누어 주었다. 그리고 영화를 관람하면서 팝콘을 먹고 난

후 팝콘봉지를 꼭 다시 돌려달라고 하여 나중에 회수해보니 공포영화를 관람한 관객들이 팝콘을 훨씬 많이 먹었다는 결과가 나왔다.

즉, 사람은 불안과 초조하면 자기도 모르게 자꾸 먹게 되는 경향이 생기게 된다는 것이다.

또한 우울증이 있는 사람도 자꾸 먹게 되는 경향이 생긴다. 정신분석학적으로 우울증이란 의미있는 대상의 상실로 인하여 생겨나게 되는데 이렇게 우울증이 있게 되면 상실에 대한 보상감을 인간이 가장 원초적인 행동인 먹는 것으로 보충하려는 경향이 생겨나기 때문에 자꾸 먹게 되고 비만하게 되는 것이다.

또 이렇게 해서 비만해지게 되면 자신의 용모나 자존심의 상실이 생기게 되고 그러면 우울증이 더 심해져서 더 먹게 되고 그래서 더 뚱뚱해지는 악순환이 생기게 되는 것이다.

1_ 시상하부 · 하수체 · 부신 · 지방조직으로 구성된 시스템

지방세포에서 분비되는 렙틴은 체지방량조절에 중요한 역할을 한다. 렙틴의 신호는 몇 개로 나뉘어 시상하부에 전달된다. 예를 들어 시상하부의 신경펩타이드 Y(NPY)는 식욕을 항진시키고 부신겉질자극호르몬분비촉진호르몬(corticotropin releasing hormone : CRH)이나 우로코르틴(urocortin) 등 시상하부호르몬은 식욕을 억제한다. 이중 CRH는 스트레스반응에 관여하는 호르몬으로도 알려져 있다.

기아나 절식, 실연, 대상상실 등의 다양한 스트레스에 대해 생체를 방어하기 위한 반응을 일으키기 위하여 시상하부(hypothalamus : H), 하수체(pituitary body : P), 부신(adrenal gland : A)으로 구성된 계통을 내분비계(HPA)라 하며, 이 계통이 활성화되어 그 스트레스에 생체를 대응시키는 작용을 한다. 그 결과 HPA계를 구성하는 시상하부, 하수체, 부신 각 기관에서 다양한 호르몬이 분비되어 식욕의 항진이나 억제라는 생체반응을 일으키는 것이고 부신에서 나오는 글루코코티코이드 호르몬은 식욕을 항진 시킨다.

한편 지방세포에서 생산, 분비되는 렙틴은 식욕을 억제하는 대표적인 호르몬이다.

4_ 스트레스로 인한 증상

다음 표를 보면 스트레스로 인한 증상을 한눈에 볼 수 있다. 물론 모든 병의 원인이 스트레스에 의해서만 발생한 것으로 단언할 수는 없다. 그러나 스트레스 외에 선천성·유전적 요소, 환경요인 등도 관계되어 있지만 스트레스가 주요한 원인이 되어 신체에 나타나는 증상이 이렇게 많다는 것이다.

스트레스가 원인이 되어 나타나는 신체 반응

신경, 근육계 증상	어깨결림, 긴장성 두통, 틱장애(tic disorder), 요통, 손가락 진전(떨림), 손발저림, 지각 이상, 탈력감, 권태감 등
호흡기계 증상	호흡 곤란감, 숨참, 가래, 과환기, 반복하여 나타나는 감기 증상(재채기, 콧물, 발열, 권태감)
소화기계 증상	복통, 식욕 부진, 과민성 위장장애, 토기(욕지기), 과식, 거식증 등
혈관, 순환기계 증상	혈압상승, 부정맥, 빈맥, 흉통, 손발이 찬 증상 등
내분비, 대사계 증상	비만, 마름, 미열, 무월경이나 월경통, 월경 전 긴장증, 부인과적 이상, 갱년기장애기타 턱관절 통증, 설통, 구내염, 이명, 현기증, 안정(눈)피로 등

2 스트레스 자가진단

우울증 셀프테스트

- □ 쉽게 감기에 걸리고 신체리듬이 잘 무너진다.
- □ 조그마한 일에도 짜증을 낸다.
- □ 편의점에서 사먹거나 외식하는 일이 잦고 신선한 야채나 과일, 단백질이 부족하다.
- □ 최근 그다지 크게 웃어 본 적이 없다.
- □ 이유도 없이 불안해지는 때가 있다.
- □ 본인에 대해 자신이 없고, 별볼일 없는 인간이라고 생각하고 만다.
- □ 두통이나 어깨결림, 체증이 심하다.
- □ 일이나 공부에 대한 집중력이나 의욕이 예전보다 떨어진다.
- □ 직장이나 가정에서의 인간관계가 뒤틀려있다.
- □ 쉽게 피곤해지고 아침에 일어난 때 피로가 풀리지 않는다.
- □ 감정의 기복이 심하다.
- □ 식욕이 떨어졌다. 단 것이 먹고 싶거나 과식하거나 한다.
- □ 마음이 쉽게 우울해지고 쓸쓸하다는 느낌을 자주 받는다.
- □ 스케줄표가 잔뜩 채워져 있지 않으면 불안해진다.
- □ 화장이나 청소 등 신변의 일이 귀찮다.
- □ 잘되지 않는 일이 있으면 자신을 책망하고 만다.
- □ 시간에 쫓기는 듯한 기분이 들어 한없이 초조하다고 느낀다.
- □ 주변 사람에게 비난을 받거나 자신이 방해가 되고 있다는 느낌을 받는다.

'우울증 셀프테스트'를 이용하여 자가진단을 해보자. 이 테스트는 이러한 기분이 들 때가 있지 않은지를 스트레스에 의한 신경, 근육계증상, 탈력감, 권태감 등을 주변의 예를 들어 기록한 것이다.

'우울증 셀프테스트'에서 8개 이상에 해당되면 우울증 경향일 가능성이 높다. 우울증으로 정신과에서 진단을 받을 정도는 아니어도 정신의학적인 접근이 필요한 상태이다.

0~7개는 건전한 수준이고 8~13개는 주의가 필요한 수준이다. 겁을 주려는 것은 아니지만 모든 항목에 해당되는 사람은 정신질환의 우려도 있다. 특히 시기심이 강하게 나타나면 정신분열증(통합실조증)의 초기증상이라고 볼 수 있다. 일시적인 것이 아니라 지속적으로 나타난다면 우울증일 수도 있다. 자신과 관련이 있다고 생각되는 사람은 정신과나 신경내과의 진찰을 받는 것이 좋다.

3 스트레스와 비만에 대한 Q&A

1_ 스트레스와 비만이 무슨 관련이 있나?

스트레스는 비만과 매우 밀접한 관련이 있다. 물론 스트레스는 하나의 반응으로 그 자체가 살이 찌게 하는 것은 아니다. 하지만 비만에 직접적 영향을 미치는 머릿속 중추 신경계의 시상하부에 문제를 야기할 수 있다. 시상하부에는 포만중추라는 것이 있는데 이는 우리가 음식을 일정 정도 먹게 되면 포만감을 느끼도록 해주는 역할을 한다. 또 반대로 위장이 비었을 때는 공복감을 느끼게 해주는 역할을 한다. 그런데 스트레스로 인해 호르몬에 변화가 오게 되면 이 포만중추에 이상 반응이 생긴다. 그러면 갑자기 배가 고픈 듯 느끼거나 배가 불러도 포만감을 느끼지 못하게 된다.

2_ 스트레스만 받으면 먹는다?

스트레스를 받았을 때 자꾸 식욕이 당기는 분들은 스트레스성 비만의 특징을 가진 사람이다. 일반적으로 스트레스를 받으면 소화 기관의 운동이 저하되어 배고픔이 생리적으로 억제되기 때문에 식욕이 줄어든다. 하지만 스트레스성 비만의 특징을 가진 사람은 스트레스를 받았을 경우 오히려 식욕이 증가하는 경향이 있다. 그래서 폭식을 하거나 폭식까지는 아니더라도 자꾸 무엇을 먹으려 하는 것이다. 또 그냥 음식이 아니라 초콜릿 같은 단 음식을 찾는 경향이 있다. 이는 당분이 신경을 안정시켜 일시적으로 기분을 좋게 해주기 때문이다. 적당량의 당분이야 기분전환 차원에서 괜찮지만 스트레스성 비만의 특징을 가진 사람은 스트레스를 받으면 지나치게 당분을 많이 섭취하는 경향이 있다.

3_ 스트레스를 받으면 식욕이 없어지는데도 자꾸 살이 찐다?

이런 사람들은 스트레스를 받을 경우 우울증, 무기력증 같이 울체되는 성향을 가진 사람이다. 보통은 스트레스를 받으면 식욕이 감소하게 된다. 그런데 식욕이 감소하거나 먹지 않아도 살이 찐다고 하는 사람이 있다. 이는 체내의 대사가 전반적으로 저하되어 스트레스로 생성된 에너지가 제대로 소모되지 못하고 쌓이기 때문에 살이 찌는 것이다.

4_ 물만 마셔도 살이 찌나?

사실 물 자체에는 살이 찔만한 요소가 거의 없다. 하지만 물이 순환이 잘 되지 않는 체내에 들어와 계속 정체가 되면 우리 몸은 더욱 더 순환이 되지 않게 된다.

결국 신진대사가 저하되어 체내에 자꾸 에너지가 쌓이게 된다.

평소 몸이 잘 붓는다거나 부은 것이 잘 빠지지 않는다는 분들이 계신데 이분들이 바로 기혈 순환이 제대로 되지 않는 사람이다.

특히 스트레스를 받았을 경우 울체되는 성향을 가진 사람들은 기혈순환이 막히게 되어 자꾸 붓게 된다. 소위 물만 마셔도 살이 찐다고 하는 분들이 이 경우에 해당된다.

5_ 살이 찌는 체질이 있나?

살이 찌는 체질은 양체질 보다는 음체질일 확률이 높다. 체질 하면 우리는 보통 사상체질을 떠올리게 된다. 하지만 더 근본적으로는 음과 양으로 나눌 수 있다.

즉, 음체질과 양체질로 나누는 것이다. 양체질은 밖으로 표출하고자 하는 성향이 강한 사람이라 생각하면 된다. 매우 활동적이고 적극적인 성격의 소유자 중에 양 체질인 사람들이 많다. 음체질은 자꾸 안에 담아두려는 성향이 강한 사람이다.

이런 사람들은 조용하고 다소 소극적으로 보일 수 있으나 한편 뚝심이 있고 듬직한 면이 있다. 대부분 양체질의 사람들은 스트레스를 받아도 운동을 하거나 쇼핑을 하거나 해서 그 스트레스를 푸는 반면 음체질의 사람은 꿍하고 집에 들어 앉아 먹는 것으로 푸는 경우가 많다.

5_ 한약을 먹으면 살이 찐다던데?

보약이건, 비만 치료약이건 한약을 먹고 살이 찐다는 것은 그다지 근거가 없는 얘기다. 한약은 일부 처방을 제외하고는 거의가 약초, 즉, 식물로 구성되어 있다.

칼로리가 매우 낮은 약초로 구성된 한약을 먹고 살이 쪘다고 했을 때 과연 그것이 한약 때문일까? 특히나 비만을 치료하기 위해 구성된 처방에 살이 찌게 할 만한 약재는 거의 없다.

7_ 비만침만 치료 받아도 살이 빠지나?

보통 비만침으로 알고 있는 지방분해침은 전신의 살을 빼는 효과보다는 특정 부위에 집중적으로 살을 빼서 체형을 교정하고자 할 때 사용된다. 일반적으로 복부, 허벅지 등에 많이 쓰이는데 침을 지방층에 놓고 지방분해에 효과가 있는 특정 전류를 흘려주어 지방을 분해하는 것이다.

지방분해침과 함께 많이 쓰이는 이침요법은 귀의 특정 부위에 붙일 수 있는 작은 침을 놓아 환자 스스로 식사 전 또는 수시로 손으로 눌러 자극을 줌으로써 항진되는 식욕을 제어하는 효과가 있다.

8_ 운동을 꼭 해야 하나요?

운동요법은 스트레스성 비만의 경우 스트레스를 해소하는 매우 좋은 방법이다. 적당한 운동은 근육을 단련시킬 뿐만 아니라 체내 장부를 활성화한다. 특히 팔다리의 운동은 비위의 기능을 좋게 할 뿐만 아니라 기혈이 원활하게 순환하도록 한다. 또한 운동할 때 나는 땀은 체내 노폐물을 배출하고 정신적 개운함을 주어 스트레스를 해소하는데 매우 좋은 효과가 있다. 다양한 운동법이 있겠지만 일반적으로 걷기, 특히 빨리 걷기가 비만에 좋은 효과가 있다고 알려져 있다. 항상 운동은 자신의 신체 상태에 따라 융통성 있게 해야지 너무 욕심을 부리지 않는 것이 중요하다.

MEMO

비만 및 체형관리학

Obesity & Body Shape Managment

obesity & body shape managment

part 03

체형관리 상담 및 분석

Chapter 05 상담 및 분석

1 체형관리의 단계

1_ 고객상담

고객의 관리실 방문 목적, 고객의 신상, 생활환경, 생활습관, 식생활, 정서적 상태 등을 조사하고, 문제의 원인을 파악하여 자료 기록 후 적절한 체형관리 프로그램을 계획할 수 있도록 한다.

2_ 체형분석

견진, 문진, 촉진, 기기를 활용하여 체형을 분석한다.

줄자, 체지방측정기 등의 측정기를 이용하여 체지방, 체중, 신장 등, 고객의 신체 부위별 사이즈를 측정한 후 체형 분석을 분석한다. 체형분석표를 작성하고 자료를 기록한다.

3_ 체형관리 프로그램 계획

고객 개인의 체형 상태에 적합한 관리 프로그램을 계획하여 수립한다.

체형관리 프로그램 계획과 자료를 기록한다.

4_ 체형관리 실행

전신욕 또는 반신욕 → 전신클렌징 → 전신마사지 → 체형관리 목적에 따른 적용(기기, 제품, 특수요법) → 전신마스크 → 탄력강화 및 보호크림 도포 순으로 체형관리를 실행하며 자료기록을 한다.

5_ 평가 및 홈케어 어드바이스

체형관리 효과 및 발생 문제 확인 후 원인의 재분석하고 고객의 문제 요인 등을 파악한 후 가정에서의 식이요법, 운동요법, 행동수정요법의 방법과 준수사항을 조언한다.

체형관리 후의 관찰 및 평가, 결과 분석, 가정에서 식이요법과 행동수정요법 조언, 체형관리 계획 및 재수립 등이 이루어져야 하며 자료를 기록한다.

2 체형관리의 상담

상담단계는 관리의 첫 번째 단계로 앞으로 이루어질 프로그램에 있어서 중요한 단계이다. 상담 시에는 고객의 방문 목적을 정확하게 인지하는 것이 중요하며, 방문 목적에 따라 고객에게 맞는 다양한 프로그램을 제시할 수 있는 단계이다.

관리를 위해서는 고객의 여러 요인들을 복합적으로 고려해야 하기 때문에 원인을 정확하게 파악하고 개선하기 위해서는 상담단계에서 작은 부분까지도 나누는 것이 중요하다.

중요 요인인 고객의 식생활, 운동습관, 생활환경, 건강상태 등의 요인과 체중, 키, 체지방, 셀룰라이트 분포 등을 분석하여야 한다.

또한 앞으로 진행될 관리의 방법과 절차, 기간 등에 관하여 자세히 설명함으로써 고객의 이해를 도와, 지속적으로 비만관리가 진행될 수 있도록 해야 한다.

관리의 결과는 건강하고 아름다운 체형을 유지할 수 있도록 올바른 생활습관의 개선으로 변화를 유도해야 한다.

상담을 통한 효과로는 관리의 필요성을 높이고 고객과의 신뢰도를 높이며, 전문적인 관리방법의 제시로 효과적인 관리 계획을 수립할 수 있게 된다.

1_ 상담의 단계

상담의 단계는 다음과 같다.

첫째, 고객의 방문 목적을 파악한다.

둘째, 관리의 원칙에 대해서 강조한다.

단기간에 체중은 줄지 않으며, 살빼는 비방은 없다.

무조건 굶는 방법은 99% 실패와 건강의 악화를 초래한다.

자신에게 맞는 목표를 세우고 단계적으로 시행해야 한다.

과도한 스트레스가 아닌 생활의 일부분이 되어야 한다.

셋째, 고객 문제의 원인을 파악한다.

문제의 원인을 파악할 때는 체형상태와 환경상태를 나누어 파악하고 프로그램 시에는 복합적으로 처방해야 한다.

체형상태 : 체중, 신체사이즈, 체지방, 셀룰라이트, 건강상태 등

환경상태 : 생활습관, 식습관, 운동습관, 환경적 요인, 건강요인, 내적요인 등

넷째, 해결방법과 관리 계획을 작성한다.

고객에게 시행할 관리 과정 및 방법에 대하여 설명한다.

다섯째, 지속적인 관리가 가능하도록 한다.

끊임없이 고객에게 전화, 이메일, 문자 등을 통하여 관리한다.

2_ 상담자의 역할

상담자의 주요 역할은 고객 문제의 원인을 파악하고, 전문적인 프로그램을 제시하여 효과적인 관리를 하는 것이다. 상담자가 훌륭한 전문지식과 프로그램을 처방할 수 있는 것은 당연한 것이다. 그러나 아무리 훌륭한 프로그램을 제시한다고 해도 고객의 경우 자신의 문제에 대해서 이야기 하고 있으므로, 고객의 입장에 대해서 생각하는 것이 중요하다. 이에 전문 지식 외에 고객과의 상담 기법 또한 매우 중요하다. 또한, 고객과의 공감대 형성이 중요하며, 고객과의 상담을 할 때에는 상담자는 고객을 자신도 같은 문제가 있는 사람처럼 대하는 것이 중요하다. 또한 이때 효과적인 상담기술을 위해서는 고객과의 상담 시 고객의 배려, 공손한 자세, 객관적인 사고 외에 효율적인 화법이 필요하다.

3_ 상담 시 효율적인 화법을 위한 주의사항

- 대화를 처음 시작할 때는 신선하고 가벼운 화제로 말문을 연다.
- 상대방의 말을 경청하며 이야기 한다.
- 열의가 넘치는 모습으로 이야기 한다.
- 표현은 정중하되 당당하게 이야기 한다.
- 부정적인 이야기는 피한다.
- 지나치게 아는 척, 똑똑한 척 하지 않는다.
- 대화 도중 호칭에 유의한다.
- 고객의 입장에서 고객의 이익을 중심으로 이야기 한다.
- 쓸 데 없이 같은 내용을 반복하지 말자.
- 전문적이지만 이해하기 쉽게 이야기하라.

4_ 관리 차트

BODY CARE CHART					
날짜			차트번호		
구분			생년월일		
주소					
휴대폰			직업		
성별	남 / 여		결혼유무	기혼 / 미혼	
방문경로	소개자 ( ) / 광고 / 기타				
방문목적					
체형문제	고객				
	상담자				
	발생 시기				
유전요인	☐ 심장병	☐ 당뇨병	☐ 혈압(고/저)	☐ 기타	
생활습관	식습관	☐ 규칙적(1끼 / 2끼 / 3끼)	☐ 불규칙적		
	선호식품				
	다이어트	☐ 有(식이)	☐ 有(운동)	☐ 有(약물)	☐ 無
	운동습관	☐ 규칙적	일주일에 1회 / 2회 / 3회 / 4회 / 5회 이상		
	운동종류				
	운동시간	☐ 3시간 이상	☐ 2시간 이상	☐ 1시간 이상	☐ 1시간 이하
	건강식품	☐ 종합비타민	☐ 호르몬제	☐ 칼슘제	☐ 기타
	물	☐ 매우 자주 마심	☐ 자주 마심	☐ 식사 때만 마심	☐ 거의 안 마심
	음료	즐겨마시는 음료의 종류와 빈도 :			
	술	☐ 주5회 이상	☐ 주 3~5회	☐ 주1~2회	☐ 전혀 안 마심
	담배	☐ 1갑 이상	☐ 반갑 이상	☐ 10까치 이하	☐ 전혀 안 피움
	수면	☐ 8시간 이상	☐ 6~8시간	☐ 4~6시긴	☐ 3시간 이하
	취미				
건강상태	현재질병	☐ 有		☐ 無	
	과거질병	☐ 有		☐ 無	
	수술력	☐ 有		☐ 無	
	종합검진	☐ 有		☐ 無	
	복용약물	☐ 有		☐ 無	
	알러지	☐ 有		☐ 無	
	초경나이				
	생리주기	☐ 규칙적 (일)		☐ 불규칙적 (일)	
	임신	☐ 有 (회)		☐ 無	
	피임여부	☐ 有 (종류 : 경구 / 콘돔 / 기타)		☐ 無	
	순환상태	☐ 순환부족		☐ 순환좋음	

- **체중** : 체중계를 이용하여 측정하며, 비만관리에서 체중계에 너무 집중하지 않도록 한다.

- **체지방** : 체지방 측정기를 이용하여 측정하며, 비만관리에서는 BMI를 기준으로 삼도록 한다. 체지방 측정기는 사용이 간편하고 정확도가 높아서 활용도가 높다.
-
- **셀룰라이트** : 셀룰라이트 측정기(터모그래피)를 이용하여 측정한다. 전문 측정기가 없는 경우에는 육안으로 판단하고 사진을 이용하는 것도 좋다.
-
- **신체 사이즈** : 줄자를 이용하여 측정한다.

캘리퍼에 의한 측정 부위별 피하지방 두께 측정 방법

부위	측정방법
신장	• 맨발로 양발 끝을 30~40° 벌리고, 신장계의 기둥에 발 뒤꿈치, 엉덩이, 등 부위가 가볍게 닿는 위치에서 직립자세를 취한다. • 머리는 귀와 눈이 수형으로 유지하고, 신장계의 계측대를 머리 정점에 대고 측정한다.
목 둘레	똑바로 선 자세에서 시선을 수평으로 유지하게 하여 경추 5번 위치를 지나는 선을 측정한다.
가슴 둘레	피검자의 양팔을 올린후 견갑골 하각과 유두를 통과한 선을 숨을 내쉰 후 측정한다.
복부 둘레	배꼽을 통과하는 수평선을 피검자가 숨을 내쉰 후 측정한다.
둔부 둘레	좌우 대퇴돌기점을 지나는 수평둘레를 측정한다.
상완근 둘레	피건자는 팔에 힘을 빼고 가볍게 손을 아래로 내린 상태에서 상완중앙부의 최대 팽창부위를 측정한다.
전완근 둘레	팔에 힘을 빼고 가볍게 손을 아래로 내려 상완 중앙부의 가장 굵은 부위를 측정한다.
손목 둘레	팔에 힘을 빼고 가볍게 손을 아래로 내려 상완 중앙부의 가장 가는 부위를 측정한다.
대퇴근 둘레	양 발을 5~10cm 정도 간격을 두고 다리를 벌린 상태에서 대퇴의 가운데 가장 굵은 곳을 줄자를 이용하여 측정한다.
비복근 둘레	대퇴근 둘레를 측정할 때의 자세에서 종아리 가운데 가장 굵은 곳을 측정한다.
발목 둘레	대퇴 둘레를 측정할 때의 자세에서 하퇴의 복숭아 뼈 바로 위의 가장 가는 부위를 측정한다.

1_ 척추와 골반의 균형

인간은 두발로 걷기 때문에 누구나 완벽한 척추를 지닐 수 없다. 한쪽으로 체중의 중심이 넘어가 근막의 방향이 바뀌는 사람들은 한쪽으로 체중의 중심이 치우치게 된다. 즉, 한꺼번에 체중의 중심이 넘어가 근막의 방향이 바뀌는 사람들은 "C"자 혹은 "S"자 형태의 커브를 갖게 된다.

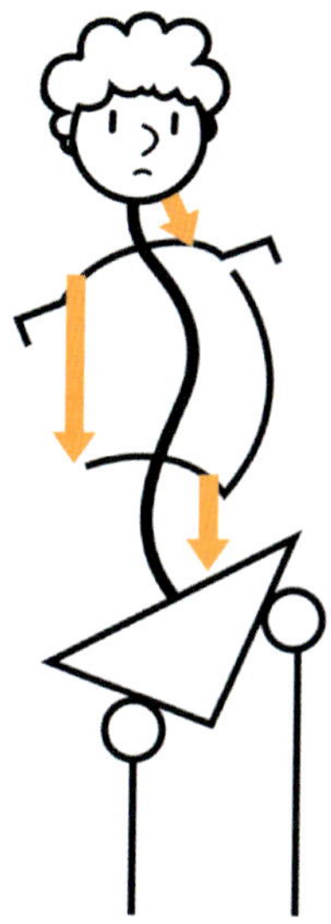

틀어진 허리에 대한 보상으로 반대쪽 어깨가 처지고 틀어진 허리 쪽의 경추가 측굴되면서 S자형으로 커브 진 척추

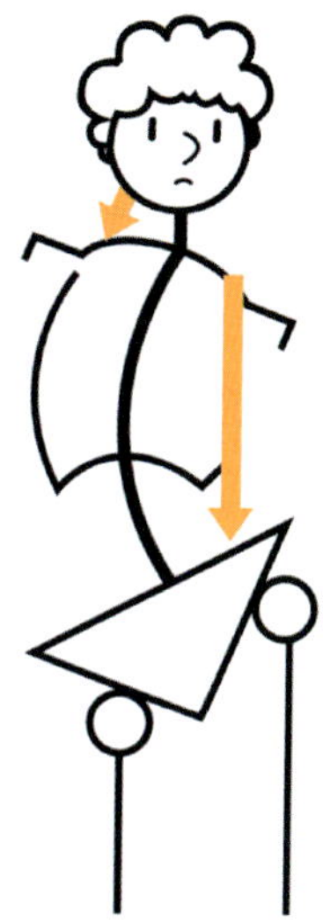

틀어진 허리에 대한 보상으로 반대쪽 어깨가 처지고 틀어진 허리 쪽의 경추가 측굴되면서 C자형으로 커브 진 척추

integrins

인테그린 분자들(세포막을 가로 지르며 세포간질과 세포 내부의 세포얼개를 연결하는 분자들)에 가해지는 압력(stress)을 증가시키면 세포들은 인체의 모든 조직들에서와 마찬가지로 점점 더 딱딱해지는 반응을 나타낸다는 것을 빌견하였다. 나아가서 살아있는 세포들은, 세포얼개(cytoskeleton)를 이루는 요소들에 다양한 압박(prestress)들을 기함으로써, 예를 들어 신축성이 있는 미세섬유(microfilament)들의 장력에 변화를 일으키게 되면 좀더 단단해지거나 또는 좀더 신축성 있는 상태로 만들 수가 있다.

- 커브의 형태가 중요한 이유는 호흡시 12쌍의 늑골이 똑같이 벌어지고 오므러지고 하는데 한쪽만 벌어지고 다른 한쪽은 벌어지지 않는 비대칭현상이 나타날 수 있기 때문이다.

- 인체 전체의 근막의 활주는 호흡이 주관하고 있기 때문에 틀어진 흉곽은 일정 부위의 근막제한을 가져오게 되며 이러한 근막제한은 체중중심에 변화를 주게 되어 관절변화를 가져오게 된다.
- 그 이유는 기립근이 흉곽을 지지하고 있기 때문에 틀어진 커브에 의해 갈비의 움직임이 제한되어서 기립근의 보상이 오게 된다.

2_ 다리의 길이와 일상동작 관계

일상동작

동작	왼다리 긴사람	오른다리 긴사람
이의 씹기	주로 왼쪽으로 씹는다.	주로 오른쪽으로 씹는다.
다리 꼬고 앉기	주로 왼다리를 올린다.	주로 오른 다리를 올린다.
잠잘 때	주로 오른쪽 옆으로 잔다.	주로 왼쪽 옆으로 잔다.
옆으로 앉을 때	주로 우측으로 양발 낸다.	주로 좌측으로 양발 낸다.
책상다리	주로 좌각을 안으로 꼰다.	주로 우각을 안으로 꼰다.
계단 오를 때	주로 좌각이 먼저 오른다.	주로 우각이 먼저 오른다.
전진 후퇴	주로 좌각부터 전진, 우각부터 후퇴	주로 우각부터 전진, 좌각부터 후퇴
물건 멜 때	주로 왼쪽 어깨에 멘다.	주로 오른쪽 어깨에 멘다.
바지, 스커트 입고 벗을 때	주로 왼쪽 다리부터 신고 오른쪽부터 벗는다.	주로 오른쪽 다리부터 신고 왼쪽부터 벗는다.

3_ 체크포인트

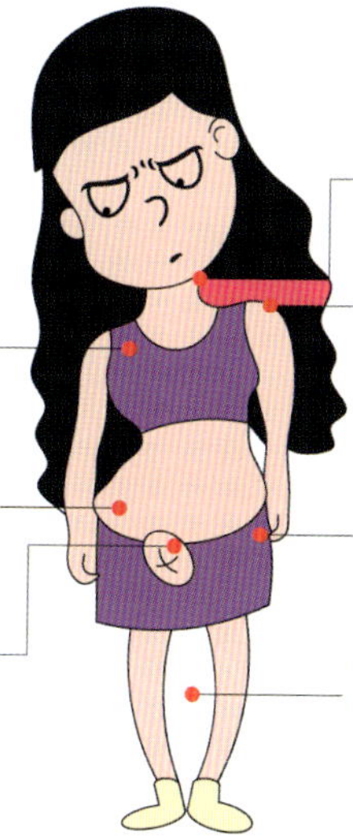

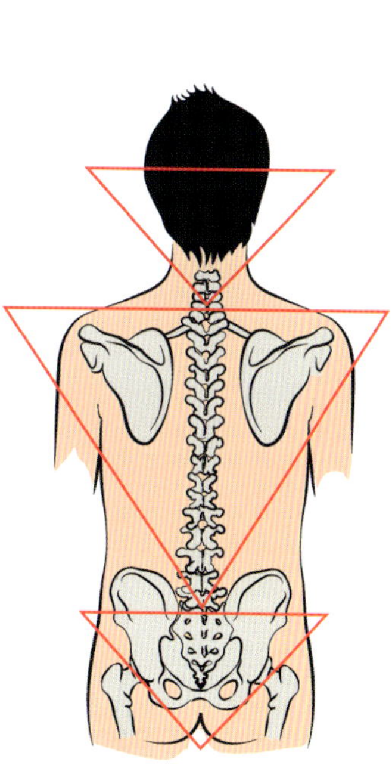

- 요근(psoas)이 약한 쪽에서 발이 내측으로 돌아감.
  발이 회내하려는 경향이 있다. 요근이 긴장된 쪽에서는 골반이 올라가고 요추가 동측으로 휜다.
- 오른쪽 요방형근이 약함.
  골반은 수평을 유지하고, 오른쪽 12번째 늑골이 거상되고 요추는 왼쪽으로 휜다.(후면도)
- 대둔근이 약한 쪽에서 골반이 올라감.
  다리와 맘이 내회전되고 무릎의 외측 안정성이 어느 정도 상실됨.(후면도)
- 왼쪽 내전근이 약함.
  약한 쪽에 내반슬이 있고 대측에서는 골반이 올라간다.(후면도)
- 봉공근 혹은 박근이 약함.
  외반슬이 존재하며 또한 골반의 전후 균형에도 영향이 있다.(전면도)
- 왼쪽 비골근군이 약해 요족이나 회외가 유발된다.(후면도)
- 복식근이 악하면 골반과 흉곽 사이가 멀어진다.
  만약 양측 복직근이 모두 약하면 요추가 전만된다.(전만도)
- 우측 복횡근이 약함.
  복부 측면이 불룩해지고 척추측만증의 가능성이 있다.
  복부가 불룩해진 것은 환자가 윗몸 일으키기를 하는 동안 가장 잘 볼 수 있다.(후면도)

- 오른쪽 광배근이 약함.
  어깨가 높아지며 다른 근육이 정상이라면 머리의 위치는 수평이다.
  상부승모근에 이상이 있는 경우와 쉽게 혼동을 일으킬 수 있다.(후면도)
- 오른쪽 능형근이 약하면 견갑골이 밑으로 쳐지고 머리는 능형근이 약한 쪽으로 회전된다.(후면도)
- 흉쇄유돌근이 우측에서 약함. 측굴이 단지 흉쇄유돌근에 의해 생겼다면, 머리는 흉쇄유돌근이 약한 쪽으로 회전된다.

진단법 - 길이비교

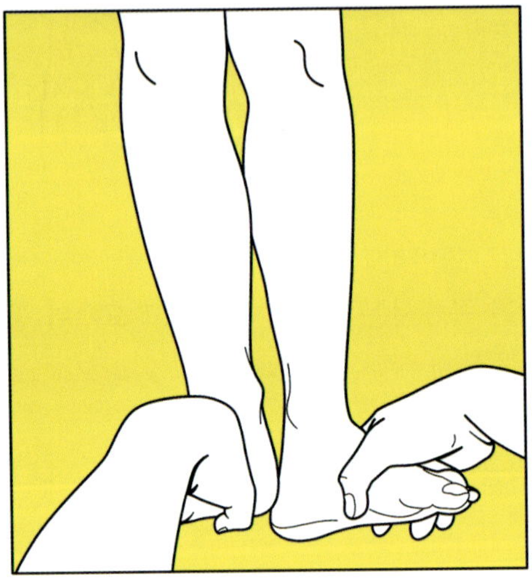

발 뒤꿈치 확인
다리 길이를 판단 후 정상형 오형 엑스형 판단

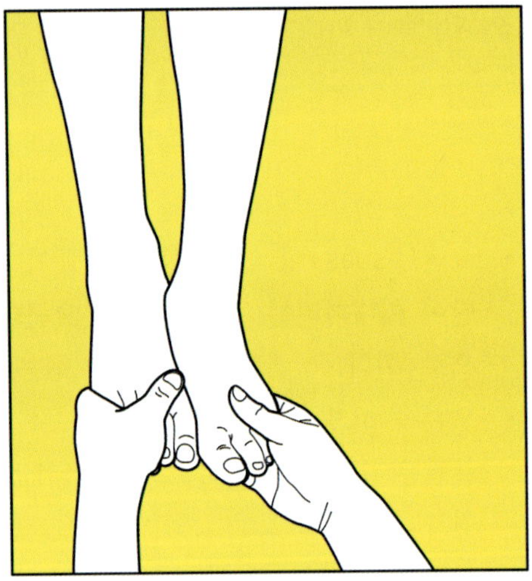

발가락 길이로 다리 길이를 잰다.
긴 쪽 발가락이 긴 다리다.

진단법 - 골반비교

좌우 골반을 살짝 눌러서 높은 쪽 골반 확인
머리쪽으로 올라온 골반이 긴다리

골반을 눌러서 좌우측을 비교 높은쪽 다리가 길다.

진단법 - 무릎비교

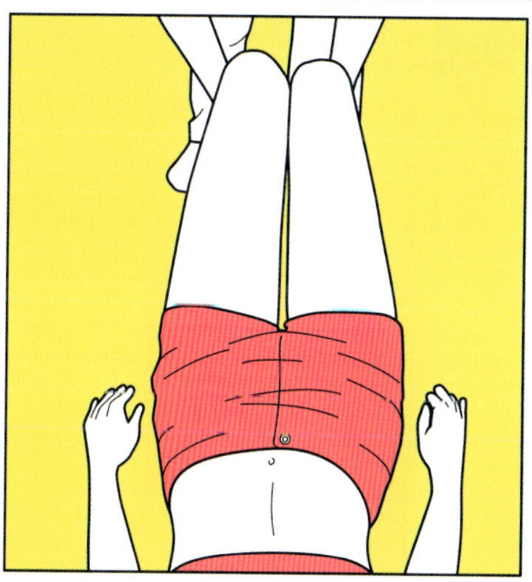

좌우 무릎의 높이를 비교한다.
높은 쪽 무릎의 다리가 길다.

다리를 들고 무릎의 높이를 비교 높은 쪽 다리가 길다.

자세 진단

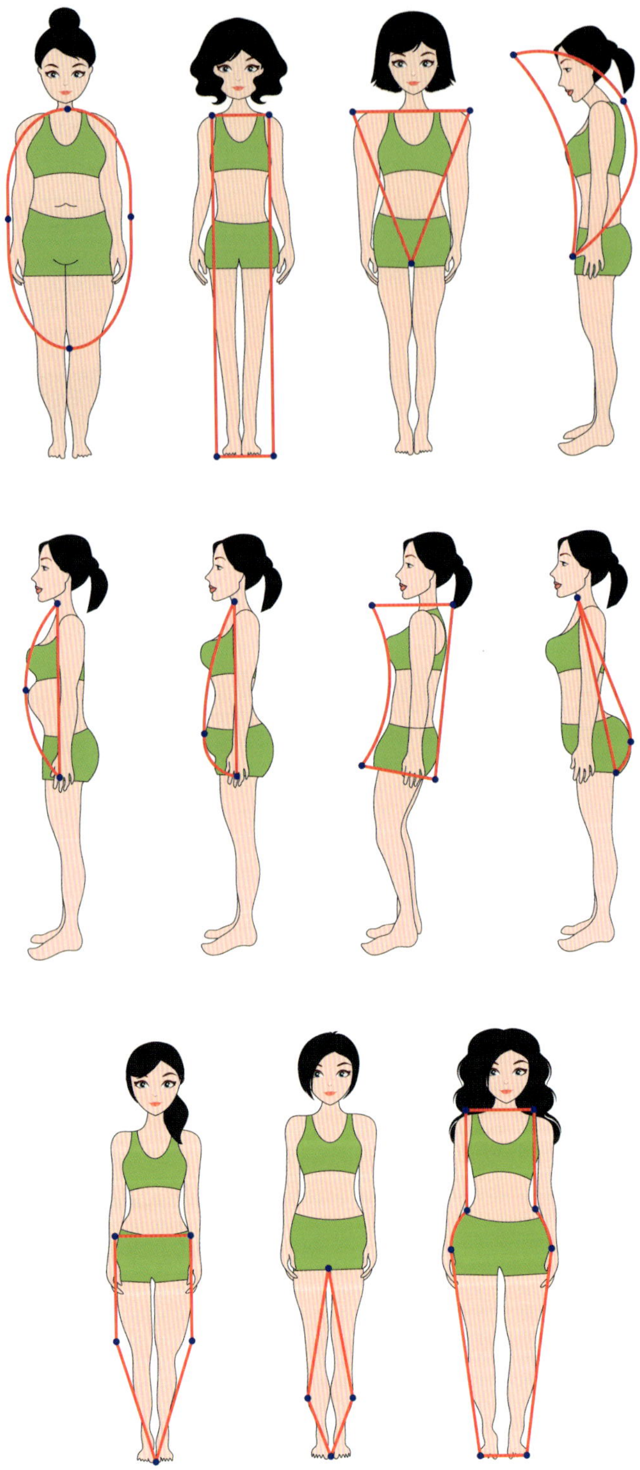

4_ 환경 분석

① **식습관** : 식사종류, 식사량, 식사시간, 식사방법, 선호하는 음식, 먹지 않는 음식, 야식 여부 등을 분석한다.

② **운동습관** : 운동종류, 운동량, 운동시간, 운동 횟수, 운동방법 등을 분석한다.

③ **생활습관** : 수면시간, 수면량, 여가활동 종류, 남는 시간의 활용 등을 분석한다.

Chapter 07 프로그램 작성과 실행 및 평가

관리 프로그램을 시작 할 때는 우선 프로그램을 하는 이유에 대해서 생각해 보아야 한다. 관리 프로그램을 하는 목적으로는 체중감소, 체중유지, 체형관리, 건강관리, 뱃살관리, 여름철 대비, 삶의 질 개선 등 다양하지만, 무엇보다도 건강을 위한 프로그램으로 프로그램이 끝난 후에도 요요현상 없이 지속적으로 가능할 수 있어야 한다는 점을 염두에 두고 시작해야 한다. 따라서 단순한 체중 감소가 목표가 아니고 체내의 지방 감소가 목표이고, 균형 잡힌 영양의 섭취와 프로그램이 끝난 후에는 생활습관의 변화가 함께 이루어져야만 한다.

관리 프로그램을 시작하기 전에는 자신의 목표를 작성하는 것이 좋다. 계획과 더불어 관리 중의 목표 체중을 작성함으로써 다짐을 할 수 있다. 다음은 관리 프로그램의 비전 및 목표 작성의 예시이다.

비만관리 프로그램의 비전 및 목표 작성			
날짜 :		현재 체중 :	kg
계획	목표 체중	가장하고 싶은 것	피드백
1개월 후	kg		
3개월 후	kg		
6개월 후	kg		
1년 후	kg		

개인에 따라서는 계획의 기준을 좀 더 세분화해도 좋다. 그러나 지나치게 세분화하게 되면 체중 감량에 대하여 조급해질 수 있으므로 적당한 기간을 설정하는 것이 좋다.

목표 체중은 가능한 목표체중을 잡는 것이 좋다. 너무 많이 감량하는 것으로 잡았다가 실패하면 의욕을 상실할 수 있다. 한 번에 많이 보다는 조금씩 확실하게 감량하겠다는 마음가짐을 갖는 것이 중요하다. 일반적으로 현재 체중의 5~10%를 3~6개월 동안 감량하는 것을 1차 목표로 잡는다. 이때 1주일 기준 0.5~1kg 감량을 목표로 하면, 1일 500~1,000kcal의 감량을 의미한다.

가장하고 싶은 것에는 보상심리를 이용한다. 나에게 주는 선물로 목표 체중에 도달하였을 때 옷, 가방, 신발 등 갖고 싶은 것을 적어 놓는다.

피드백에는 목표 체중에 실패하였을 경우에 그 원인에 대해서 적는 것이다. 예를 들면, 친구들과의 잦은 만남, 늦은 저녁 음주, 야식의 횟수 등을 정확하게 기재하고 다음 계획에는 이런 원인에 대해서 지속적으로 인지하고 피할 수 있도록 한다.

관리 프로그램을 받을 수 있는 대표적인 곳은 피부관리실(에스테틱), 병원(메디컬병원, 비만클리닉 등), 한의원 등이 있다. 각자 다양한 방법을 통하여 자신이 원하는 비만관리 프로그램을 처방받을 수 있다. 특징은 다음과 같다.

관리실(에스테틱)	병원(메디컬병원, 비만클리닉, 한의원)
매뉴얼테크닉(마사지) 비만관리용 기기 비만관리용 제품 SPA	비만관리용 기기 비만관리용 주사 약물 요법 수술 요법 한방요법 : 침, 한약

1 관리실(에스테틱) 프로그램 제안

관리실 프로그램의 종류로는 전신 비만, 하체 비만, 상체 비만, 셀룰라이트 프로그램으로 나누어 관리할 수 있다.

매뉴얼테크닉(마사지)을 주요 방법으로 하여, 비만관리용 기기로는 엔더몰로지, 초음파, 고주파, 중주파, 저주파, 진공흡입기를 활용하고, 비만관리용 제품으로는 바디랩, 붕대요법, 팩과 마스크, 슬리밍 제품을 활용하며, 마스크 활용 시에는 지방분해 효과 성분이 있는 제품을 활용한다. 최근에는 비만관리용 제품으로 바르는 제품 외에 붙이거나 먹는 제품도 다양하게 나와 있어 개인의 선호에 따라 선택의 폭이 넓어졌다. SPA의 대표적인 종류로는 하이드로테라피, 스톤테라피, 아로마테라피, 아유르베다, 경락 등을 활용한다.

하이드로테라피(hydro theratpy)는 SPA의 대표적인 테라피로 물을 이용한 방법이며, 광의의 의미로는 물을 이용한 테라피의 총칭을 의미한다. 혈액순환을 돕고 노폐물 배출과 면역체계를 강화시키며, 근육의 이완을 돕는 효과가 있다.

스톤테라피는 온도 유지력이 높은 현무암 등의 스톤을 이용한 방법으로 몸의 에너지를 소통시켜 비만관리에 효과를 제공한다. 대표적으로는 온열효과와 원적외선 효과가 있으며, 혈액순환을 개선시켜 준다.

아로마테라피는 방향요법으로는 식물의 줄기, 뿌리, 꽃, 잎 등에서 추출한 에센셜 오일을 사용해 치유하는 방법이다. 아로마테라피는 마사지, 흡입, 입욕 등의 방법을 통하여 항균, 항염, 진정, 진통에 효과적이고 혈액과 림프순환촉진을 촉진하여 배설, 배농 작용이 있어 비만관리에 효과적이다.

2 병원(메디컬병원, 비만클리닉) 프로그램 제안

1_ 비만코디네이터의 목적

- 정보와 지식 전달
- 비만환자의 인식과 태도 변화
- 행동이나 습관을 직접 변화
- 개선된 습관이나 행동 유지

2_ 체형 교정 요법

- 지방분해 주사
- 저주파 지방 분해
- 카복시테라피
- 메조테라피
- 엔더몰로지
- 고주파
- HPL(약물+레이저)
- 체외충격파(힘+압력 이용)
- 미이다스(-5도씨의 고주파)
- ppc 주사(레시틴 주성분)

3_ 이상적인 체형

- 몸의 비례와 평소의 자세, 걸음걸이 등을 종합적으로 고려
- 일반적으로 지방이 없고 부분적으로 지방이 축적되지 않았으며 근육이 대칭적으로 발달하였을 경우 정상적인 체형으로 판단

① 신장에 비례하여

어깨너비 25%(가장 넓은 곳)
허리너비 14%
엉덩이 너비 21%
허리둘레 39%
목둘레, 종아리, 구부린 팔의 둘레 20%

② 복부둘레와 허벅지 둘레의 비율이 3 : 2 보다 크면 허벅지 불균형으로 진단

③ 8등신 미인 5 : 8, 1 : 1.618의 비율

얼굴길이 : 너비
넓적다리 : 무릎 아래의 다리길이
목에서 엉덩이 길이 : 엉덩이에서 다리까지
머리에서 배꼽까지의 길이 : 배꼽에서 발까지의 길이
젖꼭지 사이의 길이 : 엉덩이의 넓이
상반신 : 하반신

4_ 프로그램 제안

병원에서 비만관리 프로그램을 받는 경우에는 고객에게 효과가 있는 것과 통증이 수반될 수 있으므로 고객의 주관적 만족도가 높은 것을 택하여 한다. 그 외 시술 시간과 주사, 레이저 등은 일반적인 관리에 비해 고가인 경우가 있으므로 비용을 고려하여 작성해야 한다.

일반적으로 가장 많이 활용되고 있는 대표적인 방법은 카복시테라피, 메조테라피, HPL지방용술 등이다. 약물요법과 수술요법의 경우에는 앞(6장, 7장)에 설명한 바와 같이 고도비만자에 한하여 적용하는 것을 원칙으로 한다.

	카복시테라피 Carboxy therapy	메조테라피 Moso therapy	HPL 지방용해술
원리	의료장비를 사용하여 의료용 탄산가스를 지방부위에 주입하면, 혈관에 다량의 산소가 유입되는 유산소 운동 효과	3~4가지 약물을 혼합 후 지방 및 셀룰라이트 부위에 주입하면, 혈액 순환 촉진으로 지방 및 셀룰라이트를 분해시켜 체외로 배출 촉진	저장성 용액과 지방분해 약물 주사를 주입하면 약물과, 용액이 들어가는 수압에 의한 물리적인 방법에 의하여 지방분해
시술시간	2분	10분	1시간 20분
시술주기	주 2~3회/4주간 총 8회	주 1회	10일마다 시술
장점	• 카복시 가스의 안전성 시술시간이 짧고 다양한 부위 시술 가능 일상생활에 지장 없음 • 지방흡입 불가능 부위에 시술 가능	• 개인차가 있으나 시술 시 통증이 적음 • 부분 비만 관리 가능	단시일 내 탁월한 효과
효과	• 지방 분해 및 사이즈 감소 • 유산소 운동 효과 증대 • 튼살 치료 효과 • 말초혈행 장애나 건선 치료 효과	• 셀룰라이트의 분해 • 주름 부위의 보톡스와 같은 효과	• 셀룰라이트 분해와 지방연소 촉진 • 원활한 혈액순환과 림프순환 작용

병원에서 행해지는 프로그램의 경우 개인에 맞는 다양한 프로그램이 제시될 수 있으며, 대표적인 종류로는 카복시테라피, 베조테라피, 레이지, 고주파, 엔더몰로지, 주사요법 등이 있다. 프로그램을 시행할 때에는 한 가지 방법의 적용보다는 개인의 체형에 맞는 2가지 이상의 방법을 다양하게 조합하여 적용하면 좀 더 효율적인 효과를 기대할 수 있다.

한의원을 통한 한방 비만관리 프로그램을 받는 경우에는 일반적으로 고객의 체질에 따라 나누어지며, 비만원인에 따른 침, 한약을 바탕으로 물리요법, 식이요법, 운동요법을 동시에 시행한다.

비만관리 프로그램에 가장 중요한 것은 행동의 변화이다. 오랫동안 익숙한 생활습관의 변화가 무엇보다 중요하며, 이에 가장 중요한 요소들인 식이요법, 운동요법, 행동수정요법은 프로그램 작성 시 다면적으로 접근하여 효율적인 변화를 이끌어 내야 한다.

3 식이요법

비만관리 프로그램에서 식이요법은 가장 큰 부분으로 볼 수 있다. 식이요법을 시행할 때에는 음식의 구입과 선택, 조리과정, 먹는 방법 등 다양한 부분에서 변화가 이루어져야 한다. 특히 식이요법 규칙에 대한 리스트를 작성하고 눈에 띄는 여러 곳이 붙여놓고 반복적으로 인지하는 것이 좋다. 여러 사람에게 알리면 방해가 되지 않고 도움을 받게 되어 효율적인 식이요법으로 이어질 수 있다. 또한 매일 식사일지를 작성하여 좀 더 비만관리에 집중할 수 있다. 또한 정확한 지식을 바탕으로 진행해야 하며 잘못된 지식은 건강을 악화시킬 수 있다.

다음은 6가지 원칙에 의한 식이요법의 규칙이다.

- 언제(when) 먹는가? 식사는 규칙적으로 정해진 시간에 먹는다.
- 무엇(what)을 먹는가? 인스턴트, 고지방, 고칼로리, 설탕, 소금이 많이 함유된 식품을 피한다.
- 어디서(where) 먹는가? 특정한 장소(식탁)에서 먹는다. 외식을 하면 과식으로 이어지고, 신문이나 텔레비전을 시청하며 먹으면 무의식 상태가 되어 많이 먹게 된다.
- 왜(why) 먹는가? 식사 후 먹는 음식에 대해서는 왜 먹는지 한번 생각한 후 먹도록 하며, 스트레스성 폭식을 주의해야 한다.
- 어떻게(how) 먹는가? 천천히 먹는다. 음식을 천천히 먹음으로 하여 포만감을 유도하며, 급하게 먹으면 과식을 유도하게 된다.
- 누구와(who) 먹는가? 혼자서 먹게 되면 균형식이 어려우므로 가족과 대화하면서 즐겁게 먹어라.

다음은 잘못된 식이요법에 대한 내용이다.

- 한 가지 음식만 섭취하는 one food diet는 영양소 결핍을 초래할 수 있으므로 좋지 않다.
- 과일만 먹는 방법도 칼로리가 높아서 좋지 않다.
- 굶는 방법은 기초대사량을 저하시켜 에너지를 저장하는 방향으로 유도하므로 좋지 않다.
- 패스트푸드, 지방질이 높은 음식의 섭취를 피하라.

- 채소를 섭취할 때는 칼로리가 높은 소스의 섭취를 피하라.
- 한 번에 많은 양을 먹기 보다는 여러 번에 나눠 섭취하는 것이 과식을 피할 수 있다.

다음은 관리 시 권장되는 식이요법에 대한 내용이다.

- 세끼의 식사를 챙겨 먹되, 음식을 천천히 꼭꼭 씹어 먹는다.
- 잠들기 3시간 전에는 음식의 섭취를 피하라.
- 칼로리에 연연해 할 필요가 없다. 그러나 저칼로리 음식으로 대체하여 섭취한다.
- 음식이 입안에 있을 때는 수저를 내려 놓는다.
- 식사 중에는 물의 섭취를 제한한다.
- 식사 후 디저트의 섭취를 피하라.
- 싱겁게 먹어라.
- 통곡물, 탄수화물, 식이섬유, 견과류, 단백질을 챙겨 먹어라.
- 같은 식품군에서 다양한 식품의 선택을 한다.
- 약간 부족한 듯 하게 섭취하라.
- 비만관리 시에는 음식 선택의 제한이 있을 수 있으므로 종합비타민의 복용을 권장한다.

식사일지는 식이요법에서 매우 중요한 부분이다. 자신이 섭취한 음식의 종류와 양을 정확하게 기재하여 피드백을 통해 차차 그 양을 줄여나갈 수 있는 도구이다.

식상일지를 작성할 때에는 최대한 자세하게 작성하는게 좋으며, 그림을 통해 그 양을 표시해두면 더 쉽게 인지할 수 있게 된다. 다음은 식사일지의 예시이다.

식사일지 예시

날짜				
구분	시간	음식의 분량	먹은 장소	느낌
아침				
점심				
저녁				
간식				

날짜	2012. 8. 10			
구분		음식의 분량	먹은 장소	느낌
아침	시간 AM 6:40	바나나 1개 우유 1컵	식탁	없음
점심	AM 11:50	순두부 찌개(순두부, 달걀, 조개 등) 공기밥(흰쌀밥) 1/2 오뎅볶음 반 접시 김치 6~7조각 김 8장	식당	찌개가 매우 짬
저녁	PM 8:30	크림스파게티 반 접시 얇은 피자 2조각(치즈, 고구마 등) 콜라 1컵 샐러드 약간 (소스먹었으나 모르겠음)	식당	배가고파 너무 허겁지겁 먹음
간식	PM 12:30	아이스 라떼 1잔 초코칩 3개 조각	회사	시럽을 많이 넣어 달았음

4 운동요법

운동요법의 기본조건은 현재의 체중을 감량하고, 건강상태를 개선하는데 효과를 높일 수 있는 운동이어야 하고 운동의 효과와 안정성이 보장되어야 하며, 즐겁게 할 수 있어 지속적으로 가능한 운동이어야 한다.

운동요법을 실시하기 전에는 미리 건강검진 등을 통하여 자신의 건강상태에 대한 정확한 상태 및 확인이 필요하며, 체력테스트와 운동테스트를 거쳐 자신에게 맞는 운동을 선택하는 것이 중요하다. 특히 연령이 증가하거나 비만도가 증가할수록 혈압, 심장질환 등에 영향을 주는 운동인지 파악해야 하며, 질병이 있는 경우에는 의사와 상담 후에 진행해야 한다.

개인에게 맞는 운동을 선택한 후에는 운동의 강도, 빈도, 횟수 등을 정하고, 이때 한 가지 운동을 하는 것 보다는 여러 가지 운동을 다양하게 프로그램에 적용함으로서 재미요소를 증가시키는 것이 좋다.

운동요법 실시 중에는 항상 준비운동과 정리운동을 철저히 해야 하며, 처음부터 강한 강도의 운동보다는 약한 강도부터 서서히 증가시키는게 좋으며, 과도하게 진행하여 스트레스로 작용하지 않도록 한다. 또한 컨디션이나 건강상태가 좋지 않은 경우나 날씨가 좋지 않은 경우에는 실내에서 가벼운 운동으로 대신하여 건강상태의 회복을 먼저 해야 한다. 운동을 시행할 때는 안전한 운동 장비(운동복, 운동화 등)를 갖추어 몸에 무리가 오지 않도록 하며, 식사 전·후로 2시간은 피해 주는게 좋으며, 올바른 자세를 유지해야 한다. 매일 적은 양의 운동을 하는 것이 가장 좋기는 하나, 매일 해야 한다는 스트레스 내신에 주에 2~3회 정도의 운동을 한다. 운동 후에는 반드시 스트레칭으로 몸의 유연성을 기르고 근육의 긴장을 완화시켜주는게 좋다. 운동요법을 시행할 때는 무엇보다 중요한 사실은 즐기면서 할 수 있는 운동프로그램이어야 한다는 것이다. 마지막으로 식사일지처럼 운동 일지를 활용하는 것도 운동을 지속적으로 유지하는데 도움이 될 수 있다. 다음은 운동일지의 예시이다.

운동요법 예시

날짜	운동시간	운동종류	운동량	운동장소	느낌

날짜	운동시간	운동종류	운동량	운동장소	느낌
2012.6.1	PM8:30 ~9:30	걷기	반포대교 ~ 한남대교	한강	손이 붓는 느낌
2012.6.3	PM7:20 ~8:30	자전거	반포대교 ~ 동작대교	자전거도로	없음
2012.6.5	AM5:00 ~6:00	수영	왕복 약 8~10회	실내수영장	목 근육이 당기는 것으로 자세 교정필요한 듯함
2012.6.7	PM7:20 ~8:30	에어로빅	노래 10~11곡	에어로빅센터	무릎이 아픔

5 행동수정요법

1_ 인지행동치료(CBT ; cognitive behavior therapy) 방법

① 자기관찰

② 자극조절

③ 강화요법

④ 영양과 운동

⑤ 사회적 지원

⑥ 인식의 변화

2_ 행동수정요법의 실제

① BM을 위한 환자교육 : 폭식 예방

② 생활양식 : 식사와 운동 그 외의 생활 습관 교정

③ 자세 및 사고(인지) : 행동변화를 위한 구체적 실천항목 계획

④ 관계 : 동반자의 협조

행동수정요법은 비만이 될 수 밖에 없었던 생활습관을 자기스스로 자신을 관찰해서 조금씩 행동을 변화시켜 건강한 생활방식으로 변화시켜 나가는 방법으로 식이요법, 운동요법과 더불어 비만관리의 3대 요소로 볼 수 있으며, 다른 두 요소들에 비해서 시행과 지속 정도에 있어서 어려움이 크다. 따라서 행동수정요법을 얼마나 잘, 빠르게 시속했느냐에 따라서 비만관리의 성공여부로도 판단할 수 있다. 무엇보다도 자신의 생활습관을 정확하게 파악해야 하는 것이 중요하다.

행동수정요법의 가장 중요한 기본 요소로는 하루 동안 생활한 일들에 대해서 생활일지를 자세히 기록한다. 생활한 일들로는 식사 일지, 운동 일지 외에 수면, 명상 등에 대해서 자세하게 기록하고, 매일 취침 전 반드시 피드백을 통해서 문제점을 빠르게 인지해야 한다.

첫째, 행동수정요법 중 **음식**과 관련된 사항은 음식요법의 내용을 참조한다.

둘째, 행동수정요법 중 **운동**과 관련된 사항은 운동요법의 내용을 참조한다.

셋째, 행동수정요법 중 **생활습관**과 관련된 사항은 다음과 같다.

- 하루 2L 이상의 물을 섭취하여 수분을 충분히 공급한다.
- 식료품 구입 시에는 배가 부를 때 하며 구입 목록을 미리 작성한다.
- 헐렁하고 편안한 옷보다는 몸에 딱 맞는 옷을 입는다.
- 가사노동(세탁, 청소)은 가능한 기계 대신 손으로 한다.
- 누워있기 대신 앉아 있고, 앉아있는 대신 서 있는다.
- 매일 스트레칭을 한다.
- 이동시 엘리베이터 대신 계단을 이용한다.
- 가까운 거리는 운전대신 걸어간다.
- 여가시간은 TV나 컴퓨터 대신 운동, 취미생활을 한다.
- 스트레스를 현명하게 해소한다.
- 식사 후 산책(가볍게 걷기)하는 습관을 기른다.
- 하루 7~8시간의 충분한 수면 시간을 유지하고, 저녁 11시 이후에는 잠들도록 한다.
- 사회생활을 위하여 갖는 술자리에서는 적당한 양의 섭취를 인지하고 지켜야 한다.
- 흡연자의 경우에는 담배를 끊도록 한다.
- 외식의 경우에는 남들보다 먹는 속도를 천천히 하여 섭취량을 줄이고, 이왕이면 채소 위주의 섭취를 권장한다.

6 실행 및 평가

관리 프로그램을 실행할 때는 모든 자료를 기록화 하여 남기는 것이 중요하다. 관리 프로그램의 경우 스스로와의 약속인 만큼 지키고자 하는 의지를 잊어서는 안 된다. 또한 상담자는 지속적으로 관리를 통해 고객의 초심을 잃지 않고 잘 유지할 수 있도록 중간 역할을 해야 한다.

일반적으로 처음 관리 프로그램을 적용할 경우 3~6개월을 기준으로 하고 있다. 그러나 프로그램이 진행되었다 해서 방관해서는 안 되며, 적어도 일주일에 한 번 이상은 상담자와 고객이 만나 일주일 동안의 모든 일지에 대한 피드백이 진행되어야 한다. 피드백 진행 후에는 고객의 상황, 선호 식품, 선호 운동, 계절, 기후, 건강상태 등을 고려하여 다시 실행 가능한 프로그램으로 적용 후 진행해야 한다.

관리 프로그램 실행 후에는 평가가 이루어져야 한다. 일정 기간 후의 관리 프로그램의 평가가 잘 이루어졌으면 유지의 단계로 넘어가고, 만약 잘 이루어지지 않았다면 재수립의 단계로 넘어가서 다시 시행해야 한다. 그러나 재수립의 단계로 넘어갈 경우 고객이 살을 빼고자 하는 의지를 잃을 수 있으므로, 관리 중에 피드백의 단계를 잘 활용하여 목표한 체중감량과 건강한 신체를 유지할 수 있도록 해야 하며, 마지막으로 상담자는 항상 고객에게 칭찬과 응원을 아낌없이 해주어 효과적으로 관리 프로그램이 진행될 수 있도록 한다.

체중변화그래프			
성명		연령	
내원시 체중	kg	BMI	
체지방 지수			
그래프			

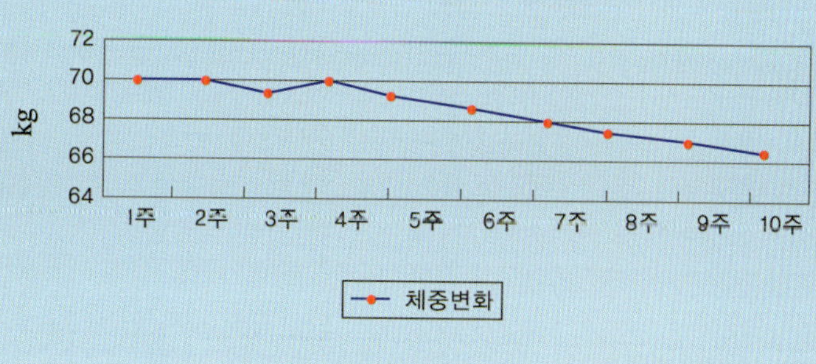

1_ 비만환자의 심리와 상담

- 동반자적 접근
- 환자존중
- 개별적 접근
- 환자의 욕구 파악 및 충족
- 주도 면밀한 DB 구축 후 상담
- 환자의 자립 촉구

2_ 상담기법 - 고객에 대한 준비

- 면담횟수와 기간설정
- 면담장소
- 질문지 작성
- 교육자료 선택
- 식품교환표 교육
- 치료숫가
- 전문가적 자세
- 프로그램 설정
- 집단지도와 카운슬링
- 식사일지

좋은 상담자란?

- 선입견 NO
- 있는 그대로 파악
- 좋은 경청자
- 풍부한 경험과 기술-비만치료에 대한 열정

MEMO

비만 및 체형관리학

Obesity & Body Shape Managment

obesity&body shape managment

part 04

체형관리 적용

Chapter 08 식이요법

1 비만과 식습관

흔히 우리가 말하는 '다이어트(diet)'란 '식이요법'을 의미하는 단어이다. 다이어트 성공의 열쇠는 식습관이 쥐고 있다고 해도 과언이 아니다. 평소 빨리 먹거나, 배가 불러도 음식을 남기지 못한다거나, 책이나 TV를 보며 식사를 하는 등 개인적인 식습관을 생각해 보고 잘못된 식습관이라면 어떻게 해야 고칠 수 있을까를 생각해보자.

1_ 잘못된 식습관

이상적인 식습관은 다이어트의 성공에 한 발 더 가까워지게 한다. 현재 잘하고 있는가 여부에 상관없이 자신의 식습관을 살펴보자.

30대부터 40대까지의 BMI 25 이상인 남성 43명을 대상으로 "당신이 좋지 않다고 생각하는 식습관은 무엇입니까?"하는 앙케이트조사 결과 응답수가 많은 상위 5위는 다음과 같았다.

잘못된 식습관 TOP 5

① 빨리 먹기
② 배가 불러도 나온 음식은 전부 먹기
③ 일주일에 1회 이상 과자 한 봉지 먹기
④ 칼로리가 높은 외식하기(주 3일 이상)
⑤ 편의점 도시락 먹기(주 3일 이상)

그 외 세끼 모두 외식하기(주 3일 이상), 배부른 상태로 자기(주 3일 이상), 밤중에 라면 먹기(월 1회 이상), 1주일에 2번 이상 저녁으로 튀김 먹기, 아침거르기(주 3일이상)가 그 다음을 이었다. 또한 비만한 사람들의 식사 방법을 살펴보면 대부분은 몇 가지의 특징을 공통적으로 가지고 있다. 그 경향 및 형태는 여러 가지였고 잘못된 식습관 방법들은 다음과 같았다.

- 식사횟수가 적거나 불규칙하다.
- 한 번에 많은 양의 칼로리를 섭취하는 과식 습관이 있다.
- 고지방 및 고당질음식을 선호한다.
- 간식과 야식을 먹는 습관이 있다.
- 씹는 횟수가 적다.
- 식사시간이 짧다.

한편 햄버거, 피자, 프라이드치킨, 핫도그 등의 패스트푸드가 확산되어 있어 비만을 비롯한 질병유형의 서구화가 가속화될 것으로 예상된다.

시상하부의 기아중추(hunger center)와 포만중추(satiety center)에서 이루어지는 식욕조절은 신경경로를 통해 직접적으로 보내지는 자극과 혈중포도당, 아미노산 및 지방산의 수준에 의해 압력 수용기에서 섭식중추에 대한 자극의 크기로 결정된다. 포만중추에는 혈당수준의 자극을 받는 혈당역치가 있는데, 어린 시기의 습관적 과식은 포만중추에 설정된 이 혈당기준값(set point)을 더 높은 수준으로 재설정되도록 한다.

식사를 규칙적으로 하지 않고 한 번에 폭식하거나 무분별한 간식과 야식의 섭취, 스트레스 해소의 수단으로 간식을 먹거나, 고지방식을 계속 섭취하거나, 성장기에 잘못된 식습관이 형성되면 단순히 습관의 문제가 아니라 인체의 생리적 조절기능 자체에 장기적인 변화를 초래할 수 있다는 데 문제의 심각성이 있다. 잘못된 식습관들을 개선하여 이상적인 형태에 가까워지지 못하면 체중을 줄일 수 없다.

① 과식, 폭식 등 한 번에 많이 먹는 것은 지방을 증가시킨다.

비만의 원인은 여러 가지가 있으나 그 중에서 첫째로 꼽을 수 있는 것이 에너지의 과다 섭취, 즉 과식이다. 과식을 하게 되면 섭취 칼로리가 소비 칼로리보다 많게 되어 여분의 칼로리는 지방세포에 중성 지방의 형태로 축적된다. 살이 찐 사람들 중에는 식사량을 줄이기 위해 아침, 점심, 저녁 중 한끼를 거르는 사람들이 있는데 이런 식습관이 바로 비만의 원인이다. 한끼를 굶으면 다음 식사 때 공복감이 심해져 알맞은 양 이상으로 과식이나 폭식을 하게 된다. 한 번에 음식을 많이 먹게 되면 혈당치가 높아지고 이에 따라 인슐린의 분비도 촉진되어서 지방세포의 지방 합성이 늘어난다. 즉, 고칼로리 섭취는 인슐린(insulin)의 분비를 높이고 글루카곤(glucagon)의 분비를 저하시켜 지방의 합성을 촉진하게 된다.

한편 고지방식 만으로 비만이 되기도 하며 알코올(술) 섭취도 칼로리의 과잉 섭취를 초래하기 쉬워 비만이 되기 쉽다.

어린시절부터 부모님께 "음식을 소중히, 남기지 마라."고 엄하게 교육을 받으며 자란 L씨(44세, 가명)는 음식을 남기지 못한다. 그것이 지금의 식습관에 큰 영향을 끼쳐 키 170cm, 몸무게 95kg의 거한이 되어 있었다.

점심식사, 회식, 파티 등에서 음식을 남기기 아까워 배가 불러도 전부 다 먹지 못하고 남길 때 생기는 죄책감, 자책감, 만들어준 사람에게 미안한 마음, "세상에는 굶어죽는 사람이 많은데, 이렇게 많이 먹어도 되는 걸까"와 같은 부조리한 기분 등 음식을 남기지 못하는 사람의 기분은 이해할 수 있으나 이러한 행동패턴은 비만으로 가는 가장 빠른 길이다.

요구르트, 케이크, 쿠키 등을 먹으면 허리둘레가 늘어난다!

케이크나 쿠키와 같은 단음식, 기름진 음식이 내장지방을 증가시킨다는 사실은 많은 동물실험이나 역학조사에서 밝혀졌다. 요구르트를 섭취한 경우에는 요구르트 자체가 내장지방을 증가시키는 것이 아니라 다른 음식을 줄이지 않은 채 평소 섭취하는 에너지량보다 더 많이 섭취하기 때문이다. 허리둘레가 늘어나는데 가장 많이 영향을 미치는 것은 총 에너지섭취량이므로 건강에 좋다고 하여 유행하는 음식을 충동적으로 섭취하면 총에너지섭취량이 증가하여 허리둘레가 늘어난다.

② 일정하지 않는 식사시간

1회에 먹는 양이 적으면 식사로 인해 흡수된 영양분은 곧 소비되어 에너지 부족 현상을 나타낸다. 그 에너지를 보충하기 위해 몸에 축적되어 있는 지방을 분해하여 이용하는 것이 바로 체중이 감소되는 현상이다.

따라서 하루의 식사량을 아침(25%), 점심(50%), 저녁(25%)으로 나누고, 식사량은 소량으로 하며, 식사시간을 일정하게 해서 지방을 규칙적으로 소비시키는 것이 좋은 방법이다. 이 리듬을 무너뜨리면 갑작스런 변화로 인해 체중이 안정되지 못한다.

③ 빨리 먹기는 비만의 근원

'빨리 먹고 나가자', '시간이 별로 없다', '어서주세요' 주변에서 흔히 듣거나 사용하는 말들이다. 빨리 먹기가 왜 비만의 근원이라고 불리게 되는지 그 메카니즘을 이해하도록 한다. 식욕의 촉진이나 억제는 대뇌겉질과 시상하부로 구성된 조절기구에서 컨트롤하고 있는데, 주로 섭식중추와 포만중추의 상호작용에 의해 제어

된다. 포만중추는 당분이 흡수되어 혈당치(혈중포도당량)가 올라가거나 지방 및 단백질의 자극에 의해 샘창자에서 호르몬이 나오거나 음식물로 위벽이 늘어나는 등 다양한 정보를 받아 식용억제 정보를 대뇌에 보낸다. 포만중추가 배부르다는 정보가 대뇌에 전달되기까지는 먹기 시작하고 나서 20~30분이 걸린다. 즉, 음식물을 최대한 오래 잘 씹어서 먹어야 한다는 말이다.

섭식중추와 비만

섭식중추는 시상하부가쪽구역(lateral hypothalamic area : LHA, 외측시상하부구역)에 부분적으로 존재하며, 포만중추는 배쪽안쪽시상하부핵(ventro medial hypothalamicnucleus : VMH, 시상하부 복내측핵)에 존재한다. 섭식중추인 LHA를 자극하면 의식이 있는 동물은 섭식행동을 개시한다. 반대로 이 중추를 파괴하면 다른 부분은 모두 정상이어도 치명적인 식욕부진에 빠지게 된다. 포만중추인 VMH를 자극하면 동물은 섭식을 중지하고, 파괴하면 과식을 일으켜 현저한 비만상태가 된다.

④ 간식에는 고칼로리 식품이 많다.

하루 세끼 이외의 음식물 섭취는 칼로리 과잉이 되기 쉬우며 이는 곧 비만을 촉진시키게 된다. 간식이 문제가 되는 또 다른 하나의 이유는 간식으로 먹는 식품들이 대부분 고칼로리 식품이라는 것이다. 쉽게 접할 수 있는 인스턴트 식품이나 패스트 푸드 식품 등은 대개의 경우 탄수화물류의 영양소가 집중적으로 들어 있는 반면 인체에 필요한 영양소가 골고루 함유되어 있지 않은 고칼로리 식품들이 대부분이어서 쉽게 비만해지는 한편 영양상태의 균형이 깨지기 쉽다. 비타민 B군은 탄수화물, 단백질, 지방의 대사와 화학합성첨가물을 처리하는 기능을 하는데 비타민이 첨가물처리에 사용되면 지방연소에 사용될 비타민은 부족하게 된다. 편의점도시락, 패스트푸드, 과자 등 화학합성첨가물(소금 등 천연첨가물과 구별된다)이 많이 들어간 음식을 먹으면 대사가 진행되지 않아 살을 빼기 어려운 체질이 되는 것이 이러한 이유이며, 또한 합성첨가물을 분해·배출하기 위한 간의 부담이 크며, 스낵 같은 과자류는 고온에서 조리하면 아크릴아마이드(acrylamide)라는 발암물질이 생성된다. 첨가물 또한 여러 가지 암의 원인으로 여겨지고 있다. 최근 식품보존료, 착색료 등의 무첨가를 상소하는 식품들이 많이 등장하고 있으나 인체에 무하다고 볼 수는 없다.

⑤ 야식(night-eating syndrome)

사람의 인체는 낮 동안은 교감신경의 작용이 활발하여 에너지 소비를 촉진하지만 밤에는 부교감신경의 작용이 활발하여 교감신경의 작용을 억제하므로 에너지를 축적한다. 따라서 같은 음식, 같은 양이라도 낮에 먹는 것보다 밤에 먹으면 훨씬 더 많은 지방을 몸 안에 축적시킨다.

야간섭식증후군이란?

1955년 미국의 스턴커드(Albert Stunkard) 박사에 의해 NES(night eating syndrome)라고 명명되었다. 그는 자기가 진단했던 비만증환자 중 야간 음식물섭취량이 많아 불면과 오전 중의 식욕저하를 일으키며, 아침과 점심식사 때의 섭취량이 적어지면 배고픔에 결과적으로 야간에 다시 과식하는 악순환을 겪는다는 사실과 그들은 감량치료 결과가 나쁘고 정신적 스트레스를 떠안고 있다는 사실도 밝혀졌는데, 이는 야식이 비만으로 이어짐을 주목해야 한다.

⑥ 먹는 것으로 스트레스를 해소하는 경우

스트레스가 과식을 부른다는 말이 있다. 개인에 따라서 먹는 행동으로 욕구를 만족시키거나 불안을 완화시키는 경우가 있다. 또한 긴장이나 걱정을 덜어 주고 우울하고 공허한 생활로부터 기분을 전환해 주기도 한다. 또 음식물을 먹음으로써 보상 혹은 만족을 느낄 수 있다고 한다. 이러한 이유 때문에 스트레스를 가진 사람들 중에는 먹는 것을 스트레스 해소의 수단으로 삼는 사람들이 있는데 이러한 습관은 당연히 비만을 초래하게 된다.

⑦ 평소의 선택을 조금만 바꿔 보기

어떻게 해도 식욕을 자제할 수 없거나 먹지 않으면 폭발할 것 같은 기분을 완전히 억제하기는 쉬운 일이 아니다. 그렇다면 평소의 선택을 조금만 바꿔 보면 어떨까?

튀긴 음식은 칼로리를 소비할 수 없는 밤에 먹지 말고 점심에 먹도록 하자. 평소의 습관을 바꾸는 것만으로 이상적 식습관에 다가갈 수 있다. 스스로 이상적인 식 습관을 기르도록 노력해보자.

칼로리를 낮춘 대체음식 리스트

① 아침 : 양식보다 한식
　㉠ 빵 → 밥
　㉡ 스크램블 에그(scrambled egg) → 날계란, 삶은 계란

② 점심, 저녁 : 좋아하는 음식 중 칼로리가 낮은 쪽을 선택
　㉠ 돈까스덮밥 → 닭고기계란덮밥
　㉡ 라면 → 메밀국수, 우동
　　(메밀국수가 비타민 B군을 더 많이 함유, 야채, 버섯, 무 등을 추가할 것)
　㉢ 돈까스 카레 → 돈까스가 없는 일반 카레, 카레 우동
　㉣ 카레 → 생선구이정식

③ 간식 : 질이 좋은 것으로 바꿀 것
　㉠ 감자칩 등 과자류 → 참깨과자(비타민 E를 섭취할 수 있다.)
　㉡ 콜라 → 생수(미네랄도 섭취할 수 있다)
　㉢ 아이스커피(설탕 넣은 것) → %물, 둥굴레차, 녹차 등

④ 술집에서 : 기름진 음식은 피할 것
　㉠ 맥주, 와인 → 소주(몸을 데워 대사를 높인다.)
　㉡ 감자튀김 → 감자샐러드, 강낭콩, 두부, 매실오이(튀김요리를 피한다.)
　㉢ 스테이크 → 계절에 맞는 생선구이

2 비만의 식사처방

1_ 비만 관리의 원칙

비만 관리의 가장 중요한 원칙은 건강을 유지하면서 체중을 줄이는 것이며, 그러려면 우선 식이요법을 총괄하여 섭취 열량을 줄이면서 체중을 줄여야 한다. 비만은 우리 몸의 지방조직의 비율이 정상보다 많은 상태이므로 열량을 제한하면 몸에 축적되었던 지방이 분해되어 곧바로 에너지원으로 되기 때문에 결국 체중이 줄어들게 된다.

체중을 감량할 때 1주일에 1kg 이상 급격히 줄이는 것은 위험하며, 0.5kg 정도 줄이는 것이 가장 이상적이다. 1주일에 0.5kg을 빼려면 매일 500kcal 이상 먹는 양을 줄여야 성공할 수 있으며, 이 정도면 정상적인 식사량의 20% 정도를 줄인 양이다.

다이어트를 할 때에는 다음의 세가지 원칙을 각자의 식사요법에 맞게 실천해보자.

① 균형 잡힌 식생활을 한다.

신체에 영양공급이 균형 있게 이루어지려면 우리의 전통적인 식단과 같이 주식, 부식 등이 포함된 정상적인 식생활이 유지되어야 한다. 이는 자연스레 균형 잡힌 영양소를 섭취할 수 있을 뿐 아니라 생소한 식단이나 한 가지 음식만으로 세끼를 식사하며 다이어트를 하는 것보다 지속적으로 이루어질 수 있다.

② 하루 세 번 평소 식사량의 80%만 먹는다.

식사는 반드시 하루 세 끼를 먹도록 해 영양균형이 깨지지 않도록 한다. 만약 식사를 걸렀을 경우에는 미리 저열량의 간식을 통해 과식을 예방하고 또 항상 정상적인 식사량의 80%만 먹는다는 생각으로 식사조절을 끈기 있게 실천한다. 식사의 횟수와 양, 식사시간을 일정하게, 식사속도는 천천히 하도록 하는 것이 좋다. 또한 식사량을 소량으로 하루 여러 번 나누어 먹는 것도 좋은 방법이다. 특히 저녁을 과식, 결식, 야식하는 것은 비만을 가져오므로 삼가해야 한다.

③ 고열량 식품의 섭취를 줄인다.

식사량을 20% 줄인다는 것만으로는 효과적인 체중감량이라 할 수가 없다. 엄밀히 말하면 자신의 식사 중에서 열량이 많이 나가는 음식을 제외해 버리거나 양을 줄여야 한다. 특히 사탕, 청량음료, 술, 버터, 마가린 등과 같은 식품들은 영양소는 별로 없으면서 열량만 농축되어 있으므로 식단에서 제외한다. 그에 반해 저지방 우유나 콩, 채소, 과일, 생선, 기름기 없는 고기 등은 열량이 적게 나가면서도 영양소가 풍부한 식품이라고 할 수 있다. 또한 1g당 4kcal의 높은 열량을 내는 지방 보다 1g당 4kcal의 열량을 가진 탄수화물과 단백질 음식을 먹는 것도 섭취 열량을 줄이는 방법이다.

2_ 체중조절을 위해 영양소를 알맞게 분배하는 요령

① 식품의 종류를 선별해서 총 열량을 줄일 것
② 당질 중에서 낮은 열량(야채, 해조류, 버섯, 과일)을 많이 섭취할 것
③ 고당질(빵, 과자, 면, 밥)의 양을 줄일 것
④ 단백질은 많고 지방이 적은 것(생선, 쇠고기, 두부, 계란, 우유)을 선별하여 먹을 것
⑤ 유지류는 식물성 지방으로 불포화 지방산이 많은 것을 섭취할 것
⑥ 당분이 많은 청량음료, 과자, 알코올, 그리고 지방이 많은 튀김류를 피할 것
⑦ 수분이 많은 요리를 싱겁게 하여 먹을 것
⑧ 식욕증진이 되는 향신료, 소금, 절임종류는 적게 먹도록 할 것 등이다.

비만증의 식이요법은 고객의 체중감소를 위해 정상적인 영양소 필요량에서 열량만을 제한하여 줄이도록 하는데, 에너지의 제한은 식료품 중에서 열량영양소라고 불리는 당질과 동물성 지방의 섭취를 줄인다. 단백질은 특수한 병을 제외하고는 제한하지 않아도 된다.

3_ 식사처방전

①의 총칼로리는 하루에 섭취해야 할 칼로리의 총량이며 작업내용에 따라 달라진다. 체중 1kg당으로는 주부, 일반사무, 관리직, 기술직 등 가벼운 노동일 때 25~30kcal 정도이다. 소비칼로리는 연령, 성별, 체질 등에 따라서도 다르게 나타나는데, 다음 표의 수치를 기준으로 하여 체중에 따라 더하거나 빼는 방법을 이용하는 것이 간편할 것이다.

작업형태별 소비칼로리

부위	측정방법
작업 형태	체중 1kg당 소비칼로리
주부, 일반사무, 관리직, 기술직 등	25~30kcal
육아 중인 주부, 세일즈맨, 가공업 등	30~35kcal
농업, 어업, 건축업 등	35~40kcal
프로스포츠맨, 군인, 해체업 등	40kcal 이상

체중감량이 목적이라면 각각 작은 쪽의 수치(예 : 가벼운 노동에서는 25)에 이상 체중을 곱하여 계산한다. 이상체중은 주로 '신장(m) × 신장(m) × 22'로 계산하는 방법이 사용된다. 예를 들면 신장이 160cm인 사람은 1.6 × 1.6 × 22로 계산하여 약 56kg이 이상 체중이 된다. 이 사람이 일반사무에 종사한다면 일일 총 섭취칼로리는 56 × 25=1,400(kcal)이다.

②~④는 총 칼로리를 100%로 보고 3대영양소인 단백질, 지방, 탄수화물의 섭취량을 균형 있게 섭취하기 위한 처방이며, 각각의 %로 기술한 것이다. 탄수화물은 에너지원이므로 가장 많고, 지방은 고칼로리이므로 조금만 분배되어 있다. 이처럼 3대영양소의 균형을 잡아 건강을 해치지 않는 다이어트법을 실천하자.

⑤의 PS비는 다불포화지방산(P)과 포화지방산(S)의 비율이다. 필라미틱산(plamitic acid, 육류에 많다)과 같은 이중결합을 가지지 않는 것이 포화지방산이다. 리놀산(linoleic acid, 식물성기름, 콩류, 닭고기 등에 많다), 에이코사펜타엔산(eicosapentaenoic acid : EPA), 도코사헥사엔산(docosahexaenoic acid : DHA) 등은 복수의 이중결합을 가지고 있어서 다불포화지방산으로 분류된다.

일반적으로 다불포화지방산(P)이 포화지방산보다 좋다고 여겨져 PS비 1.0 이상이 바람직하다고 한다. 간단하게 동물성지방보다 식물성지방을 많이 섭취하면 이 조건을 만족시킬 수 있다.

이 처방전은 당뇨병 치료나 비만 해소를 위한 다이어트를 목적으로 고안된 것으로 상세한 숫자와 상관없이 대략적인 이미지로 그려두면 된다.

4_ 일일에너지 섭취량의 기준

비만의 최대원인은 밥, 빵, 국수류, 생과자, 케이크, 쿠키(cookie), 설탕, 캔디(candy) 등 탄수화물을 너무 많이 섭취하는 데 있다. 예를 들어 신장이 160cm인 일반사무인의 일일총에너지 목표량은 약 1,400kcal이고, 이 중 탄수화물의 필요량은 55%인 770kcal이다. 이것의 대략적인 이미지를 그려보면, 예를 들어 식빵 한 장은 약 160kcal이므로, 식빵 5장 정도가 하루 분량인 770kcal에 가깝다. 즉, 식빵을 한 장 적게 먹으면 160kcal나 줄일 수 있다. 밥의 칼로리는 균일한 조건의 비교를 위해 '반공기 밥'을 이용해 보기로 한다. 한 그릇의 양이 210g이고, 열량은 310kcal 정도이므로 2그릇 반이면 탄수화물 일일섭취량이 된다.

당지수(GI)와 식재료의 예

당지수	식재료
100	포도당 등
90~99	(봉모양의) 프랑스빵 등
80~89	젤리빈(콩모양의 젤리과자)
70~79	• 식빵 • 베이글(밀가루 · 이스트 · 소금 · 물로 만든 빵) • 콘플레이크(옥수수를 눌러서 만든 가공식품) • 매시포테이토(삶아서 뜨거운 감자에 마요네즈를 버무린 것) • 당근 • 호박 • 도너츠 등
60~69	• 빵 • 크루아상(크로와상, 초승달 모양의 서양빵) • 파인애플 • 아이스크림 • 사탕 등
50~59	• 밥 • 오트밀(귀리가루로 쑨 죽에 소금, 설탕, 우유 등을 가하여 먹는 서양음식) • 파스타(물과 밀가루로 만든 이탈리아국수) • 옥수수 • 포테이토칩 • 바나나 • 키위 • 망고 • 오렌지주스 등
40~49	포도, 오렌지, 초콜릿, 애플주스 등
30~39	스파게티, 요구르트, 사과, 배 등
20~29	소세지, 우유 등
10~19	땅콩 등

① 빵과 밥

"밥을 먹으면 살이 쪄서 빵으로 바꿨다."고 말하는 사람들이 가끔 있는데, 밥은 수분이 많아 보기보다 칼로리가 높지 않다. 빵 100g은 260kcal이지만, 밥은 100g은 147kcal 정도에 불과하다. 똑같은 포만감을 느낄 만큼 먹는다면 빵보다 밥이 더 살을 빼기 쉽다는 것이다. 빵과 밥을 당지수(glycemic index : GI)로 비교해 보아도 똑같은 결과가 나온다. 밥이 빵보다 당지수가 낮아 살이 덜 찐다. 밥을 먹은 후에 잠시 포만감이 드는 것은 당지수가 낮기 때문이다. 단순히 노화가 느려 조금씩 에너지로 변환되기 때문에 그런 느낌이 드는 것뿐이다. 다음의 당 지수 표를 기준으로 삼아 당지수 50 이하인 식품을 중심으로 식단을 짜도록 한다.

② 간식

하루 세끼 이외의 음식물 섭취는 칼로리 과잉이 되기 쉬우며 이는 곧 비만을 촉진시키게 된다. 간식이 문제가 되는 또 다른 하나의 이유는 간식으로 먹는 식품들이 대부분 고칼로리 식품이라는 것이다. 일반적으로 많이 먹는 간식의 칼로리를 보면 팥빵 1개 200kcal, 푸딩(pudding) 1개 200kcal, 찹쌀떡과 슈크림 각 1개 160kcal, 귤 1개 35kcal, 바나나 1개 85kcal 등으로, 간식의 칼로리가 얼마나 높은지 알 수 있다. 또한 간식은 식사리듬을 무너뜨려 컨디션을 망치는 원인이 되므로 습관적으로 간식을 먹지 않도록 한다.

③ 알코올

쌀이나 보리를 원재료로 술을 만들지만 알코올 그 자체는 체내에 들어가서 이루어지는 대사과정이 완전히 다르다. 술이 강한 사람은 알코올을 간에서 아세트알데히드(acctaldehyde)라는 물질로 일단 변화시켜 물과 탄산가스로 분해한다. 그러나 알코올을 분해하는 효소가 부족한 사람은 아세트알데히드가 혈액 속에 그대로 남아 전신을 돌기 때문에 얼굴이 빨개지고 심장이 두근거리게 되지만, 후에 분해되며, 둘 중 어느 체질이건 알코올의 일부는 변환도 분해도 되지 않은 채 호흡이나 땀, 소변 형태로 체외로 배출된다. 알코올과 비만과의 인과관계를 조사한 연구에서 어떤 것이든 알코올은 칼로리원으로는 체내에 남지 않으며, 알코올과 비만은 관계가 없다고 결론내리고 있다. 즉, 라벨에 표시된 칼로리와 체내에서 실제로 흡수되는 칼로리는 다르다.

예를 들면 맥주 1캔(350ml)에서는 알코올성분을 빼면 칼로리는 50kcal 밖에 되지 않는다. 맥주 한 캔에서 체내에 남는 성분의 칼로리는 식빵 한 장의 3분의 1

정도에 불과하다. 위스키, 소주 등은 알코올 이외의 성분이 거의 없으므로 체내에 남는 칼로리는 거의 제로라고 봐도 좋다. 그러므로 술 때문에 살이 쪘다기 보다는 같이 먹은 음식(안주)나 알코올 섭취 후 자제심이 흔들려 에너지제한을 지키기 어려워지므로 때문에 살이 찐 것이다.

흡연자나 술을 자주 마시는 사람이 비만이 되기 쉬운 이유

흡연자는 비만이 되기 쉽다. 일본의 후생노동성 조사를 보면 BMI 25 이상 혹은 내장지방 면적 $100cm^2$ 이상인 내장지방축적형 비만환자 중에는 정상인보다 흡연자의 비율이 남성 1.73배, 여성 1.50배 많다고 한다. 흡연자는 본인의 건강에 대한 자각이 적고, 비만이 되기 쉬운 생활습관을 가지고 있다. 또한 담배성분이 직접적으로 내장비만을 축적시켜 내장지방축적형 비만을 유발시키기도 한다.

한편 음주를 하면 반드시 비만이 된다고 할 수 없다. 음주 그 자체가 아닌 회식이나 외식 등 음주상황 때문에 식생활이 무너져 그것이 비만으로 연결된다. 감량 중에 알코올을 섭취하면 자제심이 흔들려 에너지제한을 지키기 어려워지므로 음주를 피하거나 적정량만을 섭취하는 것이 좋다.

④ 우유의 좋은 점과 나쁜 점

오늘날 젊은이들이 키가 크고, 다리가 길어진 것이 우유 덕분이라는 얘기도 있듯이 우유가 현대인의 건강증진에 기여한 역할은 참으로 크고 많다. 그러나 우유는 지방량이 매우 높기 때문에 갓난아이나 어린이에게 최적이나 어른에게는 비만의 원인이 된다. 우유 1L짜리 팩을 매일 2개씩 마시는 사람이 중성지방검사를 받았더니 1,000mg/dl(정상치의 약 6배)을 훨씬 웃도는, 검사치만 두고 보면 중병이라고 진단받을 수 있는 상태이지만, 우유를 끊으면 검사치가 완전히 정상으로 돌아온다.

보통우유와 저지방우유의 평균영양분 비교

우유 100㎖당 평균영양성분		표준적인 저지방우유의 영양분	
총칼로리	60kcal	총칼로리	46kcal
지방	30kcal	지방	12kcal
탄수화물	20kcal	탄수화물	20kcal

다이어트 중에는 우유의 평균 영양분을 보면서, 식품을 살 때도 성분표를 읽는 습관을 기르는 것이 좋다. 덧붙여 우유에는 콜레스테롤이 거의 들어있지 않다는 점도 기억해두자.

⑤ 수분과 비만의 관계

수분을 대량으로 섭취하면 우선 세포 안팎으로 쌓인다. 조금 후에 쌓인 수분이 혈관으로 스며들어 혈액이 묽어지지만, 콩팥이 이 상태를 인지하고 수분을 빼낸다. 즉, 남은 수분의 대부분은 소변형태로 체외에 방출된다. 이때 조금씩이나마 세포 내외에 수분이 남는데, 그것이 체중 증가로 이어지게 된다. 사우나 등으로 땀을 빼면 일시적으로 체중이 줄어들지만, 체내수분량은 기본적으로 일정수준을 유지하도록 되어 있으므로 그 후 식사나 수분섭취로 금방 원래 상태로 되돌아와 체중감량으로 이어지지 않는다.

한편 수분을 너무 많이 섭취하면 혈액이 묽어져 오히려 몸을 상하게 만들 수도 있다. 물을 너무 많이 섭취하여 생기는 대표적 증상이 이상한 피로감, 다리근육 경련, 현기증, 부종 등이다. 물을 많이 마시지 않으면 불편하다는 것은 좋은 습관이라 보기 어렵다.

식이 요법 시작 후 최초 2주 간은 체중저하율에 비해 수분감소율이 매우 크다. 그러나 그 이후에는 몸에서 수분 손실의 속도가 줄어들고 몸의 지방과 단백질이 줄어들기 때문에 체중감소 효과가 나타나며 그 이후 체중이 크게 감소하였음에도 수분량은 그다지 변화하지 않는다.

⑥ 지방이 많은 식품과 콜레스테롤

㉠ 지방이 많은 식품

정상식의 기본식단에서 지방섭취량은 총칼로리의 20%가 기본이다. 고기, 버터, 마가린, 견과류, 베이컨, 소세지, 마요네즈, 아이스크림, 전지분유, 치즈, 우유 등은 지방이 많이 함유된 식품이다.

닭가슴살, 가자미, 대구, 도미 등은 동물성이어도 지방이 적은 식품이다. 동물성 식품을 먹는다고 그것이 모두 지방과다로 이어지는 것은 아니며, PS비는 동물성지방보다도 식물성지방이나 생선을 많이 먹으면 2.0에 가깝게될 수 있다. 지방은 많은 식품에 들어있지만, 겉보기만으로는 함유량을 알 수 없다. 자신이 먹고 있는 양이 적절한지 여부를 혈액검사로 판단하는 것이 한 가지 방법이다.

혈중트리글리세리이드(중성지방)수치를 재는 검사가 도움이 되는데, 건강한 사람은 150mg/dl 이하가 나온다. 만약 이것이 300을 넘는다면 지방섭취량을 반 정도 줄일 필요가 있다.

중성지방은 식후에 수치가 상승하기 때문에 아침 공복 시 채혈하는 것이 바람직 하지만, 부득이하게 오후에 검사해야 한다면 점심식사를 거르고 검사를 한다.

혈중트리글리세라이드(혈중지질)에는 카일로마이크론(chylomicron), 초저밀도지단백질(VLDL), 저밀도지단백질(LDL), 고밀도지단백질(HDL)등 다양한 성분이 있다. 그 중 식사의 영향을 크게 받는 것은 카일로마이크론(chylomicron, 기름죽입자)중성지방인데, 이것은 혈관장애의 발생에는 관여하지 않는다.

한편 비정상적으로 증가된 혈중지질이 혈관벽에 쌓이게 되면 염증을 일으키고 그 결과 심혈관에 병을 일으키기 쉬운 것은 초저비중지단백(very low density lipoprotein : VLDL) 중성지방인데, 이는 식사의 영향을 비교적 받지 않는다는 특징이 있다.

트리글리세라이드와 콜레스테롤을 합쳐서 '지방'이라고 부르는 경우도 있다. 그러나 비만을 고려할 때는 트리글리세라이드와 콜레스테롤은 엄격히 구별해야 한다. 왜냐하면 비만에서 문제가 되는 것은 콜레스테롤이 아니라 트리글리세라이드이기 때문이다.

㉡ 콜레스테롤(cholesterol)

콜레스테롤을 많이 섭취한다고 해서 비만이 되지 않는다. 그러나 고콜레스테롤 혈증과 비만이 함께 있으면 동맥경화증이 되기 쉽다. 따라서 비만이 해소되는 동안에는 콜레스테롤의 섭취량도 함께 줄이는 편이 좋다.

일일콜레스테롤섭취량은 300mg 이하가 원칙이다. 계란노른자에 압도적으로 많아 100g중 1.3g이나 함유되어 있다. 이 양은 2위 이하 식품보다 2배 이상 많은 것이다. 지방덩어리인 버터조차 100g 중 콜레스테롤량은 0.2g 정도에 불과하다.

하루에 계란 1개에 약 250mg의 콜레스테롤이 들어 있다. 계란은 하루에 한 개만 먹어야 한다고 하는데, 이 수치가 바로 그 근거가 되고 있다.

콜레스테롤이 많은 식품 베스트 10

1	달걀 노른자	6	성게
2	연어알 젓	7	빙어
3	(소, 돼지, 닭 등의)간	8	마른 멸치
4	대구알	9	장어
5	오징어	10	버터

콜레스테롤의 정의와 구조

콜레스테롤은 사람의 몸에 존재하는 동물성 지질로서 식물성 지방에는 존재하지 않는다. 물에 녹지 않는 스테로이드 알코올의 일종인 콜레스테롤은 유기용매에 잘 녹고, 지질 중에서는 비교적 안정된 백색 결정이다. 콜레스테롤은 왼쪽에 (-OH)라는 수산기가 붙어 있는 유리형 콜레스테롤과 수산기(-OH)에 지방산이 결합된 에스테르형 콜레스테롤 두 가지 형태로 존재한다. 유리형 콜레스테롤은 주로 몸의 구성 요소로서 몸 전체를 돌고 있으며 세포의 표면, 특히 신경조직에 많이 존재한다. 콜레스테롤은 체내에서 정상적으로 대사 분해되면 주로 담즙산이나 성호르몬, 부산피질 호르몬, 생리적 활성물질로 전환되지만, 지나치게 많이 섭취되면 에스테르형으로 혈관과 간장 등에 축적된다. 동맥 경화가 일어나는 주요 원인은 콜레스테롤이 에스테르형으로 혈관벽에 쌓이기 때문이다. 콜레스테롤은 그리스어로 담즙(bile)을 의미하는 'chole'와 고체를 의미하는 'steros'를 결합하여 'cholesterin'이라고 불렸으나, 화학 구조상 왼쪽에 붙어있는 수산기(-OH)가 알코올을 나타내므로 'cholesterol'이라 명명하였다.

⑦ 다이어트의 효과와 요요현상

㉠ 다이어트

다이어트의 효과에 관한 연구를 보면 미국에서 25~75세 비만여성 100명을 대상으로 3개월에 걸쳐 철저하게 다이어트를 시키고 그 결과를 조사한 연구의 결과 감량폭에는 개인차가 있었으나 BMI와 체지방률 모두 약 9% 감소하였다. 이 값을 체중으로 환산하면 체중 60kg인 사람이 54~55kg이 된 것이다. 또한 다이어트만으로 살을 빼려면 매우 엄격한 관리가 필요하며, BMI와 체지방률은 비례한다고 정리할 수 있다.

무리한 다이어트로 좌절하는 사람이 많다. 병이나 수술 후의 식이요법도 마찬가지로, 너무 무리한 요구 때문에 노이로제에 걸리는 사람도 있다. 확실히 즐거워야 할 식사시간에 칼로리 계산만해야 한다는 것은 싫을 수밖에 없다. 심지어 삶의 희망을 잃고 스트레스 때문에 병에 걸리는 사람도 있으며, 결국 포기해버리는 사람도 있다.

이러한 사람을 위해 처음 1번만 칼로리 계산을 하고, 그 후부터는 아무것도 신경쓰지 않으면서 다이어트 하는 방법이 있다. 이는 감량분의 칼로리만 계산하여 식사를 줄이는 방법이다. 예를 들어 체중 60kg인 사람이 5kg을 빼고 싶다고 가정하자. 60kg인 채로 체중을 유지하려면 최저 1kg당 25kcal를 소비하므로 60×25로 계산했을 때 1,500kcal가 일일필요량이 된다. 똑같이 계산했을 때 목표체중인 55kg의 일일필요량은 1,375kcal가 되므로 그 차이는 125kcal이다. 이는 식빵 1장 정도에 해당된다. 따라서 매일 식빵 한 장 분량의 칼로리만 덜먹으면 다이어트를 할 수 있다는 것이다.

㉡ 요요현상

인체는 지방질이 풍부했던 과거의 체형으로 되돌아갈 준비가 되어 있으므로 언제든지 칼로리 과잉상태가 되면 단시간에 원래의 체중으로 되돌아간다. 이런 현상을 요요현상이라고 한다. 식이요법을 끝내고 다시 정상 식사로 되돌아오면 인체는 빠른 속도로 원상 복구하려고 한다. 이는 인체가 현재 상태를 '영양분을 빼앗긴 상태'로 인식하고 그 동안 줄어든 지방조직을 원상태로 복구하려는 자기 방어적인 생리현상을 일으키는 것이다. 이러한 과정은 수개월에서 수년 동안 일어나므로 지속적인 식사요법이 필요함을 의미한다. 이때부터 인체는 남아도는 영양분은 모두 지방세포에 보내서 지방조직을 키우는데 전력을 기울이므로 식이요법을 중단하면 빠른 속도로 다시 비만해지게 된다. 그러므로 그 동안의 '체중을 줄이기 위한 다이어트'에서 이제는 '정상 체중의 유지를 위한 다이어트'로 전환하여 다이어트와 운동을 계속해야 한다. 완전히 체중이 안정될 때까지는 적어도 2년 이상 걸리며 평생 동안 계속한다는 생각을 가져야 한다.

효과적인 감량 포인트

비만증치료의 중요타켓은 일상생활의 행동과 문제점을 그래프화한 체중일기를 쓰게 하여 환자 스스로 발견하여 수정하는 데 있다. 그로 인해 변화된 라이프스타일이 효과적인 감량과 비만증 치료의 장기적 지속을 가능하게 해 일상생활에 정착시키기 쉽고, 감량정도는 완만해도 요요현상이 잘 나타나지 않는 장기적 효과를 발생시킬 수 있다.

⑧ 살을 빼는 포인트

여러 연구와 조사를 통해 체중감량속도를 일주일에 0.5kg, 한 달에 최대 2kg 정도로 했을 때 건강상의 문제도 일어나지 않는다는 것은 알게 되었다. 이보다 더 빠른 감량과 무리한 감량계획은 건강상 다양한 장애를 일으킬 수 있으며, 체중감량에 실패할 가능성이 높고 요요현상으로 인한 건강장애나 거식증에 걸릴 위험성도 있다. 식이요법만으로 1주일에 0.5kg씩 감량하려면 매일 500kcal 이상 먹는 양을 줄여야 한다. 그러나 운동을 함께하면 칼로리 제한을 완화시킬 수 있어 보다 현실적인 감량계획이 될 수 있다.

BMI 간이20환산표

신장(cm) / 체중(kg)	150	152 12	154	156	158	160	162	164	166	168	170	172	174	176	178	180
44	20															
46	20	20														
48	21	21	20													
50	22	22	21	20	20											
52	23	23	22	21	21	20	20									
54	24	23	23	22	22	21	21	20	20							
56	25	24	24	23	22	22	21	21	20	20						
58	26	25	24	24	23	23	22	22	21	21	20	20				
60	27	26	25	25	24	23	23	22	22	21	21	20	20			
62	28	27	26	25	25	24	24	23	22	22	21	21	20	20	20	
64	28	28	27	26	26	25	24	24	23	23	22	22	21	21	20	20
66	29	29	28	27	26	26	25	25	24	23	23	22	22	21	21	20
68	30	29	29	28	27	27	26	25	25	24	24	23	22	22	21	21
70	31	30	30	29	28	27	27	26	25	25	24	24	23	23	22	22
72	32	31	30	30	29	28	27	27	26	26	25	24	24	23	23	22
74	33	32	31	30	30	29	28	28	27	26	26	25	24	24	23	23
76	34	33	32	31	30	30	29	28	28	27	26	26	25	25	24	23
78	35	34	33	32	31	30	30	29	28	28	27	26	26	25	25	24
80	36	35	34	33	32	31	30	30	29	28	28	27	26	26	25	25
82	36	35	35	34	33	32	31	30	30	29	28	28	27	26	26	25
84	37	36	35	35	34	33	32	31	30	30	29	28	28	27	27	26
86	38	37	36	35	34	34	33	32	31	30	30	29	28	28	27	27
88	39	38	37	36	35	34	34	33	32	31	30	30	29	28	28	27
90	40	39	38	37	36	35	34	33	33	32	31	30	30	29	28	28
92		40	39	38	37	36	35	34	33	33	32	31	30	30	29	28
94			40	39	38	37	36	35	34	33	33	32	31	30	30	29
96			40	39	38	38	37	36	35	34	33	32	32	31	30	30
98				40	39	38	37	36	36	35	34	33	32	32	31	30
100					40	39	38	37	36	35	35	34	33	32	32	31
102						40	39	38	37	36	35	34	34	33	32	31
104							40	39	38	37	36	35	34	34	33	32
106							40	39	38	38	37	36	35	34	33	33
108								40	39	38	37	37	36	35	34	33
110									40	39	38	37	36	36	35	34
112										40	39	38	37	36	35	35
114										40	39	39	38	37	36	35
116											40	39	38	37	37	36
118												40	39	38	37	36
120													40	39	38	37

3 식이요법의 대상, 목적, 치료식단의 종류 및 효과

식이요법의 목적은 소비에너지량보다 섭취에너지량을 적게 만드는 것이다. 비만 증 치료에서 체중을 줄이고 체지방량을 경감시키기 위해 식이요법은 가장 기본이다. 또한 주목적은 비만에 의한 질환의 개선이다. 식이요법을 실행하려면 식이요법의 대상, 목적, 치료식단의 종류, 효과 등을 알아야 한다.

1_ 식이요법의 대상

단순히 비만이라는 이유만으로는 식이요법의 대상이 될 수 없다. 식이요법에는 의학적인 필연성과 타당성이 필요하다. 과도한 식사제한에 의한 건강장애가 나타나는 일은 최근 많은 젊은 여성들에게 일어나고 있다.

2_ 식이요법의 목적

식이요법의 궁극적 목적은 단순한 체중감량이 아니라 비만 때문에 일어나는 다양한 질환을 체중감량으로 개선하는 데 있다. 식이요법을 진행할 때에는 지방세포의 질적이상 혹은 양적이상에 의한 비만증의 두 가지로 나누어 각각의 증상을 개선하도록 비만증 치료식단을 구분하여 사용한다.

식이요법의 목적

지방세포의 질적 이상에 의한 비만증	내장지방을 감소시켜 내당능장애 · 2형 당뇨병, 지질대사 이상, 고혈압, 고요산혈증 · 통풍, 지방간 등의 증상을 개선하고 관상동맥질환이나 뇌경색의 예방을 꾀한다.
지방세포의 양적 이상에 의한 비만증	체지방량을 큰 폭으로 감소시켜 뼈 · 관절질환, 수면무호흡증 · Pickwick 증후군, 월경 이상 등을 개선한다.

3_ 치료식단의 종류

비만증치료식단은 5단계로 나누며 1일에너지 섭취량별로 세분화하여 1일 1,800~1,000kcal 사이에서 200kcal씩 줄어드는 식단과 1일 600kcal 이하의 초저칼로리다이어트 식단이 있다.

비만증치료식단의 분류

분류	1. 비만증 치료식단	2. 초저칼로리다이어트(VLCD)
섭취에너지(kcal/1일)	1,800 1,600 1,400 1,200 1,000	≦600

※ 1일 1,000kcal 미만의 치료식단에서는 별도의 단백질, 비타민, 미네랄을 보충해야 한다.
요요현상 방지를 고려한 초저칼로리다이어트 혹은 요요현상 발생에 신경을 써야 한다.

위의 표와 같이 5단계의 구성 중 1일 에너지 섭취량이 1,600~1,800kcal이면 되는 것이 아니라 정확히 1,800kcal의 비만증치료식단을 사용한 결과 1~6개월 사이에 체중이 4~15%, 내장지방면적은 15~50% 감소되었다는 보고가 있다.

초저칼로리다이어트

1일 섭취에너지량이 600kcal 이하인 비만증치료식단을 초저칼로리다이어트(very low calorie dier : VLCD)라 한며, 초저칼로리다이어트는 큰 폭의 체중감량과 건강장애 개선을 신속하게 할 필요가 있는 비만증에 적용하는 식단이다. 1일 370kcal까지 섭취량을 줄이더라도 평소의 식사형태를 유지할 수 있으므로 요요현상을 피하기 쉬워진다는 이점이 있고 단백질수치가 높은 식재료나 야채류, 해초류, 버섯류 등 저에너지이면서 식이섬유가 풍부한 재료를 많이 사용한다는 특징이 있다. 그러나 VLCD요법에도 부작용이 많이 있으므로 비만증전문시설에 입원하여 그 관리 하에서 실시해야 한다.

4_ 식이요법의 효과

식이요법의 실시간은 약 3개월을 한 구간으로 하며, 중요한 것은 3개월 간의 치료가 끝날 때마다 지방세포의 질적이상에 의한 비만증은 내장지방면적의 감소, 검사치의 개선에 대한 평가를 해야 한다. 체중을 몇 kg 감소시킨 것만으로 당대사나 지질대사의 이상, 고혈압 등이 눈에 띄게 개선된다. 첫 목표는 3~6개월 간 BMI로는 2kg/m^2, 체중 5kg을 감소시키는 것으로 잡는다.

비만증 치료식의 효과 판정

1. 지방세포의 질적 이상에 의한 비만증	① 체중 · 허리둘레의 5% 감소 ② 내장지방면적의 감소 ③ 검사치 등의 개선
2. 지방조직의 양적 이상에 의한 비만증	① 체중의 5~10% 감소 ② 체지방량의 감소 ③ 자각증상 등의 개선

소비에너지량보다 섭취에너지량이 적도록 조절하는 것이 기본인 식이요법을 실시하는 방법은 체지방 1g이 약 7kcal의 에너지에 해당하므로 1일 섭취에너지 700kcal를 줄이면 하루에 100g을 감량할 수 있고, 1개월이면 3kg의 체중이 감소하게 된다.

비만증치료식단의 내용은 BMI 수치에 따라 결정한다. 감량이 멈추거나 증상이 개선되지 않으면 재검토하여 보다 낮은 치료식단으로 대체하고, 식이요법과 동시에 운동요법, 약물요법, 행동요법 등의 병용도 검토한다.

지방세포의 질적이상에 의한 비만증인가 양적이상에 의한 비만증인가의 여부에 따라 적용할 비만증치료식단의 종류를 결정하여 BMI가 25 이상, BMI가 30 미만이고 건강장애가 있는 비만인, 내장지방면적이 100cm^2 이상은 지방세포의 질적 이상에 의한 비만증환자로 분류하여 약한 1,800~1,200kcal/일의 비만증치료식단을 사용하고 BMI가 30 이상이면 보다 엄격한 1,400~1,000kcal/일의 비만증치료식단을 사용한다.

일일총에너지섭취량 구하는 방법은

① 이상체중(이상체중(kg)=신장(m)×신장(m)×22)을 계산한다.
② 이상체중 1kg당 25kcal, 20kcal를 기준으로 일일총에너지섭취량을 계산한다.
(지방세포의 질적 이상에 의한 비만증은 25kcal, 지방세포의 양적이상에 의한 비만증은 20kcal)
③ 구해진 일일총에너지섭취량에 따라 비만증치료식단을 결정한다.

신장 160cm, BMI 28인 사람의 예

1,600kcal/1일의 비만증치료식단 사용 여부를 검토한다.
이상체중 = 1.6×1.6×22 = 56.32.kg
일일총에너지섭취량 = 56.32 × 25 = 1,408(100 이하 반올림)
비만증치료식단은 1,400kcal/1일로 한다.

일일총에너지섭취량 결정시의 주의점은 앞서 소개한 수치만 사용하면 여러 문제점이 발생하게 되므로 여러 상황을 종합적으로 판단하여 개개인에 맞는 일일총에너지섭취량을 정하는 것이 중요하다. 일일총에너지섭취량을 정할 때에는 고령자인지 성장기의 어린이인지, 남성인지 여성인지, 일이나 운동량이 얼마나 되는지 또한 신장, 체중, 활동량 등을 등의 개개인의 배경을 종합적으로 고려하여 일일 총에너지섭취량을 결정해야 한다.

초저칼로리다이어트는 BMI 30 이상이거나 급속한 감량이 필요한 비만증환자는 1,000~1,400kcal/1일의 비만증치료식단으로 시작하나 필요하다면 600kcal/1일로 섭취량을 제한하는 엄격한 초저칼로리다이어트를 해야 한다. 초저칼로리다이어트는 비만증 전문시설에 입원하여 그 관리 하에서 실시해야 한다.

5_ 영양소의 배분

여러 상황을 종합적으로 판단하여 개개인에 맞는 일일총에너지섭취량을 산출하고 나면 비만증치료식단을 결정하여야 한다. 필요한 영양소가 부족해지지 않도록 각각의 영양소를 배분하되 비만증의 식이요법은 단백질을 많이 넣고 지질을 억제하는 것을 기본으로 한다.

우리나라 사람들은 서양인에 비해 탄수화물섭취량은 많고 지질섭취량은 적은 식사특징을 가지고 있다.

비만증치료식단의 영양소 설정

1. 단백질	표준체중×1.0~1.2g/1일
2. 지질	20g/1일 이상(40g/일이 상한)필수지방산 확보
3. 탄수화물	100g/1일 이상
4. 비타민, 미네랄	필요량 확보

4 기초대사와 비만의 관계

1_ 에너지 밸런스와 체지방량의 조절기전

① 에너지 및 영양소 섭취현황

최근 비만인이 급증하고 있는 상황에서 섭취칼로리의 상황부터 영양소에 관한 기본지식에 대해 알아보기로 한다.

제4기 1차 년도(2007) 질병관리본부의 '2007국민건강통계'에서 우리나라 사람들의 에너지섭취량은 1,810kcal이며, 영양소별 에너지섭취분율은 단백질 14.7%, 지방 18.4%, 탄수화물 67.0%로 나타났다. 에너지섭취량에 가장 기여가 큰 식품군은 곡류(975.1kcal), 육류(155.1kcal), 음료 및 주류(121.0kcal)가 그 다음이었다. 단백질 역시 곡류(19.2g), 육류(14.6g), 어패류(10.2g)로 섭취하고 있었다. 지방은 육류, 곡류, 유지류 순이었다.

칼슘의 주요 급원은 채소류, 유류, 어패류, 콩류의 순이었다. 인은 곡류로부터 섭취하는 양이 가장 많고 그 외 다양한 식품군으로부터 공급받고 있으며, 나트륨의 주요 급원은 조미료류와 채소, 칼륨과 철은 채소류와 곡류, 비타민 A는 채소류, 과일류, 조미료류(고춧가루 등)가 크게 영향을 미쳤으며, 티아민(thiamine)은 곡류와 육류, 리보플라빈은 곡류, 육류, 유류에서 섭취하는 양이 많았다. 나이아신(niacin) 역시 곡류, 육류, 어패류에 의한 섭취량이 높았으며, 비타민 C 섭취에는 채소류, 과실류에서 많이 섭취하지만 감자 및 전분류에 의한 섭취량도 높은 편이었다. 한편 성별 에너지섭취분율의 차이점을 보면 남자는 단백질 및 지방이, 여자는 탄수화물급원이 상대적으로 높았다. 한편, 지방으로부터 섭취하는 에너지분율은 최근 10여년간 큰 변화없이 20% 수준을 유지하고 있다.

미국(NHANES, 1999~2002)의 에너지섭취량은 1일 평균 2,153kcal로 우리나라 1일 평균 1,810kcal 보다 약 300kcal 많으며, 탄수화물로부터 섭취하는 에너지분율이 51.7%인 반면 지방급원 에너지섭취율은 32.9%로 우리나라, 단백질 14.7%, 지방 18.4%, 탄수화물 67.0%와 차이가 있었다. 칼슘을 비롯하여 전반적인 영양소섭취량은 우리나라가 낮았으나 나트륨은 미국보다 1,000mg 이상 높았다.

② 소비에너지와 비만의 관계

인체가 소비하는 에너지는 기초대사, 식사유도성열생산, 활동대사의 3가지로 나뉜다. 이들 중 일반적으로 소비량이 큰 것은 기초대사에 사용되는 에너지이다. 일일소비에너지 중 60~70%가 기초대사에, 30~40%가 활동대사에 사용된다. 기초대사량은 연령에 따라 증가(남성은 15~17세, 여성은 12~15세 때 절정)하였다가 성인 이후 점점 감소하는데 특히 50세 이후가 현저하게 저하된다. 다만 기초대사량은 연령이나 성별에 의한 차이 및 개인별 차이가 크다. 연령별·성별 기초대사량은 아래 표와 같다.

연령별 · 성별 기초대사량 (단위=kcal/일)

연령(세)	남	여
1~2	700	700
3~5	900	860
6~8	1,090	1,000
9~11	1,290	1,180
12~14	1,480	1,340
15~17	1,610	1,300
18~29	1,550	1,210
30~49	1,500	1,170
50~69	1,350	1,110
70 이상	1,220	1,010

기초대사량의 개인차는 기초대사량을 좌우하는 최대요인은 근육량이다. 체중에서 체지방을 제외한 체중의 대부분은 근육이 차지하고 있다. 근육량이 많을수록 기초대사량은 많아지고 체지방량이 많을수록 기초대사량은 적어진다. 근육 속, 근육세포가 지방세포보다 활동이 활발하여 보다 많은 에너지를 소비하기 때문이다. 일반적으로 근육량 많은 남성이 여성보다 기초대사량이 많은 이유는 바로 이 근육량의 차이 때문이다. 그 외에 교감신경의 작용이나 외부기온 등도 기초대사량을 좌우하는 요인이 된다.

30대 이후부터 근육의 양이나 기능이 저하되기 시작하면 에너지소비량이 감소하기 때문에 기초대사량도 점점 감소하게 된다. 그러나 근육량을 유지하거나 증가시키기 위해서 규칙적인 운동을 하면 근육량을 유지하고 기초대사량 저하를 막을 수 있다.

기초대사량 산정 공식 Harris-Benedict Equation(B.E.E) 방법

남자 : 66.47 + (13.75×체중) + (5×키) - (6.76×나이)
여자 : 655.1 + (9.56×체중) + (1.85×키) - (4.68×나이)

연령별 · 성별 기초대사량 (W는 체중(kg), 단위=kcal/일)

연령(세)	남	여
1~2	35.8W±289	36.3W±270
3~5	33.0W±357	31.2W±344
6~8	34.3W±247	32.5W±224
9~11	29.4W±277	26.9W±267
12~14	24.2W±324	22.9W±302
15~17	20.9W±363	19.7W±289
18~29	18.6W±347	18.3W±272
30~49	17.3W±336	16.8W±263
50~69	16.7W ±301	16.0W±247
70 이상	16.3W±268	16.1W±224

체내의 지방세포에는 지방, 근육에는 단백질, 간이나 근육에는 글리코겐의 형태로 에너지를 쌓아두었는데 공복일 때나 절식 중에도 생명활동을 유지할 수 있도록 신체의 에너지원으로 사용된다. 이들 3종류의 에너지원 중 지방조직이나 간세포 내에 존재하는 지방이 가장 효율적인 형태로 축적되어 있다가 절식 때 특히 중요한 에너지원이 된다.

포도당은 뇌나 적혈구 등이 정상적으로 기능하는데 필수적인 에너지이다. 이 포도당의 혈액 속 농도 즉, 혈중포도당(글루코스)농도를 혈당치라 한다. 그러므로 절식이나 기아상태에서도 일정수치 이상의 포도당 유지가 반드시 필요하다.

혈당치를 유지하기 위한 에너지원은 식후에는 소화기관에서 혈중으로 흡수된 탄수화물로, 공복상태에서는 간에 축적되었던 글리코겐(축적량이 많지 않아 금방고갈)으로 절식, 다이어트, 기아상태일 때는 지방조직에 있는 지방이나 근육에 있는 아미노산이 간에서 포도당으로 전환되어 혈당치를 유지해 준다.

지방과 단백질 중에서 장기에너지원으로 효율적인 것은 지방이며, 또한 근육을 구성하고 있는 단백질은 결코 에너지원으로 소비되기 위해 존재하는 것이 아니다.

③ 체지방량의 조절기전

㉠ 중추에서의 식욕조절

인체는 유전자에 의해 체중을 일정하게 유지시키기 위해 체지방량을 증감시키며 조절한다. 체지방량은 식욕과 에너지소비의 밸런스에 영향을 받는다. 식욕의 촉진이나 억제는 시상하부(중추성식욕조절기구 중 1차중추라 하며)와 대뇌겉질(중추성식욕조절기구 중 2차중추)로 구성된 조절기구에서 컨트롤하고 있는데, 시상하부에는 시상하부가쪽구역(lateral hypothalamic area : LHA, 외측시상하부구역)에 부분적으로 존재하는 섭식중추와 배쪽안쪽시상하부핵(ventromedial hypothalamic nucleus : VMH, 시상하부 복내측핵)에 존재하는 포만중추의 상호작용에 의해 제어된다. 중추성식욕조절기구 중 1차중추인 시상하부의 섭식중추와 포만 중추는 생존을 위한 기본적인 욕구로서 의식행동을 조절하는 중추이다. 섭식중추인 LHA를 자극하면 섭식행동을 개시한다. 반대로 포만중추인 VMH를 자극하면 동물은 섭식을 중지하고 파괴하면 과식을 일으켜 현저한 비만상태가 된다. 한편 중추성식욕조절기구 중 2차중추는 대뇌겉질의 연합구역에 존재하며, "오늘부터 다이어트해야지"라는 결심이나 "요즘 살쪘네"라는 말에 과민반응하는 등 인간의 정서에 영향을 받아 1차중추에 의해 조절되는 식사행동에 작용한다. 즉 1차중추가 2차중추에 영향을 주어 섭식중추인 LHA는 연합구역에 정(+)의 신호를 보내 섭식을 유발한다. VMH는 억제신호를 LHA에 보내서 섭식행동을 억제한다. 말초에서 중추로 가는 신호전달을 구심성식욕전달기구라고 하며, 말초에서 오는 식욕에 관한 정보를 감지하기 위한 중추는 주로 시상하부의 1차중추인 LHA와 VMH에 존재한다. 이 1차중추에 이르는 말초에서 온 신호에는 신경세포인 뉴런을 통해 중개되는 신경성전달과 순환혈류를 통해 전달되는 체액성전달의 2가지가 있다.

㉡ 렙틴의 에너지 소비증대 효과

지방세포에서 분비되는 렙틴은 자신의 몸에 얼마나 체지방이 있는지를 중추로 전달하면 중추는 렙틴의 농도를 체크하여 체지방량을 조절한다. 일반적으로 렙틴의 혈중농도는 밤부터 이른 아침 동안에 높아졌다가 식사 전후에는 변화가 없다.

살을 빼기 위해 다이어트를 할 때 먹는 양을 줄이면 체중이 줄지만 동시에 근육도 감소하고 마는 것을 자주 경험한다. 그러나 렙틴을 투여하면 섭취량이 줄어 체중은 줄지만 근육 등의 활성조직량은 그대로 보존된다. 렙틴의 다이어트 효과는 체지방조직만 감소시킨다는 특징이 있다. 렙틴은 식욕억제뿐만 아니라 에너지소비를 증대시켜 신체의 에너지수치가 현저하게 감소하며, 강력한 체중감소 효과를 발휘한다.

㉢ 소화기관에서 나오는 포만감 신호

위나 간 등의 말초장기에서 중추로 보내지는 식욕조절신호에 의한 식욕조절은 말초장기에 분포하는 신경계를 통해 이루어지기 때문에 신경성식욕전달기구라고 불린다. 이 조절은 내장에 분포하는 미주신경이 중추에 보내는 구심성 신호에 의해 이루어진다.(예 : 음식이 위에 들어가 위벽을 신전시키면 포만감을 유발, 반대로 공복 시 위가 수축하면 식욕을 자극) 또한 씹는 행동이 신경계를 통해 섭식중추에 신호를 보내기 때문에 많이 씹는 동작으로도 포만감이 유발되며 간에도 신경성식욕전달기구가 있어 작은 창자에서 흡수된 영양소가 문맥을 통해 간으로 가는데 이 문맥이라는 커다란 정맥에 글루코스(포도당)나 고칼로리의 물질을 투여하면 동물은 섭식행동을 멈추고 글루코스 흡수를 저해하는 물질을 투여하면 섭식행동이 촉진된다. 이러한 위벽의 기계적 신전이나 간의 글루코스 수용기로 감지되는 내장 정보는 그 내장에 분포되는 미주신경의 구심로를 통해 숨뇌(연수)에 입력되어 시상하부의 LHA나 VMH에 전달되는 것이다.

㉣ 포도당에 의한 포만감

혈액 속을 흐르는 액체성 물질을 통해 말초에서 중추로 보내지는 식욕조절신호를 체액성식욕전달기구라 하며, 작용하는 대표적인 물질이 글루코스(포도당)이다. 글루코스는 세포의 에너지원으로서 중요한 역할을 담당하고 있으므로 필요에 따라 혈당치(혈중글루코스농도)를 유지한다. 동물의 행동수준에서 당류는 단맛으로 인식되어 쾌감을 유발시키는 섭식 행동을 부른다.

포만중추인 VMH에는 글루코스농도에 따라 뉴런활동이 상승하고 섭식중추인 LHA에는 글루코스에 의해 활동이 억제되는 글루코스수용뉴런이 존재하여 섭식에 의해 혈중 글루코스농도가 상승하면 글루코스수용뉴런은 흥분하고 글루코스 감수성뉴런은 억제되어 그 결과 섭식행동이 억제된다.

글루코스 이외에도 기아나 공복 시에 증가하는 유리지방산이나 케톤체, 호르몬 중 인슐린, 글루카곤, 에스트로겐, 공복 시 또는 만복 시에는 다양한 대사산물이나 호르몬 등의 체액성물질이 체액성식욕전달기구에 관여하여 농도변화를 일으킨다. 그 농도변화가 글루코스수용성뉴런과 글루코스감수성뉴런의 활동에 작용하여 식욕을 조절하게 된다.

포만감을 느끼게 되는 원리-식욕조절 중추의 작용

사람은 공복감을 느낄 때 이외에도 음식이 눈앞에 있거나 식습관, 건강상태, 감정이나 계절 등 환경인자, 사회적 상태 등에 의해서도 섭식행동이 유발될 수 있다. 식욕은 다양한 내부환경(대사성)인자나 고차원적 뇌기능(인지성)인자들에 의해 발현되는 것으로 규정될 수 있다. 뇌의 시상하부는 대사설조절의 주체로 생체내의 여러 장소에서 수집된 내외계의 환경변화정보를 통합하는 곳이다. 렙틴(leptin)과 같은 호르몬이나 혈당 등 액체성 정보도 혈류를 따라 혈액·뇌관문을 통해 시상하부에 전달된다. 혀의 미각, 씹는근육(저작근)으로 생기는 입 속의 고유감각이나 소화기관의 내장감각정보도 신경을 통해 뇌로 전달된다. 동기여부나 기억을 통해 나타나는 고차원 기능에 관여하는 정보도 대뇌겉질연합영역이나 해마에서 오는 것이다. 이렇듯 다양한 정보가 통합되어 식욕이 종합적으로 형성되는 것이다.

㉤ 뇌 속의 아미노에 의한 식욕조절

시상하부 속의 신경전달물질인 세로토닌, 카테콜아민, 도파민, 히스타민 등 여러가지 아미노산(amino) 종류도 신경활동을 조절하며, 섭식행동에 영향을 미친다.

이 뇌 속의 아미노기구를 타겟으로 항비만약으로 처방되고 있는 중추성식욕억제제는 약리학적으로 아드레날린 작동성과 세로토닌 작동성의 2가지로 크게 분류할 수 있다. 세로토닌의 작동경로를 활성화시키면 식욕이 억제되고 시상하부안쪽의 아드레날린 수용체를 활성화시키면 식욕이 촉진된다.

그리고 시상하부가쪽의 아드레날린수용체나 도파민수용체를 활성화시키면 식욕이 억제된다.

㉥ 식욕억제와 체지방량

하루 중 여러 번의 식사량에 따라 단기적 포만감이나 공복감을 조절하는 것은 말초조직에서 오는 여러 신호가 시상하부에 전달되어 식욕이 조절되는 것이다. 여기에는 미주신경을 통해 내장에서 보내는 것, 혈중글루코스(포도당)농도의 변화에 의해 전달되는 것, 혈액 속을 흐르는 호르몬 등처럼 체액성물질을 통해 말초에서 중추까지 가는 식욕조절 신호도 있다.

5 영양소 섭취상의 주의점

1_ 단백질

단백질은 인체에 필요한 아미노산을 공급하므로 양질의 단백질보충은 필수이다. 하루에 필요한 단백질량(이상체중×1.0~1.2g)을 확보하여 그 중 동물성단백질비(총단백질량 중 동물성단백질의 양)가 45~50%가 되도록 하여야 한다. 단백질의 필요섭취량이 부족해지면 체단백질이 붕괴될 위험이 있다. 저단백상태가 지속되면 골다공증, 빈혈, 무월경 등의 증상이 나타날 가능성이 높다.

2_탄수화물

에너지효율의 원활화를 위해 탄수화물은 80~100g/일을 확보해야 한다. 그러나 1,000kcal/1일 이상의 비만증치료식단에서는 탄수화물이 부족한 경우는 없다고 봐도 무방하다.

3_ 지질

하루에 필요한 필수지방산은 2g이다. 그런데 하루에 필요한 단백질이 확보된다면 동시에 지질을 15g 정도 섭취할 수 있으므로 필수지방산이 부족해지지는 않는다. 단지 섭취에너지의 감소를 위해 저지방식을 하는 것이고 관상동맥질환의 위험인자가 줄어든다는 이점도 있다.

4_ 비타민과 미네랄

하루섭취에너지량이 1,000kcal 미만인 비만증치료식단에서는 부족해지기 쉬우므로 별도의 비타민류, 철, 칼슘, 마그네슘 등의 보충이 필요하다.

6 식이요법 실시상의 주의점

고지혈증, 고혈압, 고요산혈증 등이 나타난 경우에는 비만증치료식단 뿐만 아니라 각각의 질환에 맞는 식이요법을 병행해야 한다.

V LCD요법의 주의점

VLCD요법은 1일 섭취에너지량이 600kcal 이하인 치료식단을 사용하는 것이다. 현재 사용되고 있는 VLCD는 함유 에너지가 300~450kcal/1일로, 양질의 단백질 30~70g/1일과 탄수화물 30~45g/1일을 주성분으로 하여 필요량의 필수지방산, 비타민, 미네랄, 전해질 등을 더한 것이 일반적이다.

Chapter 09 운동요법

1 운동요법의 정의

1_ 운동요법의 정의

최근 어떻게 사는 것에 대한 초점은 '건강하게 사는 것'으로 맞춰지고 있다. 건강하게 살기 위해서 어떻게 해야 하는지에 대해서 무수히 많은 방법들이 나오고 있다. 그중 단연 손꼽히는 방법은 '운동'에 초점이 되고 있다.

현대인들의 생활은 매우 편리해지고 있으나 기계화된 생활의 사회적, 환경적인 변화로 인하여 과거에 비해 운동량이 매우 적어지고 있다. 최근 성인은 물론 신체활동이 왕성해야 하는 청소년, 소아에 이르기까지 운동부족 현상이 두드러지고 있으며, 이는 성인병과 소아 비만의 증가를 유발하고 그에 따른 문제점들이 대두되고 있다. 또한 비만은 물론이고 나아가서는 생명도 위협하고 있는 실정이다. 이에 건강한 운동은 매우 중요한 해결책이 되고 있으나, 시간이나 장소 등 여러 가지 이유로 인하여 그 중요성에 비해 실천의 증가가 매우 어려운 실정이다.

운동요법이라 함은 운동을 통하여 섭취에너지보다 소비에너지를 증가시켜 체중감소 및 체력을 향상시켜 건강을 증진 및 유지하는 것을 의미한다. 특히 운동은 체지방 감소에 매우 효과적으로 주요 목적은 내장지방형 비만의 해결에 있다.

특히 체중조절 시 규칙적인 운동을 하면 에너지 소모의 증가와 근육량의 사용으로 체지방 감소에 매우 효과적이다. 이에 운동을 시작할 때에는 자신의 몸의 상태를 확인해가며 걷기, 배드민턴 등 가벼운 운동으로 시작하여 점차 폐와 심장의 기능을 활성화시켜줄 수 있는 조깅, 등산, 스케이트, 휘트니스, 수영, 에어로빅 등의 운동으로 진행하는 것이 좋다. 일반적으로 운동을 할 때는 규칙적으로 하루에 약 40~50분 정도의 시간으로 주 3~5회의 운동을 하는 것이 매일 1시간 이상씩 주 7회의 과도한 운동을 하는 것보다 건강을 유지하는데 효과적으로 볼 수 있다.

2_ 운동요법의 효과

규칙적으로 운동을 하게 되면 에너지 소모를 통한 대사기능의 향상으로 인해 인체에 전반적인 기능이 향상될 수 있다. 운동으로 인한 운동요법의 대표적인 효과로는 식사량의 감소로 열량의 저하와 내장지방의 감소, 고혈압의 개선, 혈관벽 기능장애의 개선, 스트레스 해소 등의 효과도 볼 수 있다.

운동을 하면 대사가 왕성하고 합성이나 분해가 활발한 중성지방(트리글리세라이드)의 내장지방을 쓸 수 있게 된다. 또한 혈액 중의 중성지방을 저하시키고 고밀도지단백(high-density lipoprotein : HDL) 콜레스테롤은 상승시켜 혈압을 낮춘다.

운동은 스트레스해소에도 효과가 있어 체력이나 면역력이 향상될 뿐만 아니라 간과 근육의 글루타치온(glutathione) 합성을 촉진시켜 유해물질을 해독하고 강력한 항산화제 역할을 하게 하여 인체의 중요한 단백질이나 지질, DNA의 손상을 막아준다.

그 외에 식욕억제, 요요현상 예방, 순환기능 향상 등의 효과가 있으며, 운동요법으로 인해 특히 내장지방형 비만의 치료와 그로 인한 대사증후군의 개선에도 효과가 있다.

건강한 체중조절을 위하여….

① 체중조절에 알맞은 정보라고 판단되년 메모해 놓고 실천-체중조절 다이어리로 늘 옆에 가지고 다니면서 생활하기를 습관화해야 한다.

② 살을 빼고 싶은 사람은 살빠지는데 필요한 자신의 생활을 자연스럽게 고쳐갈 수 있는 정보, 방법 등을 적어 가는 것. 하지만 제중조질의 기본 원칙은 있다 해도 누구에게나 똑같은 방법이 적용되는 것이 아니며, 각자에게 맞는 다양한 방법이 있다.

③ '친구 따라 강남 간다'는 식의 다이어트는 이제 잊어버리고 21세기의 개개인의 개성에 맞춰 실천하기 쉽고 올바른 정보로 개인의 건강과 삶의 질을 증진시키는 맞춤형 다이어트전략을 각자 세워야 한다.

① 체중조절시 운동의 역할

체중조절에 필수

① 최근에는 건강증진에 운동이 매우 중요하다는 인식이 확산되어 운동을 생활화하는 추세이다. 운동은 식이요법 다음으로 체중조절에 필수적인 요소이다.
② 근육이 잘 발달되어 있으면 체중이 많이 나가도 균형 잡히고 건강해 보인다. 똑같은 체중이라도 밀도가 낮아서 부피가 큰 지방질이 많은 사람은 포동포동하게 보인다. 젓가락처럼 말라 체중이 적게 나가고 근육이 없으면 허약하게 보인다.
③ 특히 너무 말라서 팔 다리의 노출을 걱정하는 남학생이나 체지방분해를 해야 하는 비만인 모두 운동을 통해 건강한 체중조절을 할 수 있다는 사실에 주목해야 한다.

② 운동요법의 원칙

걷기, 달리기, 자전거 타기, 계단 오르기, 수영 등 산소 소비량을 증가시키며 팔다리의 큰 근육을 많이 사용하는 운동이 바람직하며 또한 좋아하는 운동을 하는 것이 효과적이다.

몸을 유연하게 하기 위해 운동 전후에 몸을 쭉 펴주는 것도 도움이 된다.

운동은 얼마나 격렬하게 하느냐 보다는 얼마나 꾸준히 하느냐가 더 중요하다.

처음 운동을 시작할 때는 이튿날까지 피로나 통증이 남지 않을 정도의 강도를 지닌 운동을 해야 한다.

가능하면 학교에 갈 때 걸어가기, 엘리베이터 에스컬레이터 대신 계단을 이용하기, 자동차 대신 자전거 타기 등 실제 생활속에서 활동을 증가시킬 수 있는 방법을 실천하는 것이 좋다.

장시간 텔레비전 보기, 장시간 컴퓨터 게임, 시간날 때마다 자주 눕는 행동습관 등을 줄인다.

③ 운동의 역할

태아가 엄마 뱃속에서 있을 때는 거의 골격근의 발달이 없다가 출산 후 움직이면서 골격근이 발달해서 뒤집고 기고 붙들고 서고 걷고 뛸 수 있게 된다.

우주조종사가 우주 탐사를 하고 돌아오면 운동부족으로 골격근이 퇴화해서 걷지도 못하므로 최근에는 우주선 속에서도 운동을 하도록 하고 있다. 병원의 장기입원 환자(hospitalization ; hospitalized patients)는 오랫동안 병상에 누워 있으면 퇴원 시 제대로 걷지 못할 정도로 골격근이 퇴화된다. 빈둥빈둥 누워서 지내기를 좋아하는 사람은 점점 근육이 퇴화하고 근육이 부족하면 소모하는 에너지가 줄게 되어 체지방이 늘어서 비만이 된다.

운동은 그 자체로 에너지를 소모해주는 효과 외에 체지방의 분해를 도와주는 글루카곤이라는 호르몬 분비를 촉진해서 저장된 지방을 연소시켜줄 수 있다.
하지만 운동 전에 단 음료나 군것질 등으로 혈당이 올라가서 인슐린이라는 호르몬의 혈중 농도가 높으면 지방합성을 촉진하는 인슐린 존재하에서 글루카곤은 지방분해를 촉진하는 효과가 나타나기 어렵다.
그러므로, 체지방의 분해를 목적으로 운동을 할 경우에는 식사나 간식 전에 운동을 하는 것이 바람직하다.
운동은 저열량식으로 근육이 분해되어 잃어버리게 되는 탄력을 유지해주고 근육의 손실을 막아줌으로써 체중감소에 따른 건강의 손실을 막아준다.
오랜 저열량식의 결과 칼슘부족으로 인한 골다공증이 중년 이후에 나타날 수 있는데 운동은 뼈를 튼튼하게 해주는 효과도 있어서 골다공증의 예방에도 좋다.

3_ 운동의 강도

① 운동 강도

운동을 할 때는 운동의 질적사항인 강도와 유형, 양적사항인 빈도, 시간, 기간의 요인을 구체적이고 체계적으로 고려하여 개인에 맞게 선택하는 것이 매우 중요하다. 이중 신체의 건강상태와 연결이 높은 운동의 강도는 매우 중요하다. 체중조절이나 비만을 해소하기 위해서는 에너지를 소비할 때 지방을 에너지로 사용하는 것이 매우 중요하며, 운동의 강도에 따라 에너지원의 선택이 달라지기 때문에 운동의 강도를 잘 활용해야만 효율성 있는 체중조절과 비만관리를 할 수 있다. 운동을 선택할 시에는 운동 강도가 심폐기능에 부담이 되지 않는 범위 내에서 안정성과 유효성이 있어야 한다. 일반적으로 최대 산소 섭취량(VO2 max) 또는 최대 심박수(maximal heart rate)를 기준으로 운동 강도를 결정하며, 대략 최대산소섭취량의 55~80%, 최대 심박수의 60~85%가 효과적이다.

- 저강도(40~50% VO2 max) : 낮은 힘을 내며, 충분한 산소가 필요하다. 지방과 약간의 탄수화물이 산화되며 피로가 느리다.
- 중강도(50~70% VO2 max) : 중간 정도의 힘을 내며, 중간 정도의 산소가 필요하다. 탄수화물과 지방이 산화되며, 장시간의 피로를 유발한다.
- 고강도(70~120% VO2 max) : 높은 힘을 내며, 산소가 필요하지 않다. ATP를 고갈시키며 피로가 빠르다.

체중조절과 비만관리에 사용되어야 할 주요 에너지원인 지방이 운동 중에 유효하게 사용되기 위해서는 당(글루코스)에 비해 시간이 걸린다. 또 지방을 태우기 위해서는 당에 비해 많은 산소가 필요하기 때문에 일반적으로 단시간의 고강도의 운동들은 주로 근육 속의 고에너지 인산계(ATP-CP계)나 당이 이용되고 지방은 대부분 사용되기 어렵다. 즉, 지방을 잘 사용하려면 비교적 저강도의 운동을 장시간 하는 것이 훨씬 더 효과가 있다.

안정 상태에서의 당과 지방의 이용 비율은 거의 50%씩이지만, 운동 강도의 상승에 비례해 단위시간당 소비되는 에너지량은 증가하기 때문에 운동 강도 60%까지는 지방 이용량이 증가하게 된다.

규칙적으로 운동하는 사람은 운동하지 않는 사람에 비해 안정 시의 심박출량이 약 2배 가량 증가한다. 또한 규칙적으로 운동할 때는 근육에서 유리지방산이 사용되고, 운동 후의 산물인 젖산(lactate)의 생성은 감소한다. 즉 근육에서 지방의 이용과 산화능력이 증가된다. 이런 결과로 지방대사가 늘기 때문에 자연히 혈당 및 혈중 지방이 낮아지며 지방의 연소로 저밀도 콜레스테롤을 줄이고 고밀도 콜레스테롤을 증가시켜 준다. 이는 콜레스테롤의 혈관 내 침착을 막아 관상동맥 질환을 예방하고 고혈압, 당뇨병, 뇌졸중 등을 예방하는데도 도움이 된다.

운동 시 에너지원으로 저강도 운동에서는 지방을 이용하지만 고강도의 운동에서는 글리코겐을 이용하게 된다. 운동 강도가 높아지면 지방의 소모가 줄어들고, 운동시간도 1시간 이상 하게 되면 운동으로 인하여 오히려 식욕이 자극되어 체중감량은 어렵게 되며, 음식 섭취량이 증가되어 체중이 증가하는 경우가 생길 수 있다. 따라서 30분~1시간 정도의 저강도 운동은 식욕의 증가 없이 열량을 소모할 수 있으며, 운동 시 카테콜아민이라는 호르몬이 분비되면서 열이 발산되기 때문에 식욕의 감소 효과도 얻을 수 있다.

운동의 종류에 상관없이 운동의 강도가 높아지고 운동시간이 길어지면 글리코겐의 사용량은 증가되며, 보통 최대 산소 섭취량의 65% 이상의 활동에는 글리코겐이나 탄수화물이 사용되고 운동의 강도가 약하고 운동시간이 길어지면 지방을 연료로 사용되게 된다. 따라서 지방의 연소를 통한 체중 감량을 할 경우에는 저강도로 1시간 이내의 운동을 하는 것이 가장 좋다.

심장은 안정 상태에서 1분당 약 5 L의 혈액을 전신으로 보내며, 심박수에 비례한다. 따라서 심박수가 2배가 되면 공급되는 산소량도 2배로 늘어난다. 그러나 아무리 격렬한 운동을 해도 어느 한도를 넘어서면 심박수는 증가하지 않는데, 그 수치를 최대심박수라고 하며, 최대심박수는 연령과 함께 저하하므로 '220-나이'이라는 식으로 구할 수 있다. 운동을 처음 시작할 때에는 최대 심박수의 50%의 운동강도가 적당하며 점차 익숙해져 운동 강도를 높일 경우 목표 심박수(THR : target heart rate)를 최고 심박수의 70% 수준으로 잡는 것이 좋다.

- 최대 심박수 = 220 − 나이(age)
- 목표 심박수(최고 심박수의 50%일 경우)=(220 − 나이) × 0.5
- 목표 심박수(최고 심박수의 65%일 경우)=(220 − 나이) × 0.65
- 목표 심박수(최고 심박수의 70%일 경우)=(220 − 나이) × 0.7

2 체중감량을 위한 운동의 3요소

체중감량을 위한 운동의 3요소로는 운동의 종류, 운동의 빈도, 운동의 시간을 들 수 있다. 운동의 3요소를 자신의 신체 상태와 건강 상태, 현재 체중, 목표 체중, 라이프스타일에 맞게 알맞게 선택하여 체계적인 계획을 세워 시행했을 때 성공할 수 있다.

1_ 운동의 종류 : 유산소 운동, 무산소 운동

유산소 운동은 저강도의 지속적인 운동으로 에너지원인 글리코겐과 지방을 연소시키는 원리로 적용되며, 근육 운동 시 산소를 이용하여 에너지를 얻는 운동으로 대체로 체지방 소모에 가장 효과적인 방법이며 누구나 쉽게 할 수 있는 운동이다.

그 대표적인 종류로는 걷기, 등산, 자전거 타기, 조깅, 계단오르내리기, 승마, 골프 등이 있으며 장시간 지속이 가능하다. 유산소 운동의 효과는 산소의 대량섭취로 모세혈관의 발달로 인해 혈액순환을 좋게 하고 심폐력과 지구력을 향상시킨다. 또한 근육, 골격, 인대를 강하게 하고, 유연성과 민첩성이 증가되며, 피로를 감소시키고, 면역기능을 강화시키며, 정신력을 건강하게 단련시켜 준다. 즉, 유산소 운동은 저강도의 지속성 운동은 산소유리기의 생성을 보다 낮추면서 미토콘드리아의 산소 호흡률을 증가시켜 심폐기능에 효과적이다.

무산소 운동은 무산소 대사과정을 통하여 운동에 필요한 에너지를 공급받는데, 근육 운동 시 산소를 사용하지 않고 몸 안에 저장된 포도당을 분해하여 즉각적인 에너지를 사용한다. 짧은 시간에 많은 힘을 발휘하는 운동으로 피로물질인 젖산을 유발한다. 따라서 심폐지구력 향상효과는 기대할 수 없고 혈압상승을 초래할 수 있으며 고혈압환자 등은 피해야 한다. 그 대표적인 종류로는 단거리 전력 달리기, 단거리 수영, 근육강화 운동, 웨이트트레이닝, 역도, 유도 등이 있으며 단시간 밖에 지속하지 못한다. 무산소 운동의 효과로는 근력 강화가 있다. 그러나 무산소 운동은 짧은 시간동안 고강도의 운동을 통해 산소유리기의 생성을 늘리면서 미토콘드리아의 산소 호흡률을 감소시켜 산화스트레스를 증가시킬 수 있다.

일반적으로 체지방 감소를 위한 운동에서는 같은 강도일 경우 산소의 이용 때문에 무산소 운동보다 유산소 운동을 해야 칼로리 소모가 더 많다. 산소를 많이 섭취한다는 것은 에너지 소모량이 증가한다는 것으로, 포도당을 에너지원으로 사용할 때에는 산소

1L당 약 5.3kcal를 소모하지만 전체적인 에너지 사용을 고려해볼 때 산소 1L당 약 4.83kcal를 소모하게 된다. 또한 에너지원이 화학적으로 대사할 때에는 산소를 이용하여 물과 이산화탄소를 발생시키고 산소에 탄소를 붙여서 배출하므로 산소를 많이 사용할수록 체성분을 많이 줄일 수 있다.

① 유산소 운동

신체의 산소 소비량을 증대하는 운동법이다. 보통 30분 이상 지속 가능한 운동을 일컫는다. 유산소 운동은 지방을 에너지원으로 사용하며, 몸 안의 노폐물을 배출할 수 있기 때문에 모든 사람에게 아주 중요하고, 유용한 운동이다.

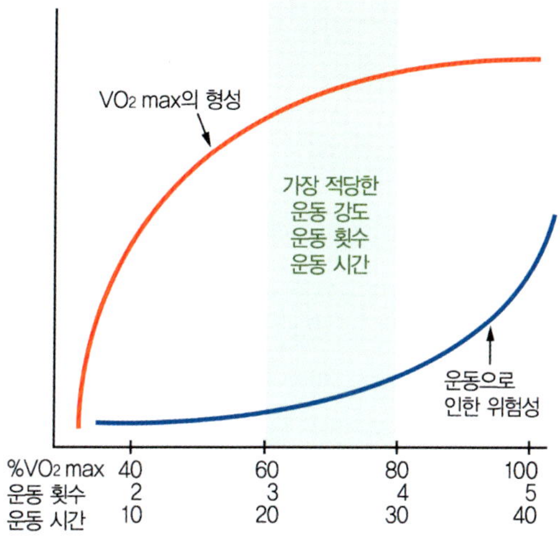

유산소 운동 강도에 따른 에너지원의 변화

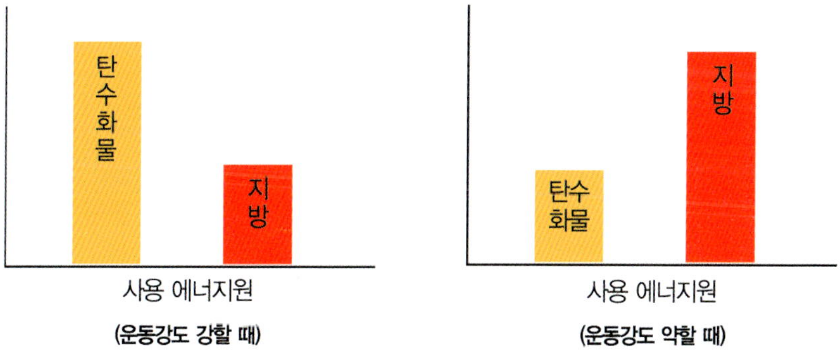

② 무산소 운동

힘이 들고 숨이 차서 오래 지속할 수 없는 형태의 운동이다. 산소 섭취량이 운동 시 필요한 ATP를 공급하는 데 소요되는 산소량에 미치지 못하기 때문에 이 기간 동안에는 운동에 필요한 대부분의 ATP를 공급하기 위해 ATP-CP와 젖산 시스템(해당계)이 작용한다.

TIP 유산소 운동의 신이론(유산소 + 무산소)

㉠ 단시간 심박수 상승 ⇒ 유산소 운동보다 3배 이상 지방 연소 효과

ⓐ 무산소 운동으로 심박수 상승 ⇒ 심박수 존 60~80% 증가(지방이 가장 잘 분해)

ⓑ 유산소 운동 10분 후 50% 상승

㉡ 심박수 증가 ⇒ 혈류량 증가 ⇒ 산소가 대량 공급 ⇒ 지방을 연소

ⓐ 심박수를 높여 대량의 산소를 보내 지방이 타기 쉬운 상태를 준비, 모세혈관까지 혈류가 좋아진다.

㉢ 체온 상승 ⇒ 지방분해 효소 리파아제가 활성화(0.5~1℃ 상승하면 활발하게 움직이기 시작)

ⓐ 지방세포를 분해해서 지방을 혈액 속으로 보낸다.

ⓑ 리파아제가 활성화되지 않으면 지방이 타지 않는다.

ⓒ 유산소 운동 : 리파아제가 활성화 되기까지 20분이 필요하다.

ⓓ 30초 단위 : 피로물질인 젖산이 32초에 축적되기 때문에 피로회복이 필요하다.

2_ 운동의 빈도

운동자의 신체상태, 운동능력 정도, 목적에 따라 달라져야 하며, 고강도의 운동을 매일 하는 것은 피로를 유발하며 건강의 손상이 우려될 수 있으므로 건강증진의 효과를 위해서는 1주에 3~5회가 적당하다. 또한 미국스포츠학회(ACSM)에서는 운동능력이 5METs 이상인 경우는 주에 약 3회 실시를 추천하였다. 즉, 주당 3~5회 운동을 일정 간격으로 유지하여 지속하는 것이 중요하다.

3_ 운동의 시간

체중감량을 위한 운동요법을 시행할 때에는 운동 후 처음 10~15분 동안에는 체지방이 유리지방산으로 분해되어 혈액으로 흘러들어간다. 이때는 준비단계이므로 최대심박수의 절반이 기준이 된다. 즉, 30세라면 '220~30'인 190이므로 그 절반인 95 정도의 맥박을 유지할 수 있는 준비단계(워밍업)가 좋다. 운동 후 15분 이상이 되면 혈액 중에 흘러간 유리지방산이 연소되기 시작한다. 이때는 최대심박수의 65~85%가 좋다. 즉, 30세라면 목표심박수가 '123~161'이 된다. 이때는 체내당질은 거의 연소되지 않고 체지방이 집중적으로 혈액으로 운반되어 연소된다. 운동을 마무리할 때는 다시 천천히 심박수를 낮추도록 조절한다. 심박수 모니터를 착용하지 않은 경우라도 시계를 이용하여 심박수를 잴 수 있다.

자신의 손목을 두 번째와 세 번째 손가락으로 가볍게 눌러 30초 간 맥박을 세어 2배하면 된다. 즉, 고강도의 운동을 짧게 하는 경우보다 저강도로 30분 이상 운동 시 유산소 운동으로 되므로 체지방 소모에 유리하다. 그러나 유산소운동의 경우 운동속도를 조금 증가시키는 것은 열량소비에 큰 도움이 되지 않으며, 여러 연구에 의한 결과에 의하면 목표 MET 강도로 30~40분의 운동이 가장 적절한 것으로 보여진다. 그러나 이는 운동하는 사람의 건강상태와 체력, 운동 목적을 고려해야 한다. 또한 운동을 위한 적정 시간으로는 하루 중 어느 때도 상관없으나 식사 후 2시간 후에 운동할 것과 운동 후에는 약 1시간 후에 식사 할 것을 권장하고 있다. 그러나 당뇨가 있는 경우 저혈당의 우려가 있어 식후 30분 후에 하는 것을 권장하고 있다.

예) 빨리 걷기나 그보다 높은 강도의 유산소운동을 1회 30~60분, 주 3~7회 실시한 경우 4개월 혹은 1년 동안 달성할 수 있는 체중감량은 약 2kg이라고 한다. 운동량을 더욱 늘리면 감량은 많이 할 수 있겠지만 통상적으로 비만환자가 처음부터 많은 운동을 하기는 곤란하다. 또한 감량 후 체중을 유지하면서 요요현상이 일어나지 않도록 하려면 매일 60~90분 정도의 빨리 걷기가 필요하다.

3 체중감량에 좋은 운동

체중감량에 대한 방법에 관하여 지금까지 많은 연구와 방법이 알려져 왔으나, 어떤 방법이건 단기간에 무리하여 감량하는 것은 몸에 이상을 초래하는 결과를 가져오기 쉽다. 운동을 통하여 생활 중에 습관이 되는 것이 가장 현명한 방법이며, 그 중 혼자서도 할 수 있으며, 장소와 시간에 구애 받지 않고 비용도 적은 대표적인 운동으로는 걷기와 달리기, 수영을 볼 수 있다.

1_ 걷기

걷기는 에너지 소비를 증가시키는 대표적인 유산소 운동으로 장기간 가능하며 건강을 향상시키면서 체중을 감량할 수 있는 운동이다. 운동 중 평소의 심박수가 최대심박수의 중간 정도가 되면 유산소운동으로 볼 수 있으며, 고강도의 매우 빠르게 달리기보다는 약간 빠르게 걷기가 해당한다. 일반적으로 효과가 있는 걷기의 정도는 매일 약 7~8km의 거리를 시간으로 환산하면 1시간 30분 정도이고 바쁜 현대인에게 이 정도 걷는 것은 어려울지도 모르나 무엇보다 중요한 것은 매일 조금씩이라도 걷기를 계속하는 것이다. 또한 동일 속도로 걸을 경우에는 뒤로 걷기가 앞으로 걷기에 비해 에너지 소비량이 더 높다.

걷기를 할 때 자세와 주의할 점은 다음과 같다.

① 등을 편다.

② 발꿈치부터 착지하여 엄지발가락, 둘째발가락 순으로 지면을 찬다.

③ 무릎을 편다.

④ 허리부터 당겨진다는 느낌으로 걷는다.

⑤ 등 근육을 의식하며 팔을 뒤로 당겨 리듬을 탄다.

걷기의 효과는 다음과 같다.

단기적 효과	장기적 효과	생리학적 효과
· 기분이 좋다. · 몸이 가벼워진다. · 스트레스해소 · 잘 잘 수 있다. · 변비 해소 · 식욕 증진 · 어깨통증이 개선된다. · 허리통증이 개선된다. · 심신이 상쾌해진다. · 일할 의욕이 생긴다. · 피로회복이 빨라진다.	· 혈압이 내려간다. · 체중 조절 · 끙끙대며 고민하지 않게 된다. · 숨이 차지 않는다. · 체력 향상 · 감기에 걸리지 않는다. · 성격이 밝아진다. · 사는 보람이 생긴다. · 규칙적인 생활 · 친구가 많아진다. · 행동반경이 넓어진다.	· 비만도 저하 · 혈중지방 저하 · 체지방 감소 · 혈압정상화 · 혈류상승 · 최대 산소섭취량 증가 · 심장근육효율 향상 · 호르몬분비 증가 · 동맥경화 개선 · 모세혈관 발달 · 심박출량 증가

2_ 조깅

짐 픽스(Jim Fixx)는 조깅을 가장 처음 고안한 사람이다. 그는 조깅을 마라톤과는 달리 건강을 위해 달린다는 취지의 운동방법으로 만들었지만 하루의 일과로 달리기를 하던 중 갑자기 심장마비를 일으켜 사망하였다. 그 후 조깅인구가 늘어나면서 돌연사나 무릎장애가 일어나기 쉽다는 사실이 새삼 밝혀졌다. 그럼에도 불구하고 조깅이 가진 장점이 많아 조깅인구는 지속적으로 증가하고 있다. 그러나 조깅의 경우 다릴 때 체중의 3배에 해당하는 무게가 무릎과 발목 관절에 무리를 줄 수 있으므로 과체중이나 비만인의 경우 어느 정도의 체중 감량 이후에 시행하는 것이 관절 무리를 피할 수 있다.

시속 8km 정도의 소싱은 달리는 속력으로는 꽤 느린 편이지만 이 스피드로 하루 15분 정도 달리면 그다지 운동경험이 없는 사람도 금방 익숙해지며, 무릎에 가해지는 충격도 적고 장애를 일으킬 걱정도 적다. 쉽게 말해 '2km를 15~16분에 달리는 운동'은 살을 빼는 데 좋은 운동이라는 것이다.

조깅을 할 때는 다음 사항을 반드시 지켜야 한다.

첫째, 전용 조깅화를 신어야 한다. 전용 조깅화는 땅에 닿지 않는 부분이 올라가 있어서 발바닥과 뼈와 인대를 보호해준다.

둘째, 계절에 맞는 의상을 선택한다. 여름에는 탈수를 방지하기 위하여 두꺼운 옷을 피하고 가볍고 시원한 의상을 선택하고, 겨울에는 감기 예방을 위해 얇은 상의를 여러 겹 입는다.

셋째, 자신에게 맞는 속도를 조절한다. 갑자기 무리한 조깅은 건강에 무리를 줄 수 있으므로 충분한 준비운동 후에 하는 것이 좋으며, 자신의 체중에 맞게 속도를 조절해야 무릎 등의 자극을 피할 수 있다.

넷째, 환경(시간, 계절)의 영향을 고려해라. 특히 한 여름에는 탈수나 일사병 등 주의를 위해 가장 더운 한낮시간은 피하는 것이 좋다.

다섯째, 운동하기에 적당한 조깅코스를 선택한다. 자동차 통행이 많은 곳은 배기가스의 유해성분들 때문에 체내에 활성산소가 발생할 수 있으며, 자전거 도로는 접촉 사고의 우려가 있으므로 피하도록 한다. 또한 너무 어둡거나 좁은 길은 사고의 우려가 있으므로 주의하도록 한다.

3_ 수영

수중에서는 공기 중에서 보다 체중이 가벼워진다. 수영은 하체 중 특히 무릎에 체중이 부하되지 않는 것이 다른 운동과 다른 큰 특징이다. 또한 운동량을 자유롭게 가감할 수 있으며, 단시간에 에너지를 소비할 수 있고 운동의 효과도 크다.

수중에서는 체온을 지키기 위해 체내에너지 소비기구가 자연적으로 작동하므로 모르는 사이에 대량의 에너지를 소비하게 된다. 즉, 아무것도 하지 않아도 수중에서는 칼로리를 소비하는 것이다(구체적인 수치는 조건에 따라 크게 다르다).

특히 무릎의 건강을 해칠 수 있는 고도비만자나 남성보다 무릎 관절의 손상이 높은 과체중의 중년여성들에게는 수중운동인 수영을 하면 심장과 하중에 부담을 주지 않고 안전하게 살을 뺄 수 있으므로 권장하고 있다.

4_ 운동처방

운동처방의 예 1

걷기	3km를 30분에 걷기, 주 4회
누워서 다리들기	10~20회, 매일
팔굽혀펴기	10~20회, 매일

운동처방의 예 2

가벼운 테니스, 수영 등	3km를 30분에 걷기, 주 4회
누워서 다리들기	10~20회, 매일
팔굽혀펴기	10~20회, 매일

운동처방의 예 3

조깅	2km를 15분에 달리기, 주 3회
전용트레드밀을 사용하는 운동	10~20회, 매일
팔굽혀펴기	1일 10분, 주 3회

실제로 소비되는 칼로리는 체중에 따라 다르므로, 먼저 '3.5 × (각 종목의)METs × 체중(kg) × 시간(분)'으로 산소소비량을 구한다. 만약 체중 60kg인 사람이 운동처방 예 3번을 실행했다면 조깅만이라도 일주일에 35g 정도의 지방을 연소하게 된다. 어떤 운동 처방이건 1회 실시시간을 되도록 짧게 하는 것이 포인트이다.

1회 실시시간이 너무 길면 하기 싫은 마음이 들어 자꾸 미루거나 운동을 계속 할 수 없게 된다. 사전에 정해 놓은 스케줄대로 실천하는 것이 중요하다.

비만증의 운동처방

종목	체조, 산책, 조깅, 자전거타기, 수영
강도	최대강도의 50% 전후(LT*강도)(운동 중에 대화할 수 있는 정도) 일반적으로 맥박수 120/분 60~70세 100/분
지속시간	10~30(60)분
빈도	일주일에 3~5일 이상

자신의 생활습관에 맞춰 운동을 끼워 넣는다(식전, 식후 모두 가능).

※ LT(lactate threshold : 젖산성역치) : 운동 강도가 차례로 높아져 유산소운동에서 무산소운동이 되어 혈중 젖산농도가 갑자기 상승하기 시작하는 경계점.

운동	1분당 소모되는 칼로리(남성)	1분당 소모되는 칼로리(여성)
달리기(시속11킬로미터)	22	17
수영(중등도 강도)	16	12
고정식 자전거(중등도 강도)	16	11
웨이트 리프팅(고강도)	12	8
빠르게 걷기(시속 6.5킬로미터)	10	8

신체활동	1분당 소모되는 칼로리(남성)	1분당 소모되는 칼로리(여성)
장작패기	12	9
눈 치우기	12	9
정원 손질	9	6
아이와 놀기	8	6
화분에 물주기	5	4
직업소방 근무	24	18
건설업	12	9
마사지	8	6
간호 업무	6	5
컴퓨터 작업	3	2

〈출처 : You on a diet〉

5_ 운동 요령

운동을 할 때 숨이 가쁘지 않고 약간 땀이 나는 정도로 최대심박수의 70%(60~90%) 수준을 유지하며 1주일에 적어도 3번(3~5번), 1번에 20~30분 이상(20~60분 이내), 약 200~300kcal 정도를 소모하기를 권장한다.

예) 걷기, 등산, 달리기, 조깅, 자전거타기, 춤추기, 줄넘기, 조정, 수영, 스케이팅, 계단오르기, 야구, 농구, 테니스, 골프, 볼링, 배드민턴, 라켓볼, 스쿼시, 아령 들기, treadmill, 에어로빅 체조 등

4 운동요법 실시상의 주의사항

운동요법을 실시할 때에는 운동만으로 에너지를 많이 소비하는 것은 매우 어려우므로 효과적인 체중감량을 원할 때에는 식이요법과 함께 병행하면 효과적으로 감량할 수 있다. 또한 반드시 운동 전에는 준비동작, 후에는 정리동작을 하며, 동작으로는 천천히 하는 스트레칭이 좋다. 또한 과도한 운동으로 인한 활성산소 같은 물질이 혈액 내에 증가하는 것을 방지하기 위해 야채나 과일 등을 적극적으로 섭취하고 필요에 따라 비타민 C·E, 베타-카로틴을 섭취한다. 특히, 비만증환자는 무릎이나 다리에 장애가 오기 쉬우므로 전용운동화의 착용을 권장한다.

그러나, 이렇게 중요한 운동요법을 대부분의 사람들이 인지하고 있음에도 불구하고 운동요법을 시행하기 어려운 요인은 동기부족, 시간부족, 체중감량의 실패, 시설부족 등이 있을 수 있다. 따라서 체중감량을 위한 운동요법을 실시할 때는 간단한 운동부터 시작하여 점차로 시간을 늘리고 운동 강도를 높여가는 것이 중요하다.

운동요법을 위한 주의사항은 다음과 같다.

① 자신의 신체 상태를 고려하여 운동의 종류, 강도, 빈도, 시간을 선택한다.

자신에게 맞는 운동을 선택하여 시작하도록 한다.

② 단기간에 많은 체중감량을 하겠다는 생각에서 벗어나야 한다.

하루 10~15분만이라도 운동을 할 수 있는 간단한 목표부터 세워서 운동을 해야겠다는 생각의 단계를 먼저 갖도록 한다.

③ 체지방 감소가 주 목적임을 인지한다.

아름다운 몸매를 만드는 것보다 과도한 체지방 감량을 통하여 건강한 신체를 유지하는 것이 목표이다.

④ 전신을 모두 사용한 운동을 해라.

㉠ 대근육에서 소근육까지 전신을 다 사용하면서 운동 중간에 스트레칭을 하면 한 쪽으로 몰릴 수 있는 혈액을 분산시킬 수 있어 효과적이다.

㉡ 다리-가슴- 등-어깨-팔-복근 순으로 운동을 권장한다. 복직근의 경우 큰 힘을 내지만 빨리 지치기 때문에 마지막에 실행하는 것이 효과적이다.

⑤ 생활 속에서 운동을 습관화 한다.

㉠ 한 정거장 미리 내려 걷기 또는 대중교통을 기다릴 때 복식호흡이나 발뒤꿈치 들기 등의 운동을 활용한다.

㉡ 엘리베이터 대신 계단 걸어 올라가기 : 70kg 남성이 10분 동안 계단 오르기 실행시 약 68kcal가 소모된다.

㉢ 양치질 하며 운동하기

㉣ 텔레비젼보며 운동하기(훌라후프, 운동기기 등)

⑥ 매회 자신의 운동량을 기록한다.

매회 자신의 운동량을 기록하여 점차 증가시킬 수 있도록 하며, 다양한 운동 후 피드백을 기록으로 남김으로 인하여 자신에게 맞는 운동방법을 선택할 수 있게 된다.

⑦ 정확한 운동요법의 지식을 습득한다.

자신의 신체가 과체중인 사람의 경우 전문가의 조언에 따라서 운동요법의 선택과 식이요법의 선택을 해야 한다.

⑧ 적당한 식이요법을 함께 병행한다.

운동요법과 식이요법을 동시에 병행할 경우 체중감량의 시간을 단축할 수 있으며, 건강함도 함께 유지할 수 있다.

⑨ 즐겁게 운동해라.

운동을 지루하게 느끼지 않는 것이 지속적인 동기유발이 되어 운동을 꾸준히 유지할 수 있는 중요한 요소이다. 자신이 했을 때 가장 즐거운 운동을 선택하며 코스를 바꾸거나 친구나 가족과 함께 하며 즐거운 시간이 되도록 한다. 또한 예로 걷기의 경우에 천천히 걷기, 빠르게 걷기 등으로 여러 방법을 통하면 지루함을 해결할 수 있다.

비만인의 행동습관

① 간식을 먹어도 식사량은 줄지 않는다.
② 채소를 잘 먹지 않고, 청량음료와 달거나 기름진 음식을 좋아한다.
③ 배가 고프지 않아도 항상 먹고 싶은 충동을 느낀다.
④ 먹고 나서 후회하는 경우가 종종 있다.
⑤ 영양가에 대해서는 아는 바가 없다.
⑥ 다른 사람과 함께 먹기보다는 혼자 먹는 것을 더 좋아한다.
⑦ 식사를 규칙적으로 하지 않는다.
⑧ 야식을 자주 먹는다.
⑨ 과식을 하는 경우가 종종 있다.
⑩ 아침은 안 먹고 오후에는 많이 먹는다.
⑪ 먹을 때는 빨리 먹고 마구 먹는 경우가 있다.
⑫ 주위사람이 먹으면 따라서 먹는다.
⑬ 차려진 음식은 다 먹어야 한다고 생각한다.
⑭ 책이나 TV보면서 먹거나 마신다.
⑮ 시간가는 줄 모르고 몇 시간씩 컴퓨터 게임을 한다.
⑯ 틈만 나면 누우려 든다.
⑰ 집안에서 놀 때가 더 많다.
⑱ 운동보다 책읽기를 좋아한다.
⑲ 항상 행동이 느리다.
⑳ 계단보다는 승강기를 이용한다.

사례 1

고혈압, 협심증, 양측 무릎 퇴행성 관절염 및 천식으로 도저히 운동을 하지 못하는 60대 여자

1) 체형상태
2) 주변환경
3) 식이평가
4) 활동평가
5) 운동지도
6) 행동 수정
7) 비만 약물 치료
8) 체중 변화
9) 고객 반응
10) 평가

사례 2

눈앞이 캄캄할 정도의 큰 충격을 받은 30대 후반의 비만한 여자

사례 3

입맛이 너무 좋은 20대 여자

10 Chapter 한방요법

1 비만의 원인

비만의 가장 근본적인 원인은 섭취되는 열량이 소모되는 열량보다 과다한 것이 지속되는 것이다. 비만은 몸에 여분의 지방이 지나치게 축적되는 상태를 말하는 데 과식의 원인이 가장 크다고 할 수 있다.

비만이 생기는 원인에 관해서는 여러 가지가 있다.

양방 – 뇌시경(시상하부)병변
내분비 호르몬의 순환
에너지 대사, 정신 등의 이상
환경적 인자(음식의 영양, 정신, 사회, 경제적 요인)

한방 – 간비부조 등으로 에너지 대사에 이상이 생긴 것
오장육부의 기능 조화가 상실되어 비습, 즉 지방과 수분이 과잉 축적된 것

황제내경에서는 고량진미(기름지고 맛있는 음식)와 단 음식을 많이 섭취하는 것이 비만의 원인이라고 보고 있다. 이 밖의 유전적인 원인, 체질적인 원인, 식사를 많이 섭취하는 것, 기름기를 많이 먹는 것, 단 것을 많이 먹는 것, 또운 동부족 등 정말로 여러 가지 원인이 있는 것은 사실이다.

5장6부와 인체경락

경락(經絡)은 기혈(氣血)의 유통(流通)으로서 오장육부(五臟六腑)를 얽고 전신(全身)에 뻗어 있어 오장육부(五臟六腑)의 기능을 주관하고 상호(相互) 유기적(有機的)인 작용(作用)을 하도록 한다.
만일 기혈(氣穴)의 유통(流通)로인 경락(經絡)이 없다면 오장육부(五臟六腑)가 유기적(有機的)인 상호작용(相互作用)을 한다는 것은 불가능(不可能)하게 될 것이다. (혈관(血管)을 통(通)한 혈(血)의 순환(循環) 역시 경락(經絡)을 통한 기(氣)의 운행(運行)에 따른다.)
인체(人體)의 오장육부(五臟六腑)를 각각 주관하는 12경락이 있고 이들이 서로 연결되어 있어 인체(人體)를순행(循行)하여 생명력(生命力)을 유지하는 것이다.
경락(經絡)은 오장육부(五臟六腑)를 얽고 있기도 하고 신경계(神經系)와 호르몬 분비조절대사 기능과도 밀접(密接)한 관계를 맺는다.
인체(人體) 척추(脊椎)를 따라 있는 척수신경(脊髓神經)은 각각 오관과 오장육부(五臟六腑) 기능과 직접적인 관계를 맺는데, 이러한 척수신경(脊髓神經)을 주관하고 있는 것이 인체(人體)의 등줄기를 따라 흐르는 경락이다.

12경락(經絡)

기본개념

- 경락은 인체의 기혈(氣血)을 운행하는 통로이다.
- 안으로는 장부에 속하고 밖으로는 전신에 분포되어 신체의 각 조직과 기관을 연결하여 하나의 기적인 전체를 이루고 있다.
- 경(經)이란 경맥(經脈)을 가리키며 경락의 주요한 간선입니다. 락(絡)이란 낙맥(絡脈)을 가리키며 경맥의 가늘고 작은 분지이다. 경락은 따라서 경맥과 낙맥의 총칭이다.
- 경락계통은 십이경맥, 기경팔맥, 십오낙맥, 십이경별, 십이경근, 십이피부 등을 포괄한다.

주요 경락의 구성

① 폐는 손과 연결되며 태음에 속하여 수태음폐경
② 대장은 손과 연결되며 양명에 속하여 수양명대장경
③ 위는 발과 연결되며 양명에 속하여 족양명위경
④ 비장은 발과 연결되며 태음에 속하여 족태음비경
⑤ 심장은 손과 연결되며 소음에 속하여 수소음심경
⑥ 소장은 손과 연결되며 태양에 속하여 수태양소장경
⑦ 신장은 발과 연결되며 소음에 속하여 족소음신경
⑧ 방광은 발과 연결되며 태양에 속하여 족태양방광경
⑨ 심포는 손과 연결되며 궐음에 속하여 수궐음심포경
⑩ 삼초는 손과 연결되며 소양에 속하여 수소양삼초경
⑪ 담은 발과 연결되며 소양에 속하여 족소양담경(족, 소양, 담, 경)
⑫ 간은 발과 연결되며 궐음에 속하여 족궐음간경(족, 궐음, 간, 경)
그 외 기경팔맥(奇經八脈)이 있다.

경락의 작용

• 기혈의 운행과 신체 허실이 조절한다.
• 병에 항거하며 증상을 반영한다.
• 음양의 협조 작용을 한다.

위와 같이 경락은 전신의 조직, 장기와 밀접한 관계가 있는 경략계통은 생리, 병리 및 질병을 치료하고 예방한다.

경혈(經穴)

• 경혈은 장부와 경락의 기(氣)가 체표에 표출되는 부위이다.
• 경혈은 침 시술의 부위로서 기혈의 흐름을 주관하고 병의 동통이 반영되며, 신체의 기능을 올바르게 하고 부정한 것을 퇴치할 수 있다.

오장(五臟)**육부**(六腑)

(1) 오장(五臟)

① 간장 : 소화기 계통, 당원의 저장 및 해독 작용.
담즙의 생산 및 혈액 응고 인자의 생산.
비타민 K의 합성 등등.

② 심장 : 순환기 계통. 혈액을 수송. 양을 조절한다.

③ 비장(지라) : 인체의 가장 큰 림프기관(순환 및 림프기관) 혈액을 저장
노쇠한 적혈구 파괴. 몸의 면역 항체를 생산한다.

④ 폐장(허파) : 산소와 이산화탄소를 교환하는 가장 큰 호흡 기관이다.

⑤ 신장(콩팥) : 체내의 배설물인 소변을 만드는 기관.
혈액 내의 노폐물.
소변의 배출량 조절 등.

(2) 육부(六腑)

① 담낭(쓸개) : 간에서 생산된 담즙을 저장하고 농축하는 기관이다.

② 위장(위) : 복강 내 좌측 상복구에 위치, 음식물 저장, 위액분비, 단백질의 소화 작용을 촉진하여 소장으로 보내는 역할을 한다.

③ 소장(작은창자) : 소화, 흡수 및 분비의 기능.

④ 대장(큰창자) : 소화 기관의 말단 기관. 수분을 흡수 배설물을 체외로 보내는 역할을 한다.

⑤ 방광(오줌통) : 신장요관을 통하여 온 소변을 일시적으로 저장하는 근육성 주머니.

⑥ 삼초

• 상초 : 위의 윗부분 → 혀의 밑까지(기관지 및 앞가슴, 심장, 폐장)
• 중초 : 위의 윗부분 → 비장까지(상복부 위, 비장)
• 하초 : 중초 밑에서 → 전음, 후음까지(하복부, 간담, 신, 대, 소, 방)

2 한의학에서 보는 비만 유형

한의학에서는 비만을 일러 '비습' 즉 지방과 수분, 기, 혈의 순환이 잘 되지 않아서 생기는 노폐물인 담습이 과잉 축적된 것이라고 정의한다.

한의학에서는 비만을 肥, 肥, 肥人, 肉人, 肥實人 등으로 표현되어져 왔다. 비만의 치료를 위해서는 기본적으로 氣力의 회복을 위한, 한약, 침, 이침, 순환과 신진대사 개선을 위한 치료법, 운동치료, 적정칼로리 섭취 등의 전신적 치료관리가 필요하다. 사상체질학적으로 볼 때 비만인 대부분은 태음인이며 일부 소양인도 포함된다. 소화와 흡수·저장 역할을 하는 간계와 비계 기능이 강하거나, 아니면 호흡, 혈액 순환, 에너지 소모, 배설을 관장하는 심계, 폐계, 신계의 기능이 저하되면 비습, 즉 비만이 발생한다고 보는 것이다.

1_ 기허형 비만

- 우리 몸을 움직이는데 기본이 되는 힘인 기가 부족하여 비만이 된 경우이다.
- 살을 빼겠다고 굶으면 기운이 더욱 없어지므로 몸의 기운을 북돋아 주기 위해 규칙적인 식사와 고른 영양이 필요하다.
- **원인** : 선천적으로 부족하거나 후천적인 영양부족
  오랜 병이나 중병을 앓아 정기가 손상된 경우
  무절제한 식생활(무리한 단식, 다이어트 등)
  과로로 기가 손상된 후 회복되지 않음
  나이가 들어 정기가 저절로 쇠약해진 경우
- **주된 증상** : 피로, 식은땀이 잘 남
  얼굴이 푸석푸석하고 잘 부음
  입맛이 없고 소화장애, 대변이 묽게 나온다.

2_ 기체형 비만

- 과도한 스트레스로 기의 흐름에 장애가 생겨서 지방대사, 혈액 순환, 기의 순환이 정체되어 비만이 유발되는 경우이다.
- 신경을 쓰면 더욱 심해지는 특징이 있고, 대소변 장애, 가슴이 막히고 답답한 증상, 신체 여러 부위에 통증 등이 나타난다.
- 매사에 긍정적인 생각을 하도록 하고, 스트레스는 기의 흐름을 방해하는 주된 원인으로 작용하므로 체중에 대한 강박 관념은 오히려 관리에 장애가 된다.
- **원인** : 기허로 인해 기의 운동능력이 감퇴, 병균의 침입, 과도한 스트레스, 우울 등 정서적 요인이다.
- **주된 증상** : 흉협부, 위장부위, 유방부위 등 특정 부위가 그득하거나 답답하고 불편감을 느끼거나 아픔. 마음이 울적하고 답답하고 즐겁지 않다.

3_ 비허습성 비만

- 소화기능을 담당하고 있는 비장의 기능이 저하되어 있어 평소 소화도 잘 안되고 기운도 없으며 그 외에도 전신피로, 부종, 식욕부진 등이 동반되는 중증 비만이다.
- **원인** : 무절제한 식생활로 비위손상, 과로, 피로, 정신적인 우울, 스트레스, 나이가 들어 비위기능 저하, 허약 체질, 큰병 이후 회복이 지연된다.
- **주된 증상** : 식욕이 없거나 식사량이 적음.
  음식먹고 나서 금방 배가 차고 더부룩함.
  속이 자주 더부룩하거나 답답함.
  소화가 잘 안되고 잘 체함.
  약산의 과식에도 구토.
  배가 고프면 못 견디며 혹은 아프기나 기운이 없음.
  대변이 종종 묽게 나오고, 변비가 있음.
  피로증세, 복통.
  부종(이유없이 질 붓는다.)

4_ 비실형 비만

- 소화기능 항진형 비만으로 소화기능을 담당하는 비장과 위장이 튼튼하여 과식과 단식 등의 반복적으로 불규칙적인 식생활로 인해 생기는 비만이다.
- 식이 조절만으로도 체중감량이 용이하나 감량 후의 관리에 더 많은 노력이 필요하다.
- **주된 증상** : 몸이 무겁고 처짐.
  특별이 가리는 음식없이 잘 먹고 탈이 잘 나질 않음.
  평소 음식섭취량이 많은 편, 식사 시간을 넘겨도 별로 배고프지가 않음.
  과식을 해도 소화가 안되거나 배가 아프거나 불편감이 없음.

5_ 담음형 비만(단기 진행성 비만)

- 담음이 장에 있으면 가스가 많이 차고 체중이 갑자기 늘게 된다.
- 굶어도 살이 안 빠지고 두통, 설사, 구역질 등을 동반하는 경우가 있다.
- 한 단계 진행된 병리적 비만에 속하므로 체중감소가 쉽지 않고 전문의의 치료가 필요하다.
- **원인** : 무절제한 식이(고지방식, 인스턴트 음식).
  과로, 피로
  장기간에 걸친 식욕 과다
- **주된 증상** : 평소 기름진 음식을 많이 섭취.
  전신 피로 증세.
  위장에서 꾸륵꾸륵 소리가 종종 남.
  가슴이 답답하고 옆구리가 자주 결리고 아픔.
  숨이 차고 천식끼가 있다.

5_ 간승비형 비만

- 스트레스성 폭식형 비만으로 스트레스를 받게 되면 간의 나쁜 기운이 왕성해지고 이것이 다시 비장의 기능을 과잉 억제하며 음식이 조절되지 않아 유발되는 비만이다.
- **원인** : 과도한 스트레스, 억울한 감정, 분노, 음식 손상, 과로 등
  답답, 습관적으로 한숨, 입이 쓰고 목이 마름.
  속이 자주 메스껍고 입에서 쓴맛이 남.
  아랫배가 그득하고 변이 묽음.
  평소 식사량 조절이 잘 안 됨.
  식욕을 억제할 수가 없다.

3 비만의 여러 가지 치료방법

1_ 한약 요법

식욕을 억제하고 공복감을 해소하며 신진대사를 촉진시켜 지방을 소모시키며 비만의 근본적인 원인이 되는 변비, 혈액순환 장애, 부종 등을 해소하고 위장장애, 생리통, 요통, 여드름 등 평소 비만 이외의 증상을 호전시킬 수 있다. 대표적인 한약제로 체감의 이인탕과 소비음이 있는데 전자는 지방가수분해효소인 lipase 활성을 높여서 지방분해를 촉진시키며, 후자는 열 발생 작용을 통해 에너지 소비를 촉진하는 것이 그 원리이다.

2_ 경혈요법

경락(경혈)관리는 전통한의학의 경락학으로 체중감량을 하는 방법 중의 하나이며, 관리 효과가 좋으며 부작용이 극히 적다. 주로 국부적으로 적용하는데 복부, 둔부, 사지, 어깨 등에 비비거나 꼬집거나 쥐는 등의 손동작을 이용한다. 팔과 다리의 자극은 밀며, 쥐고, 두드리는 등의 손동작을 위주로 하고 어깨 등은 문지르고, 비비고, 밀며, 쥐고, 두드리는 등의 손동작을 취한다.

경락관리 요법은 신진대사를 촉진함으로써 많은 지방을 열량으로 변화시켜 소모시키고, 국부적으로 지방 축적을 감소시킨다.

자주 반복적으로 경락이 있는 혈위를 자극하게 되면 지방의 축적을 줄일 수 있지만, 지방간이나 쿠싱증후군을 유발하는 배가 크게 볼록해지는 것에는 효과가 저조하다.

3_ 지방분해침

특정부위의 지방층을 제거하기 위한 매우 효과적인 방법으로 해당 부위의 혈 자리에 침을 놓고 전기에 연결해 1시간 정도의 미세한 전기자극(저주파를 흘려 지방을 특이적으로 분해)을 주어서 지방세포를 분해한 다음 소변과 땀으로 배출시킨다. 이때 지속적인 전기의 자극으로 발생하는 열이 지방세포를 글리세롤과 지방산으로 분해하는 효과를 주며 아울러 교감신경을 자극하여 세포 활동을 활발하게 한다. 총 3단계로 시술하는데, 통증이 없고 2~3회의 시술로도 사이즈 변화를 느낄 수 있으며, 특히 하체나 복부, 팔 등의 부분 비만에 탁월한 효과가 있다.

한약처방이나 일반 침술을 이용해 몸의 지방을 줄여도 체질에 따라 살이 빠지지 않는 부위가 있다. 이처럼 특정부위의 지방층을 제거하기 위해서는 피하지방에 침을 꽂은 후 전기를 연결해서 장시간 전기자극을 주어 지방을 분해하는 요법을 사용하는데 이것이 지방분해침 요법이다. 마취나 수술이 없어 통증이 거의 없는 이 요법은 신경말단에 지속적인 미세 전류를 흘려주면 카테콜라민이라는 신경합성물질의 분비가 촉진되어 지방세포 내의 콜레스테롤을 분해해 세포의 크기를 작게 변형시킬 수 있다. 장점은 어깨, 등, 하복부, 엉덩이 등의 지방분해에 활용할 경우 빠른 지방분해와 피부가 늘어지는 현상을 방지할 수 있다.

일주에 2~3회 정도 시행하는데 10회 정도면 4~5센티미터 정도의 감량이 가능하다. 단 여러번 시술하여야 효과를 보는 단점이 있다.

1단계 - 지방을 분해하는 단계로 허벅지나 종아리, 엉덩이 등 다른 곳에 비해 지방층이 두꺼운 부분에 시술한다.

2단계 - 늘어진 살에 탄력을 주는 단계임.

3단계 - 지방을 배설하는 단계로 치료 후 운동을 하면 더욱 효과가 좋다.

※ 여건에 따라 지방분해침 대신 전침을 시술하기도 한다.

4_ 침 요법

비만의 원인을 비허(脾虛), 간울(肝鬱), 식적(食積), 어혈(瘀血) 등으로 보고 이를 조절시키는 장문(章門), 중완(中脘), 삼음교(三陰交) 등을 선혈(選穴)한다. 또한 부위별 체중감소를 위해서는 해당부위에 있는 혈위를 선택하여 사법(瀉法)을 시행하거나, 전침료법 또는 마사지를 시행한다.

특히 비만에 관한 이침요법(耳針療法)은 식욕억제의 효과가 있으며 기점(飢点), 신문(神門), 내분비(內分泌), 비(脾), 위(胃), 폐(肺) 등의 혈위에 시행한다.

① 이침

귀에 5~7개의 작은 이침을 시술하는 이침요법은 식이요법의 보조요법으로 많이 활용되고 있다. 이침을 귀에 꽂고 있다가 몇일 후 다시 새 이침으로 교환하는데 별다른 주의사항이 없고, 활동에도 전혀 불편을 주지 않아 간편하다. 이침은 식욕 억제, 식욕항진 조절작용, 진정, 이뇨작용 등이 있어 칼로리 섭취의 감소효과, 수 분 나트륨대사 개선작용이 있으며, 위장관 활동을 약화시켜 식후 소화속도를 지연시키는 효과가 있다. 이침은 1주일에 2회 정도 시술을 받게 되며 식이요법을 돕는다.

[시술부위]

식욕억제효과가 현저하며 매 식사에 포만감은 항진하고 해기(배고픔을 느끼지 않게 도와주는)작용이 있는 기점(飢点)과 비만의 불안이나 정신적 갈등과 stress를 진정시키는 이신문(耳神門), 비만과 내분비와는 밀접한 관계가 있으므로 내분비 조절작용이 있는 내분비, 장상이론상 소화기 기능을 조절하며 지속적인 자극으로 식욕항진 조절작용이 있는 비, 위와 그 외 식욕 억제효과와 이뇨효과가 있고 물렁물렁하게 살찐 경우에 활용되는 폐를 선택한다.

② 일반체침

변비나 소화불량이 있는 경우 일반 침을 함께 시술한다.

5_ 뜸 요법

비만과 함께 부인과 질환이 있을 경우 배꼽 주변 단전에 뜸을 놓으면 막힌 기혈이 소통될 뿐만 아니라 뜸의 온열 효과로 온기가 보강되며 원기를 회복할 수 있고 생리불순, 냉증 등 부인과 질병이나 소화장애, 변비에 효과적이다.

비만 뜸 자리

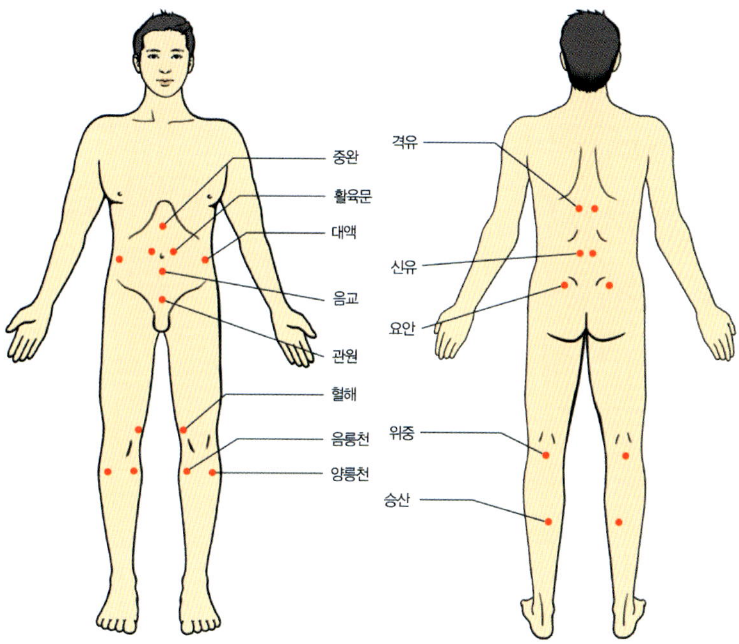

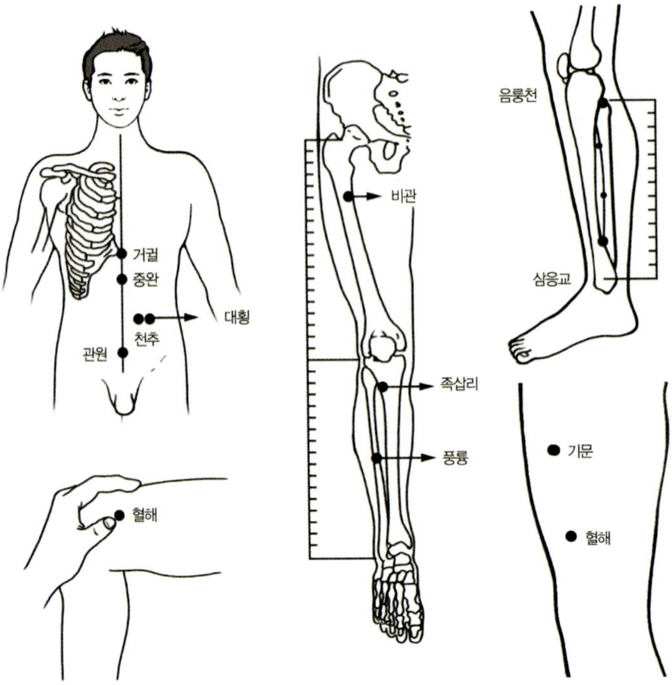

6_ 부항

부항은 피하조직의 혈액순환을 돕고 축 늘어진 살을 모아 탄력 있고 탱탱하게 해준다. 주로 피를 빼지 않는 건식 부항을 한다. 부항은 혈이 흐르는 곳에 압력을 주어 불필요하거나 정체되어 있는 각종 체액과 혈액을 제거하는 방법이다.

치료혈은 ① 중완, 천추, 관원, 족삼리, 음릉천, ② 거궐, 대횡, 기해, 풍륭, 삼음교로 ①과 ②를 교대로 사용하여 3분 이상 붙이고 10일 사용하고 3일 쉬었다가 사용한다.

7_ 온열 수압치료

랩을 감은 상태에서 옷을 입은 채로 그대로 수치료 기계에 편안히 누우면 센 수압의 따뜻한 물이 전신을 두드려주는 방법이다. 혈액순환이 잘 되지 않아 비만이 있는 경우에는 혈액순환이 촉진되고 지방을 분해하는 효과가 있어 비만의 치료에 효과적이다.

8_ 향기 요법

① 아로마 마사지

아로마요법이라고도 하는 향기 요법은 한약재에서 추출한 천연오일을 이용하여 체표에서 표피와 진피층을 뚫고 피하지방으로 침투시켜 지방을 직접 분해하여 비만을 치료한다. 자신에게 맞는 오일을 혼합한 후 경혈지압 마사지를 통해 림프의 순환을 자극해 울체와 정체를 해소하면서 신진대사를 높여 하체부분의 지방 분해와 노폐물을 배설하도록 유도한다. 아로마 마사지는 피부를 매끄럽게 하고, 마사지 후 마사지 부위에 랩을 감으면 발한 효과가 일어나 치료에 더욱 효과적이다.

② 아로마 향 흡입 & 목욕

보조치료로 체질에 맞는 오일을 흡입하거나 목욕물에 타서 사용하게 되면 지방분해 효과와 함께 식욕을 억제할 수 있다. 또 향기로 심리적인 안정을 주고 말초혈액순환을 촉진해주며 스트레스를 해소해 비만치료를 도와준다.

약쑥, 당귀, 천궁, 사상자 등의 약초를 통하여 여성생식기의 질환을 치료하고 하복부 냉증을 개선하여 혈액순환 및 지방분해를 촉진하는 좌훈 요법도 있다.

9_ 좌훈요법

약재를 끓는 물에 넣고 그 김을 여성기에 쏘이는 방법으로 여성기관(하초)에 온열자극을 주면서 살균, 소염, 혈액순환 및 기순환촉진 효과가 있는 한약재를 함께 활용함으로서 아랫배에 쌓인 노폐물을 빼내고 불필요한 지방축적을 줄여 아랫배가 들어가는 효과도 기대할 수 있다. 한방 좌욕 & 좌훈에 활용되는 한약재로는 애엽(약쑥으로 몸을 따뜻하게 하는 온열효과), 포공영(살균효과, 혈액순환 개선 효과, 복부비만 감소 효과), 익모초(생리통, 월경이상, 냉대하증, 하복부냉증, 불임, 수족냉증 등에 효과), 루틴함유 한약재(비타민 P계열의 루틴을 포함한 약재로 혈관벽 강화, 혈액순환에 효과) 등이 있다.

10_ 수지침

서암뜸을 매일 뜬다.

서암뜸 : 한열을 조화시키고, 심장 · 대뇌혈류량을 조절시키고, 체지방 분해효과

A1, 5, 6, 8, 12, 16, 30, E42, K10, N18에 날마다 3~5장 이상씩 서암뜸을 뜬다.

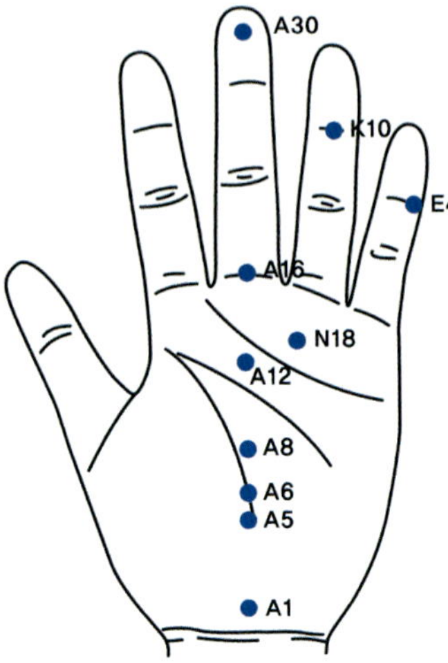

11_ 식이요법

식이요법 치료 중의 식이요법은 잡곡밥, 김치, 해조류, 콩류(국, 반찬류 포함) 등으로 구성된 기본식단을 기준으로 1일 1,000~1,200kcal을 섭취할 수 있도록 한다.

12_ 장세척 치료기

장세척은 비만인에게만 쓰이는 방법만은 아니다. 건강한 사람들일지라도 알레르기성 질환이나 체질을 개선하려는 사람들에게도 효과적이고 나이가 들면서 생기기 쉬운 동맥경화증이나 고혈압, 당뇨병 등 각종 성인병 예방에도 좋다. 하지만 비만환자의 상태에 따라 장세척으로 치료하면 몸무게가 줄어드는 효과가 있다.

비만인은 지방의 축적으로 인하여 대장의 연동운동능력이 저하되어 있거나, 숙변이 차있는 경우가 대부분이다. 따라서 이 같은 숙변을 해소하는 방법으로 한약, 지압요법,

야채쥬스 복용방법, 대장세척요법 등이 이용되고 있다. 대장세척이란 정제된 물을 직장을 통해 주입시키고 반복적으로 배출시키는 방법으로 숙변과 장독소를 제거할 수 있다.

장세척은 1~2센티미터 정도 깊이로 호스를 항문에 끼워 장에 남아 있는 찌꺼기를 없애는 방법인데, 한번하고 나면 아랫배가 몰라보게 쑥 들어가며, 비만인에게 흔한 변비나 설사, 배가 거북하거나 꽉 막히는 느낌과 소화불량을 개선시켜 아랫배가 나오는 것과 군살이 찌는 것을 치료해 준다. 일반적으로 이틀 간격으로 5회 시행한다.

13_ 초음파 치료법

초음파 치료기는 소리파장 진동요법으로 알려져 있다. 소리파장을 진동으로 전환해 인체에 인위적으로 운동을 시켜줌으로써 꼭 살을 빼고 싶은 부위를 집중적으로 관리할 수 있는 요법이다. 특히 움직이는 근육이라 한번 두꺼워지면 쉽게 빠지기 힘든 복부, 종아리, 허벅지, 팔뚝 등 개인의 주변 환경으로 인해 오는 일종의 마른 비만(부분비만)형에 적당하다. 이런 경우 소리파장 진동요법으로 운동을 시켜주면 더 이상 근육이 단단해지는 것을 예방할 수 있고 한번 풀어진 근육을 지속적으로 이완을 시킴으로써 지방연소 효과를 동시에 얻을 수 있다. 마라톤처럼 지구력이 요구되는 운동을 하는 사람들이 다리가 길고 날씬한 것도 같은 원리라고 할 수 있다. 또 자연분만이나 제왕 절개 등의 출산 후 남아있는 부종과 탄력이 떨어져 쳐진 복부에도 효과가 크다.

이 소리파장 진동요법의 장점은 몸에 무리를 주지 않으면서 에너지 소모가 많은 운동을 시켜주기 때문에 적당량의 식사를 병행하게 된다. 1주일에 2회씩 1~2개월 정도 꾸준히 해주면 몸매의 실루엣은 원하는 형태로 자리 잡히게 된다.

4 체질별 비만의 원인과 식이요법

1_ 태양인

- 태양인은 본래 체형은 마른 것으로 비만한 경우는 드물다.
- 자기감정, 특히 분노함으로써 자기만의 삶에 묻혀버린 경우 술에 의지하는 경향이 있기 때문에 비만한 경우가 가끔 있다.
- 음주를 멀리하고 자신의 마음을 정화시키는 일을 선행한 후에 적절한 운동요법을 시행하는 것이 바람직하다.
- 보명지주가 吸取之氣(흡취지기 : 기액대사의 최소화 및 에너지 저장)이므로 흡취지기를 도와주는 음식이 좋다. → 소변을 원활하게 함
- **이로운 음식** : 지방질이 적고 자극성이 적은 담백한 맛의 음식이 적합하다.
  태양인은 간기능이 약하므로, 간을 보호하는 음식이 좋다.
  [곡류] 메밀, 냉면
  [해물] 새우, 조개류(굴, 전복, 소라), 게, 해삼, 붕어
  [채소] 순채나물, 솔잎
  [과일] 포도, 머루, 다래, 감, 앵두, 모과, 송화가루

- **해로운 음식** : 덥고 성질이 뜨거운 음식이나 지방질이 많은 음식은 좋지 않다.
  육류, 밀가루 음식 등

- **차** : 모과차가 좋다.
  기운이 없고 권태로우며 매사에 식욕이 없고 피로할 때 효과가 있다.
  감잎차나 오가피차도 좋다.

2_ 소양인

- 소양인은 火와 熱이 많은 체질로 마른 경우가 대부분이나 때론 작고 야무진 체형을 가진 사람도 있다. → 그리하여 비만한 경우를 찾아 볼 수 있다.
- 급하게 폭식하는 것을 삼가고 적당한 운동요법을 병행해야 한다.
- 보명지주가 陰淸之氣(음청지기 : 수곡대사의 맑고 서늘한 기운)이므로 음청지기를 도와주는 음식이 좋다. → 성질이 차며, 대변을 원활하게 함
- 소화기능은 약하지 않기 때문에 크게 탈은 없지만 자칫 급한 식사습관으로 소화기 질환을 유발하는 경우가 종종 있기 때문에 천천히 소화를 시키면서 음식 맛을 즐길 필요가 있다.

- **이로운 음식** : 양인은 비위(췌장과 위장, 즉 소화기)가 튼튼해서 음식을 잘 소화시킨다. 싱싱하고 찬 음식이나 소채류, 해물류가 좋고, 음허하기 쉽기 때문에 보음하는 식품이 좋다.
  [곡류] 보리, 팥, 녹두
  [육류] 돼지고기, 계란, 오리고기
  [해물] 생굴, 해삼, 멍게, 전복, 새우, 게, 가자미, 잉어, 가물치
  [채소] 배추, 오이, 상추, 우엉 [뿌리] 호박, 가지, 당근
  [과일] 수박, 참외, 딸기, 바나나, 파인애플
  [기타] 생맥주, 빙과

- **해로운 음식** : 열이 많은 체질이므로 열내는 식품을 피해야 한다.
  고추, 생강, 파, 마늘, 후추, 겨자, 카레 등 맵거나 자극성 있는 조미료와 닭고기, 개고기, 염소고기, 꿀, 인삼은 좋지 않나.

- **차** : 구기차가 좋다. 뜨거운 차보다는 당근즙이나 녹즙같이 찬 음료가 좋다.

3_ 태음인

- 태음인은 비만한 경우가 대부분이다.
- 음식에 대한 참욕과 보수적이고 게으른 성품 탓으로 생각된다.
- 음식으로 스트레스를 해소하는 경우가 많으므로 정신적 문제해결, 취미생활과 여가활동 등 적극적인 사회활동이 필요하고 적극적인 운동으로 비만에 대처해야 한다.
- 보명지주가 呼散之氣(호산지기 : 기액대사의 최대화 및 에너지 발산)이므로 호산지기를 도와주는 음식이 좋다. → 발한 등을 원활하게 함
- 폭식하는 경우가 많으므로 식사량의 조절이 중요하다.

- **이로운 음식** : 체구가 크고 위장기능이 좋은 편이므로 동, 식물성 단백질이나 칼로리가 높고 맛이 중후한 식품이 좋다. 호흡기와 순환기계통이 약하므로, 허약한 폐의 기능을 보호해 줄 수 있는 식품이 좋다.
  [곡류] 밀, 콩, 고구마, 율무, 수수, 땅콩, 들깨, 설탕, 현미
  [육류] 쇠고기, 우유, 버터, 치즈
  [해물] 명란, 우렁이, 대구, 미역, 다시마, 김
  [과일] 밤, 잣, 호두, 은행, 매실, 배, 살구, 자두
  [채소] 무, 도라지, 당근, 더덕, 고사리, 연근, 토란마, 버섯

- **해로운 음식** : 비만이 되거나 고혈압과 변비에 걸리기 쉬운 체질이므로, 자극성 있는 식품이나 지방질이 많은 음식은 피해야 한다. 닭고기, 개고기, 돼지고기, 삼계탕, 인삼차, 꿀, 생강차는 좋지 않다.

- **차** : 들깨차, 율무차, 칡(갈근)차가 좋다.

4_ 소음인

- 소음인은 소화기능이 약하여 섭취에너지가 작으므로 비만한 경우가 드물지만 잘못된 식습관(불규칙한 식사, 열량이 많은 음식의 군것질)과 소극적 성품에 따른 운동부족으로 비만한 경우가 있다.
- 규칙적인 식사와 군것질을 삼가고 규칙적인 운동을 해야 한다.
- 보명지주가 양난지기(양난지기 : 수곡대사의 맑고 따뜻한 기운)이므로 양난지기를 도와주는 음식이 좋다. → 성질이 따뜻하며, 소화를 원활하게 한다.
- 입이 짧고, 소화력이 약하여 많이 먹지 못하므로 골고루 음식을 섭취하되 소식하도록 하고 식사 후에 소화를 위해 가벼운 활동을 하는 것이 좋다.

- **이로운 음식** : 소화기능이 약하고 냉한 체질이므로, 소화하기 쉽고, 따뜻한 성질의 식품이 좋다. 조리 시에는 자극성 있는 조미료를 사용해서 식욕을 북돋워 주는 것이 소화에 이롭다.
  [곡류] 쌀, 차조, 감자
  [과일] 사과, 귤, 토마토, 복숭아, 대추
  [육류] 닭고기, 개고기, 양고기, 벌꿀
  [해물] 명태, 도미, 조기, 멸치, 민어, 미꾸라지
  [채소] 시금치, 양배추, 미나리, 파, 마늘, 생강, 고추, 겨자, 후추, 카레

- **해로운 음식** : 소화하기 힘든 지방질 음식이나 찬 음식과 날음식은 설사를 유발하기 쉽다.
  냉면, 참외, 수박, 냉우유, 빙과류, 생맥주, 보리밥, 돼지고기, 오징어, 밀가루 음식 등이 좋지 않다.

- **차** : 계피차 → 발한과 구풍작용이 있어 감기를 예방하는 효과가 있다.
  인삼차, 생강차, 꿀차, 쌍화차 등이 소음인에게는 좋다.

5 다이어트에 사용되는 한약재

다이어트에 사용되는 한약재는 황기, 숙지황, 구기자, 산수유, 음양곽, 녹각 등은 대표적인 보신 약재들이며, 여기에 혈액 순환을 돕는 당귀, 천궁, 홍화, 소목 등이 첨가되기 때문에 엄격한 절식에도 건강을 유지할 수 있게 되는 것이다. 관절이 아플 때는 속단·녹각·독활·강활·모과 등의 약재를 첨가하고, 두통이나 어지럼증이 나타날 때는 천마 등을 첨가해서 처방한다.

(1) 의이인(薏苡仁)

몸에 불필요한 수기(水氣)와 습기를 제거, 피를 맑게 하면서 순환을 돕는다. 입맛감소, 이뇨 작용, 항균 작용이 있다.

(2) 숙지황(熟地黃)

비만치료에 필수적인 입맛 감소. 그리고 적게 먹었을 때 오는 변비 예방은 물론 지구력을 유지시켜준다.

(3) 당귀(當歸)

혈액의 기능을 돕고, 이뇨 · 항균 · 진정 · 진통의 효과가 있다.

(4) 천궁(川芎)

체중 감량을 위해 음식 섭취량을 대폭 줄일 때 나타나기 쉬운 두중통(頭重痛 : 머리가 아프거나 무겁고 어지러운 증세)을 없애준다.

(5) 홍화(紅花) · 소목(蘇木)

혈액 속의 지방과 지질을 제거하여 피를 맑게 해준다.

(6) 감초(甘草)

강한 단맛을 함유하고 있어 식욕을 감소시키며, 입맛 감소와 한약의 독성을 완화한다.

(7) 상백피(桑白皮)

갈증을 줄여주고 이뇨 작용을 하며, 입안의 구취를 줄여 준다.

(8) 목통(木通)

비만증 치료에 필수적으로 활용되는 목통은 으름덩굴 나무 줄기로, 음식물 섭취의 급격한 감소로 인해 지방이 다량 분해될 때 생기는 노폐물을 소변을 통해 효율적으로 배출시켜주며, 저항력 감소로 인한 제반 질병의 발생을 막아준다.

(9) 택사(澤瀉)

다년생 식물뿌리인 택사 역시 강력한 이뇨 작용을 하며, 체력 저하 또는 피로로 나타날 수 있는 허열과 심한 갈증을 막아준다.

(10) 등심(燈心)

이뇨작용을 한다.

(11) 백복령(白茯)

체내 소변 배출을 원활케 하여 비습(지방층의 수분)을 제거하고 체중을 줄이는 한편, 부종 등이 감소하는 효과를 얻을 수 있다.

(12) 황기(黃)

황기의 뿌리는 허한 증세로 인한 식은땀, 진땀을 막아주며, 강심·강장 작용이 있어 지구력과 정력을 높여주고, 잔병에 대한 면역성이 있다.

(13) 산약(山藥), 산수유(山茱萸), 녹각(鹿角)

허로(虛勞:허약하고 쉽게 피로함)를 보강하고 기력과 정력·지구력을 강화시키는 약재들이다. 이런 기능들은 체중 감소를 위해 식사량을 급격히 줄이거나 평소보다 운동량을 증가시킬 때 오기 쉬운 체력 및 지구력, 질병에 대한 저항력의 저하를 막아주고 근육의 힘을 증가시켜준다.

(14) 갈근(葛根)

해열, 해기(解肌 : 근육을 풀어주는 기능), 갈증을 없애는 효능이 있다.

(15) 녹용(鹿茸)

식이요법 때 오는 어지러움 방지, 성장기 어린이 성장 유지, 수험생의 기억력 · 집중력 향상 등에 도움이 되며, 비만여성의 경우 생리조절 · 불임증에 효과가 있다.

(16) 두충(杜沖), 독활(獨活), 우슬(牛膝), 속단(續斷)

이들 약재는 체중 감소시 예상되는 근육 · 뼈 · 관절의 약화를 방지하고, 성장기에 키의 성장을 돕는 데 효과적이다.

6 다이어트에 사용되는 한방차

(1) 보리차

① **효능** : 비위장 기능 항진으로 식욕이 왕성할 때 먹으면 식욕이 감소되어 식욕조절의 효과가 있다. 평소에 소화가 잘 되고 식욕 조절이 안 되는 사람에게 잘 맞는다.

② **피할 사람** : 소화가 안 되고 밥맛이 없는 사람.

③ **먹는 방법** : 집에서 차로 끓여 마시는 보리나 시중에서 껍질을 안 깐 보리를 구입하여 후라이팬에 탈 때까지 볶는다. 탄 보리를 진하게 끓여 수시로 마신다.

(2) 당귀차

① **효능** : 혈액순환을 잘 시켜 몸을 따뜻하게 만들어 주는 효능이 있다. 몸이 찬 사람, 특히 빈번한 다이어트로 몸을 많이 상한 경우, 심한 변비, 변비가 있으면서 하체에 살이 많이 찐 하체 비만 등에 좋다.(혈액순환이 잘 안되고 손발이 차가운 사람에게 알맞다)

② **피할 사람** : 설사 자주 하는 사람, 잘 붓는 사람

③ **먹는 방법**

㉠ 차로 마신다. (한 번에 당귀 4.5~5g씩 달여서 물대신 먹는다.)
㉡ 밥뜸을 들일 때 씻은 당귀를 밥 위에 얹어 같이 뜸을 들여 먹는다.
㉢ 삶아서 야채와 같이 섞어 먹는다.

(3) 두충엽차

① **효능** : 혈액을 맑게 하면서 혈액순환을 촉진시켜 혈관의 노폐물, 중성지방, 콜레스테롤을 감소시키는 효능이 있어 다이어트 효과가 있다.

② **먹는 방법** : 커피메이트에 두충엽을 2g 정도를 넣고 걸러서 마신다. 또는 4g을 펄펄 끓는 물이 담긴 커피주전자에 넣고 약한 불로 물색이 약간 노랗게 변할 때까지 둔 후 두충엽을 거르고 물만 마신다.

(4) 녹차

① **효능** : 신진대사를 원활하게 하며 식욕을 저하시켜 혈액순환이 잘 되지 않는 비만에 좋다. 신경을 많이 쓰고 몸에 열이 많이 나는 사람, 스트레스를 많이 받는 사람에게 알맞다. 콜레스테롤이 높거나 동맥경화가 있는 사람에게 좋다.

② **피할 사람** : 몸이 찬 사람, 설사를 자주 하는 사람, 식욕이 없는 사람은 피한다.

③ **먹는 방법**

㉠ 한번에 10g 정도씩 그냥 씹어먹는다.

㉡ 차로 먹는다.

㉢ 차로 만들고 남은 잎을 야채와 함께 먹는다.(인스턴트 녹차가 아닌 잎녹차로 마실 것)

(5) 둥글레 차

① **효능** : 노화를 억제하고 기운을 북돋워 준다. 많은 다이어트 후 기운이 약해진 사람, 항상 다이어트로 기운이 없는 사람, 먹어도 먹어도 항상 허기를 느끼는 사람에게 좋다.

② **피할 사람** : 소화 장애 있는 사람, 기운이 약해 옆구리나 등에 자주 담이 결리는 사람, 속이 차고 잠을 많이 자는 사람은 피한다.

③ **먹는 방법**

㉠ 6~9g를 달여 하루에 2~3번 나누어 먹는다.
㉡ 삶아서 그냥 먹어도 좋다.
㉢ 죽으로 만들어 먹는다.
㉣ 가루로 만들어 미숫가루처럼 먹는다.

(6) 들깨차

① **효능** : 다이어트 시 쉽게 나타날 수 있는 변비 해소 효과가 있다.

② **먹는 방법**

㉠ 식사 대용으로 미숫가루로 만들어 먹는다.
㉡ 시중에 나와 있는 들깨차 제품을 먹는다.

(7) 건강차

① **효능** : 신진대사기능을 왕성하게 한다. 속이 차고 소화력이 약한 경우, 어지럼증, 구토 등의 증상이 있는 사람에게 좋다. 성질이 따뜻하여 몸이 찬 사람에게 좋으며, 몸에 열이 많은 사람은 신중히 사용하여야 한다.

② **먹는 방법** : 10g을 커피주전자에 넣고 물이 펄펄 끓을 때까지만 끓인 후 물만 차처럼 마신다. 설탕, 꿀을 넣어도 된다.

(8) 박하차

① **효능** : 기운을 잘 소통시켜 막힌 것을 뚫어주는 효과가 있다. 스트레스로 기운이 잘 뭉쳐 기순환이 안 되어 비만해진 경우에 좋다.

② **피할 사람** : 기운이 약한 사람에게는 좋지 않으며, 막힌 기운이 뚫린 사람은 먹지 않는 것이 좋다. 3개월 이상 오래 복용하는 것은 좋지 않다.

③ **먹는 방법** : 박하잎을 3~12g씩 차로 달여마신다. 원두커피 먹듯이 먹으면 더 좋다.

(9) 율무차

① **효능** : 식욕을 조절하고, 습을 제거하는 효능이 있어 살이 물렁물렁한 사람, 잘 붓는 사람, 음식을 많이 먹는 사람에게 좋다. 습이 많은 사람은 전신비만인 경우가 많은데 습을 제거해 주어 전신비만인 사람에게 권한다.

② **피할 사람** : 율무를 먹고 나서 소화가 잘 되지 않는 사람은 피한다. 변이 딱딱하면서 변비가 심한 사람, 소변을 자주 보는 사람, 임신부는 피한다.

③ **먹는 방법**

㉠ 율무를 죽을 쑤어서 먹는다.(쌀죽을 쑤는 것처럼 한다.)
㉡ 쌀과 함께 율무를 섞어 밥을 지어먹는다.(쌀과 율무의 비율을 1:1 정도)
㉢ 율무를 미숫가루처럼 만들어 먹는다.
㉣ 보리차처럼 끓여 물 대신으로 먹는다.

(10) 진피차

① **효능** : 기운을 순환시키는 효능이 있어 기운이 잘 뭉치는 기체형 비만에 좋다. 먹으면 잘 체하고, 신경쓰면 잘 지치고, 소변, 대변 잘 못 보는 사람, 평소 스트레스가 많은 사람이 복용하면 다이어트에 효과가 있다.

② **먹는방법**

㉠ 말린 귤 껍질을 3~12g씩 차로 달여 마신다.
㉡ 귤껍질을 깨끗이 씻은 후 잘게 썰어 그늘에서 말린 다음 야채 사라다에 같이 섞어 먹어도 좋다.

(11) 인삼차

① **효능** : 기운을 북돋는 효능이 있어 기운을 생기게 한다. 너무 굶거나 단식으로 기운이 없어 하는 사람, 운동 후 많이 지치는 사람 등 기허형 비만에 좋다. 기가 허해서 살이 찌는 사람에게 기운을 북돋아 다이어트에 효과가 있다.

② **피할 사람** : 몸에 열이 많이 나는 사람, 감기 초기 열이 많은 사람은 피한다.

③ **먹는 방법** : 인삼을 요리할 때는 수삼을 사다가 한다.

㉠ 수삼을 사다가 쌀과 같이 밥을 만들어 먹는다.
㉡ 쌀죽 끓일 때 수삼을 넣고 같이 끓인다.
㉢ 수삼을 갈아서 쥬스를 우유와 섞어 만들어 먹는다.
㉣ 인삼차를 마신다.

(12) 갈근차

① **효능** : 몸에 뭉친 열을 풀어주므로 스트레스성, 폭식형 비만에 좋다.(스트레스를 많이 받으면 폭식하는 사람에게 좋다.)
얼굴이 쉽게 달아오르는 사람, 갈증이 많이 나는 사람에게 좋다.

② **피할 사람** : 구토를 잘 하는 사람은 피한다.

③ **먹는 방법**

㉠ 차로 만들어 먹는다. 4~12g를 달여 먹는다.
㉡ 생즙을 내서 먹는다.

(13) 창출차

① **효능** : 소화 기능을 튼튼하게 하면서 수분 대사를 원활하게 해준다. 적게 먹는데도 살이 잘 빠지지 않는 비만에 좋다.

② **피할 사람** : 마른 사람은 피한다.

③ **먹는 방법**

㉠ 차로 마신다. (한번에 4.5~5g씩 달여서 물대신 먹는다.)
㉡ 밥뜸을 들일 때 씻은 창출을 밥위에 얹어 같이 뜸을 들여 먹는다.
㉢ 삶아서 야채와 같이 섞어 먹는다.

(14) 체감차(體減茶)

의이인 30g 목통 · 황기 · 감초를 각각 15g씩 합해 물 800cc에 넣고 40분쯤 끓인 후 이를 3등분하여 복용한다. 비만 치료를 위해 한의원을 찾아가기 어려울 때 이 차를 처방삼아 복용하면 식욕이 떨어져 월 2kg 정도의 체중감소 효과를 볼 수 있다.

(15) 옥수수 수염차(玉髮茶)

옥수수 수염은 화학적 이뇨제와는 달리 완만한 이뇨작용이 있는 천연 약재로 값도 매우 저렴하다. 소변이 시원하게 나오지 않고 부기가 있으면서 체중이 증가하는 비만자에게 활용하면 좋다. 단, 너무 많이 마시는 것은 삼가하며 처음에는 1회에 20g 내외에서 점차 양을 늘려나간다.

7 다이어트에 사용되는 한방 죽

1_ 백봉령 죽

멥쌀 100g 과 백복령 100g을 함께 넣고 끓여서 죽을 만들어 먹는다. 하루에 2회씩 아침과 저녁에 복용하면 된다. 백복령 죽은 비위를 튼튼하게 한다.

2_ 동과자 죽

동과자 15g과 멥쌀 15g을 준비한 후 동과자를 넣고 끓인 물에 같은 양의 멥쌀을 푹 끓인다. 아침, 저녁으로 복용하면 좋다. 동과자 죽은 이뇨(利尿)작용과 소종(消種)효능이 있고, 열을 식혀 주며, 갈증을 멎게 해준다. 수종으로 몸이 퉁퉁 붓고 소변이 잘 나오지 않을 때, 급만성 신장염으로 인한 부종이나, 간경화 복수증 및 각기 부종, 비만증 등과 더위를 먹어서 가슴이 답답하고 갈증이 날 때, 폐열로 기침과 가래가 나올 때 이용하다.

3_ 팥죽

팥과 멥쌀을 50g씩 준비한다. 팥을 약 2~3시간 동안 물에 담가둔 후, 먼저 팥을 끓이다 쌀을 넣고 끓인다. 아침, 저녁으로 따뜻하게 데워서 복용한다. 팥죽은 비위를 튼튼하게 하고 설사를 멎게 하며 또 노년성 비만과 손발이 붓는 증상에 효과적이다.

4_ 산사 죽

산사 40g과 멥쌀 80g을 준비한 다음 산사를 물에 넣고 끓인 후 건져낸다. 그 물에 멥쌀을 넣고 푹 끓인다. 산사 죽은 비위를 튼튼히 하고, 식체를 해소하며, 어혈을 풀어준다. 소화가 안된 음식물이 위장 내에 적체되어 있거나 고기를 먹고 소화가 안되거나, 복통, 설사, 여성의 산후 자궁 내의 어혈과 노폐물로 동통이 발생되고, 생리 불순, 생리통이 나타나며, 유아가 젖을 먹고 체했을 때, 고혈압, 관상동맥 경화성 심장병, 관상동맥 혈액공급 부족, 협심증, 심근 경색, 고콜레스테롤 등을 치료하는데 이용되어 비만으로 인한 여러 가지 질병에 이용하면 좋다.

5_ 오이 죽

오이와 멥쌀을 각각 50g씩 준비하여 푹 끓여서 죽을 만든다. 오이는 음식물 속에 있는 당류가 체내에서 지방으로 바뀌는 것을 억제해 준다. 오이 죽은 비만을 방지하며 체형을 보존시키고 피부를 건강하게 하는 효과가 있다.

8 다이어트에 사용되는 한방 처방

비만치료에 있어 한약을 복용하여 얻고자 하는 효과는 식욕 억제와 함께 식사량을 줄이는 데서 오는 심한 공복감, 무기력, 어지러움, 구역감, 변비 등을 최소화하는 것이다. 특히 지방이 에너지로 분해될 때 생기는 부산물인 케톤 성분을 효율적으로 배설시켜 무기력, 두통 등의 부작용을 줄여주는 일에 초점을 두고 있다.

아울러 오장육부의 기능을 활성화하고 인체를 보하여 식사 및 체중감량에 따르는 만성질환의 발생이나 저항력 감퇴 등을 막아줄 수 있다. 식욕을 억제하는 데는 방풍통성산(防風通聖散)이 효능이 있으며, 공복감을 줄이는 데는 지황(地黃)이 들어 있는 처방이 효능이 있다. 또한 변비를 해소하는 데는 승기탕(承氣湯)이나 대황(大黃)이 들어간 처방을 응용할 수 있으며 비만의 정신적인 원인을 제거함에 소요산(逍遙散)이나 온담탕(溫膽湯)등을 사용할 수 있다. 수분을 제거하는 목적으로 오령산(五笭散)이나 방기황기탕(防己黃湯)을 사용할 수 있다.

1_ 대시호탕

단단한 형태의 비만인 경우에 사용하는데 몸에 열이 많고 굳은 변을 무르게도 하므로 변비가 있으면서 소변이 붉을 때 사용하면 효과적인데, 스트레스를 많이 받아 가슴이 답답하고 어깨가 결리면서 뒷목이 당기는 느낌이 자주 나타나는 비만인에게 좋다.

2_ 방풍통성산

맥주병 배와 같이 배 부분만 팽창한 비민에 사용되며, 변비가 심한 비만인들에게 사용하면 효과적인데 대소변이나 땀으로 불필요한 노폐물을 제거하기 때문이다.

3_ 도핵승기탕

비만인 가운데 붉은 얼굴로 달아오르기 쉬운 타입의 사람이 있다. 여성인 경우는 생리불순, 변비, 수족냉증 등의 증상이 나타난다. 이 약은 이러한 증상에 효과를 나타내며 몸의 리듬을 고르게 한다.

4_ 보화환

백출, 진피, 반하, 적복령, 신곡, 산사, 연교, 향부자, 후박 ,나복자, 지실, 맥아, 황련, 황금 등의 약재를 환으로 먹을 수 있어 학생이나 직장인이 복용하기에 편하다. 보화환은 몸의 지구력 올리고, 혈액순환을 도와 배설을 용이하게 해주는 보조 한약이다. 비만인 중 상체에 열이 많고 변비가 심할 때는 황금 등의 한약재를 늘린다. 구미 감소효과로 속이 쓰린 경우엔 황련을 가한다.

5_ 소요산

활석, 감초, 석고, 황금, 길경, 방풍, 천궁, 당귀, 적작약, 대황, 박하, 연교, 마황, 망초, 형개, 백출, 치자로 구성된 산제로 기의 순환과 혈액순환을 도와 대소변이나 땀으로 불필요한 노폐물 제거 류머티즘, 퇴행성관절염엔 방풍, 연교를 적당량가 한다. 신경을 많이 쓰는 직장인이나 갱년기 비만 여성들의 경우에 얼굴이 붉어지면서 갑자기 심장박동이 빨라져 숨이 가쁘고 오한 증상이 생기곤 하는 경우에 좋은 효과가 있다.

6_ 비감환

의이인, 방기, 저령, 홍화, 숙지황, 감초, 당귀, 소목, 천화분, 택사 등이 들어 있는 처방으로 비만 증세가 가벼운 경우, 다른 방법에 의해 체중을 대폭 감소시킨 후 재발 방지를 목적으로 복용하는 환약제로 입맛을 떨어뜨리는 데 효과가 크다. 또한 보조 약재로 혈액 순환 및 소변 배출을 돕는다.

7_ 방기황기탕 가미

방기, 황기, 백출 백복령, 택사, 저령, 후박, 진피 넣고 감초 첨가한 처방으로 식사량이 적은데도 부종현상을 보이거나 습관적으로 물을 많이 마시는 환자에게 효과가 있다. 물 뚱뚱보인 사람은 땀을 잘 흘리고 또 육체적인 스테미너가 부족하다. 더욱이 맥박이 일정치 않거나 손발이 차갑다고 하고 허리가 빠근하다고 하며 체중에 의해 무릎의 통증을 느끼기도 한다. 이 한약은 대사이상을 정상화해서 맥박을 고르게 하는 효과가 있다.

8_ 보중치습탕 가미

인삼, 백출, 창출, 진피, 적복령, 맥문동, 목통, 당귀, 황금, 후박, 승마 넣는다. 무기력하고 빈혈이 심하며 손발이 차고 추위를 심하게 타는 비만인의 경우 인삼 등을 가하고 황금 등은 줄인다. 불임증으로 고민하는 경우는 당귀 등의 한약재를 점차 늘려 복용한다.

9_ 체감행혈의이인탕

의이인, 황기, 산약, 당귀, 천공, 감초, 숙지황, 백복령, 백작약, 홍화, 소목, 목통, 육계, 구기자, 산수유, 음양곽, 백자인, 곽향, 황금, 황련 등이 들어 있는 처방으로 혈액순환장애, 신경예민한 사람과 빈혈, 추위, 무력감, 생리불순, 불임, 위산과다, 갑상선기능이상이 있는 사림에게 사용히면 효과가 있다.

10_ 체감제습탕

의이인, 창출, 후박, 나복자, 숙지황, 목통, 택사, 저령, 방기, 당귀, 천궁, 상백피, 감초, 홍화, 소목, 반하, 지실 등이 들어 있는 처방으로 식욕, 소화 잘되고 잠이 많으며 아침에 부기가 있으며 물살체질에 맞다.

11_ 비감해기탕

의이인, 천화분, 갈근, 목통, 택사, 등심, 황기, 산약, 인진, 숙지황, 방기, 홍화, 소목, 구기자, 산수유, 당귀, 천궁, 저령, 마황, 소엽, 강활 등이 들어 있는 처방으로 과음, 과식, 활동적이며 근골질, 열성체질인 사람에 사용하면 효과가 좋다.

12_ 체감대보탕

의이인, 황기, 숙지황, 백출, 감초, 백복령, 백작약, 택사, 등심, 목통, 당귀, 천궁, 육계, 구기자, 산수유, 산약, 음양곽, 홍화, 소목 등이 들어 있는 처방으로 허약자에게 사용한다.

13_ 체감보중익기탕

의이인, 황기, 감초, 나복자, 후박, 백복령, 백출, 인삼, 진피, 숙지황, 당귀, 건강, 목통, 택사, 우슬, 속단, 홍화, 소목, 승마, 시호, 육계, 녹각 등이 들어 있는 처방으로 신경성 설사, 잔병치레의 증상이 있는 사람에게 사용한다.

14_ 체감방풍통성산

의이인, 숙지황, 감초, 황련, 석고, 황금, 길경, 당귀, 목통, 택사, 천궁, 적작약, 홍화, 소목, 대황, 마황, 박하, 형개, 백출, 치자 등이 들어 있는 처방으로 고혈압, 동맥경화, 변비, 다열(복용중설사시감량)의 증상이 있는 사람에게 쓰면 효과적이다.

15_ 체감보혈안신탕

의이인, 산약, 백복령, 용안육, 당귀, 백출, 맥문동, 백자인, 산조인, 택사, 저령, 황금, 숙지황, 홍화, 소목, 목통, 원지, 오미자 등이 들어 있는 처방으로 불면, 스트레스, 야간에 자주 음식을 먹는 사람에게 효과적이다.

16_ 체감가미방기황기탕

의이인, 방기, 황기, 백출, 백복령, 택사, 저령, 후박, 진피, 감초 등이 들어 있는 처방으로 비위허약, 혈액순환장애, 부종이 있는 사람에게 효과적이다.

17_ 체감의인인탕(한의원, 한방병원에서 많이 사용)

의이인, 숙지황, 방기, 감초, 황기, 산약, 목통, 택사, 후박, 저령, 등심, 나복자, 당귀, 음양곽, 구기자, 산수유, 천공, 홍화, 소목으로 구성된 처방으로 건강하면서 비만한 체질 즉 식욕과 잠이 많고 성격이 느긋한 사람에게 맞다.

Chapter 11 기기관리

1 엔더몰로지(endermologie)

비만관리용 미용기기의 활용은 주로 체형관리시 체형분석 및 관리의 효과를 높이기 위해서 사용된다. 비만관리용 기기는 사용목적에 따라 방법이 다양하며, 사용시에는 기기의 원리와 제조회사의 사용 메뉴얼을 정확하게 숙지 후 사용해야 한다. 비만관리용 미용기기의 대표적인 것으로는 엔더몰로지, 초음파, 고주파, 중주파, 저주파, 진공흡입기(석션기)등이 있으며 현재 미용시장에서 활발하게 활용되고 있다.

1_ 특징

엔더몰로지는 비만으로 인해 나타난 반응 중 결합조직의 이상을 관리하기 위해서 프랑스의 공학자인 Louis Paul Guitay가 80년대 초 손으로 하는 마사지와 같은 효과를 내는 기기로 개발하였다. 엔더몰로지는 비침습적이며, 원리는 피부에 적용하는 롤러와 흡입컵이 양압(굴리기 : rolling)과 음압(흡입 : suction)을 이용하여 '피부를 당겼다 놨다'를 반복함으로써 피부에 물리적인 자극을 주어 지방 및 셀룰라이트를 분해하는 기기이다. 지방세포를 둘러싸고 있는 섬유들의 이상 현상의 엉김을 풀어주고, 지방세포를 분해 및 제거하여 혈액 및 림프의 순환을 촉진시키고, 탄력섬유를 강화시키며, 셀룰라이트를 감소하여 피부를 탱탱하게 하는 효과를 얻을 수 있는 기기이다.

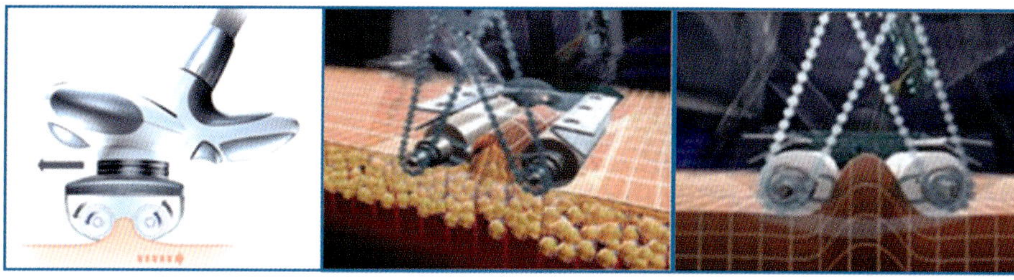

2_ 적용방법

- 고객은 전용 의복을 입는다.
- 시술부위에 맞는 액세서리를 선택한다.
- 엔더몰로지 관리 시 체형관리용 제품, 아로마 에센셜 오일, 지방분해 로션 등과 함께 적용하면 더 높은 효과를 볼 수 있다.
- 관리방향은 말초에서 심장 방향 쪽으로 실시한다.
- 전신 체형관리 시간은 개인의 상태에 따라 다르나, 일반적으로 1회 실시 시약
- 실시시 약 40~50분 정도로 하며, 주 2~3회 실시하는 것이 좋다.

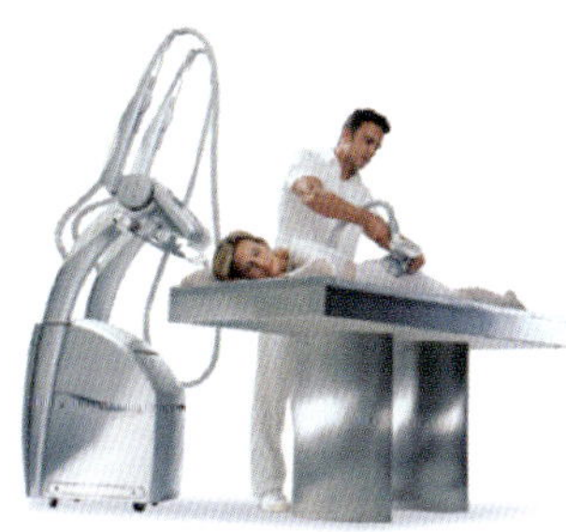

3_ 효과

- 셀룰라이트 분해 및 제거
- 지방분해 및 제거
- 혈액 및 림프의 순환 촉진
- 신진대사 촉진으로 세포 재생에 효과적
- 신체내의 독소 및 노폐물 배출

- 부종완화 및 피부탄력 강화
- 튼살 및 피부처짐 방지

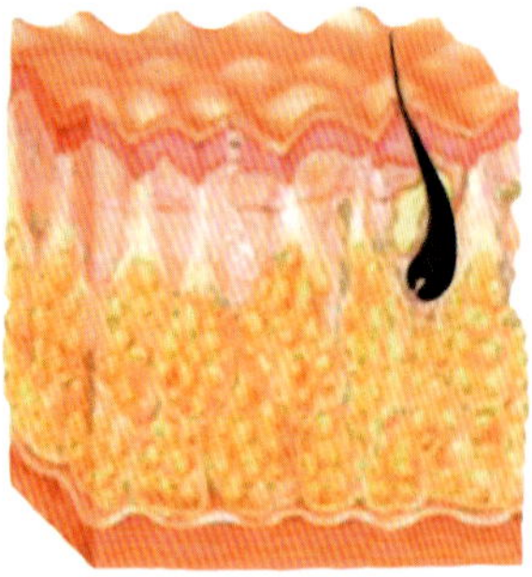

BEFORE

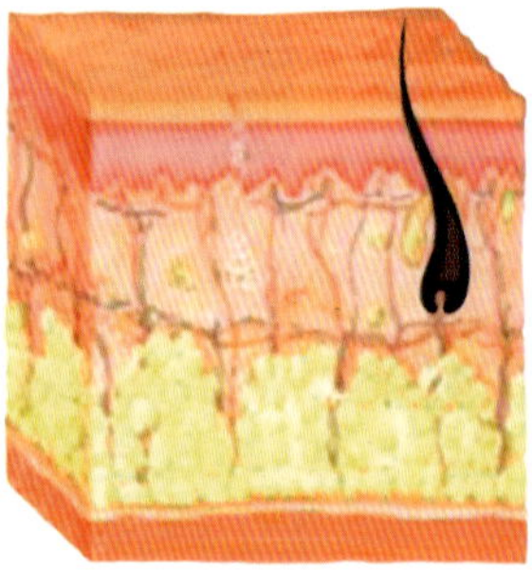

AFTER

4_ 적용금지대상

- 염증이나 상처부위가 있는 경우
- 피부가 민감한 경우
- 일광화상이 있는 경우
- 임산부
- 정맥류가 심한 경우
- 인공심장박동기 등 몸 안에 금속핀이 있는 경우
- 질병에 의한 부종이 있는 고객은 반드시 의사의 진단이 필요하다.

5_ 주의사항

- 체형관리용 제품을 같이 사용시 유분 및 염분이 함유된 제품은 제한한다.
- 기기의 압의 세기와 적용방향을 주의한다.
- 처음부터 강한 압은 삼가고 서서히 음압을 높여준다.
- 뼈가 있는 부위와 정맥류, 모세혈관 부위는 피하여 적용한다.

2 초음파(ultrasoundmachine, sonophoresis)

1_ 특징

초음파란 진동주파수가 20,000Hz 이상의 매우 높은 음파이므로 소리로 들을 수 없는 진동 음파이다. 음파란 물체가 진동하면서 그 진동이 공기 중에 퍼져서 들리게 되는 소리로 빠른 진동은 높은 음을, 낮은 진동은 낮은 음을 나타낸다.

초음파는 진동 주파수가 20,000Hz 이상의 매우 높은 진동으로 인간의 귀로는 들을 수 없는 진동음파를 이용해 피부에 활성을 주는 기기로, 압전세라믹을 사용하여 압력(물리적인 힘)에 의해 전기(전압)가 발생하고 역으로 전기(전압)을 주었을 때 기계적인 힘(진동)으로 변환시켜, 1초에 백만 번 이상 진동(1MHz)을 하는 원리를 가진다. 즉, 압전세라믹이 전기에 반응하여 진동으로 바뀌게 되고, 매개체(전용 젤, 물 등)에 의해서 인체에 작용하는 기기이다. 1초에 백만 번 이상이라는 고속진동에 의해서 피부 속 깊은 침투가 가능하다. 따라서 반드시 사용시 피부 표면에 초음파 젤을 도포하여 사용하여야하며, 도포 후 기기를 밀착시키면 공기의 진동이 인체내부에 전달되어 효과를 발휘한다. 초음파의 진동은 분자 간의 마찰에 의해서 열을 발생시키고, 피부의 온도를 약 1℃ 정도 올려줌으로써 혈액순환 및 신진대사 기능을 촉진시키며, 셀룰라이트와 지방을 분해시켜준다. 초음파 미용기기는 아주 작은 물리적인 진동이지만 잦은 횟수가 효율적인 효능을 발휘시킨다.

1초에 한번 움직이는 것은 1Hz라고 하며 1kHz=1000Hz이다.

2_ 적용방법

- 사용부위에 맞는 초음파 프로브(probe)를 선택한다.
- 시술부위에 초음파 전용 매개체인 초음파 젤을 반드시 도포한다.
- 피부표면과 프로브의 각도는 45°가 가장 안정적이며 압은 가볍게 주면서 적용한다.
- 사용부위에 맞게 강도를 조절하며 근육방향으로 약 10~30분 정도 적용한다. (시술받는 사람의 상태에 따라 차이가 있으나, 일반적으로 복부 : 20분, 힙 : 15분, 팔 : 10분, 대퇴부 : 15분, 종아리 : 15분을 권장한다.)
- 강도는 고객의 상태에 따라 수시로 조절할 수 있다.

- 뼈 부위는 피하면서 관리한다.
- 전신관리 시에는 지방과다 축적부위를 집중관리한다.

초음파 관리시 얼굴용과 바디용 적용 방법

일반적인 초음파 미용기기로 초음파 관리를 할 때는 얼굴용은 3MHz를 사용하고, 바디용에는 1MHz를 사용한다. 바디용에 더 강한 주파수를 사용해야 할 것 같지만, 1MHz가 더 약함에도 불구하고 바디에 적용하는 이유는 1MHz는 1초당 백만번을 뛰어 3MHz보다 저항이 적기 때문에 바디 관리 시 1MHz를 사용하면 뼈까지 들어갈 수 있고, 3MHz는 근육까지밖에 못 도달하기 때문에 얼굴용에 사용한다.

초음파 젤의 피부미용 효과

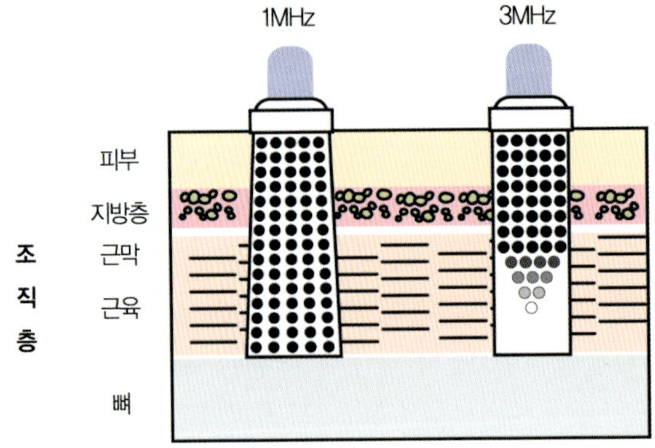

Head 사용 방법

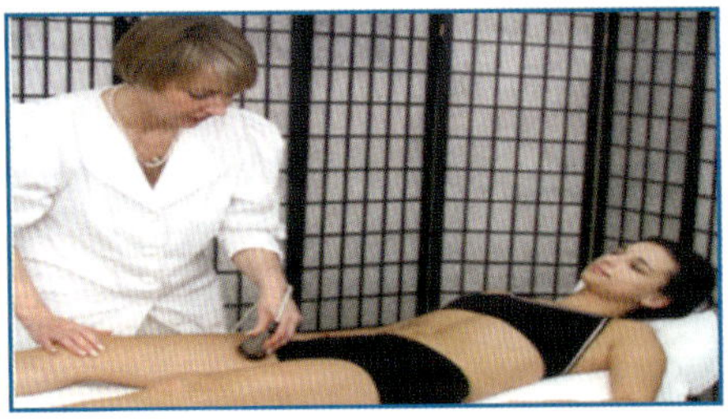

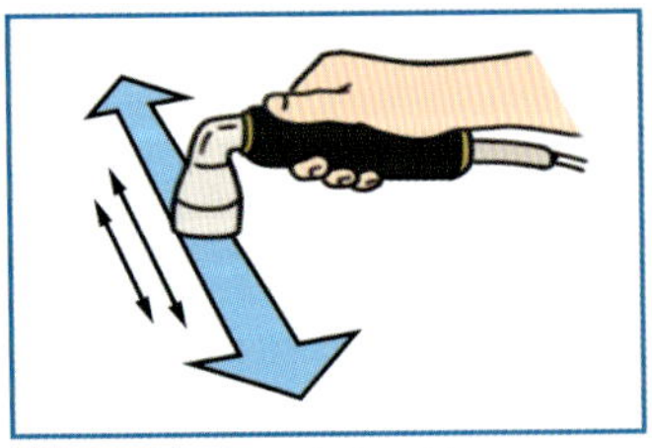

〈평행이동법〉

〈원형이동법〉

초음파 사용 시 반드시 사용하는 초음파 젤은 전파 매개물질로 초음파의 전도력, 흡수력, 윤활성이 좋아야 하며, 초음파 헤드 표면과 피부 사이의 공기층을 없애 전도성을 높이는 역할을 한다. 또한 혈액 및 림프의 순환을 촉진시키고, 피부세포를 자극하여 대사를 원활하게 하며, 사용 제품의 흡수를 돕는 역할도 한다.

초음파 침투 깊이

	1MHZ(바디 관리)	3MHZ(훼이스 관리)
지방조직	20.0cm	3.8cm
근육조직(종파)	4.0cm	1.0cm
근육조직(횡파)	8.2cm	2.7cm
힘줄조직	2.1cm	0.7cm
연골조직	2.0cm	0.7cm
골격조직	0.6cm	0.006cm

3_ 효과

① 세정효과

초음파가 방사될 때 발생되는 핵의 생성, 기포(bubbie)의 발생, 성장한 기포의 파열 등의 단계로 인체의 미세부분까지 깨끗이 분비물을 피부 밖으로 배출시키는 작용을 한다.

② 온열효과

진동에 의한 마찰력은 피부온도를 약 1℃ 정도 상승시켜 피부 속까지 깊게 침투하여 혈액과 림프액의 흐름을 높여 물질대사를 촉진시키고 영양공급을 원활히하며 이는 기저세포의 세포분열이 정상화되므로 피부기능을 개선시킨다.

③ 지방분해

전신비만에 사용되는 초음파기기는 피하지방의 분해를 도우며, 이때 금속 해느 크기가 커서 효과가 극대화되며 분해된 지방산의 배출은 진동 작용에 의한 운동으로 분해를 돕는다. 온열효과에 의하여 피하지방 덩어리의 분해를 도와 셀룰라이트 개선에 효과적이다.

④ 신진대사 촉진

4_ 적용금지 대상

- 염증이나 상처부위, 찰과상이 있는 경우
- 인공 심장기(인공심장 박동기)를 부착한 경우
- 혈전증, 심장 질환이 있는 경우
- 전염성 피부질환, 피부병, 염증성 여드름 피부, 알레르기성 민감 피부, 모세혈관 확장 피부인 경우
- 신체에 금속을 삽입한 경우
- 임산부

5_ 주의사항

- 눈 및 갑상선 주위의 관리는 피한다.(초음파는 물에서 잘 통하기 때문에 눈에 많은 단백질을 응고시켜 백내장을 유발할 수도 있다.)
- 뼈나 관절부위에는 절대 사용하지 않는다.
- 한 부위에 5초 이상 머무르지 않도록 하고, 그 주위를 반복하여 사용하며, 너무 속도가 빠르지 않도록 주의한다.
- 관리 후에는 프로브와 해드의 금속 표면이 상처가 나지 않도록 관리한다.

주파수

부위	저주파	중주파	고주파
주파수	1~1,000Hz	1,000~10,000Hz	Over 100,000Hz
주파특징	• 물리치료 효과 • 근육자극 효과	• 전기저항수치 최소화 • 특정한 부위에 넓고 깊게 효과적인 치료 가능	• 심부투열치료 • 살균소독 • 피부혈액순환

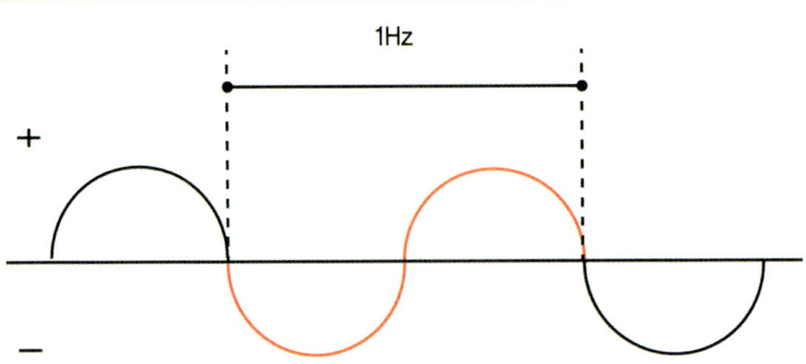

중 · 저주파와 고주파의 차이

① 중 · 저주파 : 말초신경 자극, 근육 수축
② 고주파 : 자율신경 자극, 근육 이완, 지방 융해

초음파와 고 · 중 · 저주파의 차이

초음파는 진동에 의한 관리이고, 고 · 중 · 저주파는 전기에 의한 관리 방법이다.

3 고주파(high frequency current)

1_ 특징

고주파 기기는 100,000Hz 이상의 높은 교류전류를 가지며 초당 진폭이 매우 빨라서 강한 느낌을 주지 않는 전류를 사용하는 기기로, 대표적인 특징으로 열을 심부에 투과시켜 조직의 온도를 상승시키는 온열요법으로 심부투열, 심부가열이라고도 한다.

테슬러(tesla) 고주파

테슬러 고주파는 고주파의 한 종류로, 테슬러 코일이란 불꽃 방전에 의해서 만든 고주파의 전류를 고압 변압기로 바꾸는 장치로, 방전시 공기를 이온화해서 오존(O_3)을 발생시켜 살균 및 피부자극 효과를 주는 전류이다. 테슬러(tesia) 전류의 주요작용으로는 뭉친 근육의 경직을 풀거나 지속적 자극을 주어 뭉쳐진 근육을 완화시키는 기능을 한다. 고주파 전류는 가스의 종류에 따라서 유리전극을 통과할 때 미세한 섬광을 방출시키면서 다른 색상을 나타내는데, 네온가스 첨가시에는 오렌지색을, 아르곤 가스 첨가 시에는 보랏빛을 나타낸다.

2_ 적용방법

고주파 전류에는 직접법과 간접법으로 나눌 수 있다.

① 직접법(direct surface application)

관리사가 직접 전극봉 유리관을 고객 피부에 적용시키는 방법으로, 전극봉 유리관 내의 공기와 가스가 이온화되어 전류가 유리관을 통해 피부로 전달되는 방법이다. 특히, 지성 피부에 효과적으로, 적용시 발생되는 스파크에 의해 박테리아를 제거하여 화농성 여드름 피부에 효과적이며, 피부에 살균 효과가 있다. 또한 신진대사 촉진과 노폐물 배출에 효과적이며, 산소공급과 혈액순환을 도와준다.

또한 피부세포 조직에서 발생된 고열을 진정시켜주는 효과도 있다. 개인에 따라 차이가 있지만 일반적인 관리 시간은 약 8~10분 정도 적용한다.

② 간접법(indirect application)

고객이 금속봉을 잡고 있는 동안 관리사가 직접 손으로 적용시키는 방법으로, 전기가 흐르는 느낌이 적고 피부를 부드럽게 한다. 이때 반드시 고객이 금속봉(전극)을 쥐고 있을 때 전원 스위치를 켜고 끄어야 한다. 특히, 건성피부, 노화 피부에 효과적이며, 대표적인 효과로는 온열 효과에 의한 혈액 순환을 촉진시키고, 안면 관리와 전신 관리에 모두에 사용한다. 또한, 피부에 적당한 자극을 주어 피부에 중주파와 초음파를 사용한듯한 효과도 있다. 개인에 따라 차이가 있지만 일반적으로 관리 시간은 약 10~15분 이내로 적용한다.

③ 일반적인 방법(general electrification)

손님이 직접 금속봉을 잡고 있는 동안 전기로 충전되는 방법이다. 플레이트 또는 전극봉을 고객의 몸에 밀착시킨 후, 고주파 전용 제품을 관리 부위에 도포한 후 해드를 피부에 먼저 댄 상태에서 천천히 움직이면서 전원을 키고 관리(마사지)를 실시한다.

3_ 효과

- 온열효과
- 지방연소 및 분해
- 셀룰라이트 분해
- 직접 피부에 사용 시 살균효과로 염증완화 및 박테리아 번식 예방
- 혈액 및 림프순환 촉진
- 근육의 신진대사와 근 세포의 활성화
- **등관리시** : 근육 동증 완화
- **복부 관리 시** : 혈액 및 림프순환 촉진, 독소배출 및 내장지방 감소
- **하체 관리 시** : 부종완화 및 슬리밍 효과
-

고주파의 온열효과 원리

고주파의 가장 대표적인 효과인 온열효과는 고주파 전류가 인체조직을 통과하게 되면 쌍극분자원리에 의하여 전류의 방향이 바뀌고, 이는 이온의 회전에 의하여 열을 발생시킨다. 따라서 혈관이 확장되면서 O_2와 영양소가 공급되어 세포재생이 원활하게 되어 신진대사가 활발해진다. 일반적으로 지방은 41℃에서 용해되기 시작하며, 지방은 전하를 띠지 않고 있어 다른 조직보다 열 발생이 적은 것으로 생각하지만 지방과 근육의 경계면에서 반사가 많이 일어나기 때문에 피하지방층에서 열 발생이 높아 지방분해가 잘되어 고주파의 온열효과는 지방분해에 효과적인 역할을 한다.

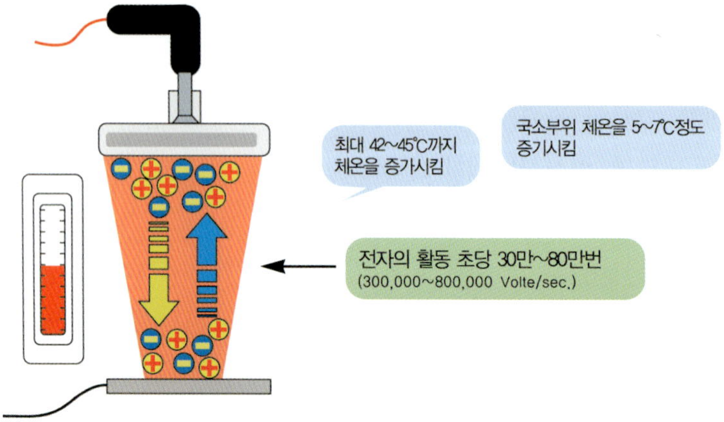

4_ 적용금지대상

- 임산부
- 맥박 이상 및 인공 심장기를 부착한 경우
- 전기에 민감한 경우
- 저혈압, 고혈압, 혈전증, 정맥류, 수술 직후, 치아 내 보철을 한 경우
- 부종이 있는 경우(비염증성 부종이 있을 때에는 열 관리 시 부종이 더 증가)
- 출혈이 있는 경우
- 여름철인 경우 피부가 태양에 노출이 많이 되어 붉거나 타있는 경우

5_ 주의사항

- 고객과 관리사 모두 몸에 지닌 금속 및 보석을 제거한다.
- 고객에게 관리 시 발생될 수 있는 소리, 냄새 등에 대해서 충분히 설명한다.
- 사용 시작시에는 반드시 고객의 몸에 해드를 댄 후에 움직이면서 전원 스위치를 켜고, 관리 마무리에는 전원 스위치를 끈 후에 해드를 몸에서 뗀다.
- 고주파 관리는 특히 열감을 심하게 느낄 수 있으므로 강도를 확인하면서 적용한다.
- 한 부위에 너무 오래 사용하면 화상이 생길 수 있으므로 조심한다.
- 알콜성분이 함유된 스킨(토너) 사용을 삼간다.

4 중주파(middle frequency current)

1_ 특징

중주파 기기는 1,000~10,000Hz 이하 범위의 전류를 이용하는 교류전류로 피부저항이 낮아 전류 통전시 통증이나 불쾌감이 적은 기기이다. 또 에너지 소실이 적어 체내에 전기가 잘 전달되며 전기분해작용이 없어 강한 강도로 자극해도 인체적용시 부드럽고 안정감이 높아 근육의 통증 없이 자극하는 기기이다. 자극이 부드럽고 특정한 부위뿐만 아니라 넓은 부위의 심부까지 관리가 가능하며, 경피에 자극 없이 전류가 이미 침투된 근육을 자극하여 넓은 부위, 깊은 심부까지 지방분해 효과를 준다.

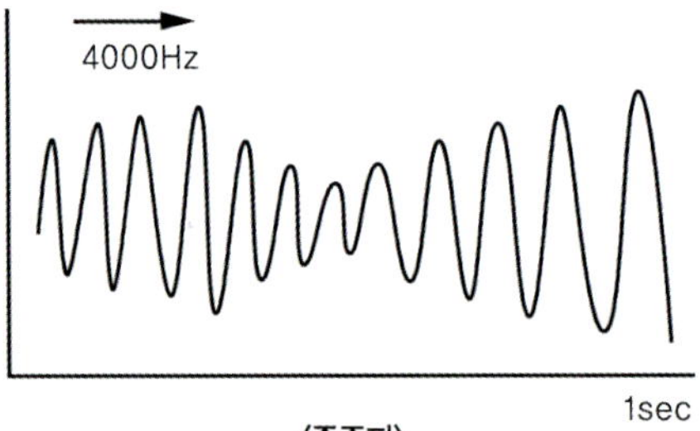

〈중주파〉

2_ 적용방법

- 시술부위에 맞는 액세서리를 선택한다.
- 비스코스 이용시 물에 적시고 고무패드 이용시 하이드로 젤을 발라 전류가 잘 통하도록 한다.
- 시술부위에 패드를 대고 밴드를 감는다.
- 밴드를 감을 때는 사용 방법에 맞게 감아준다.
- 신체 부위에 맞도록 시간을 적용한다.
- 관리 시 강도는 고객의 의견을 반영하면서 조절한다.
- 강도를 조정할 때는 서서히 조정한다.

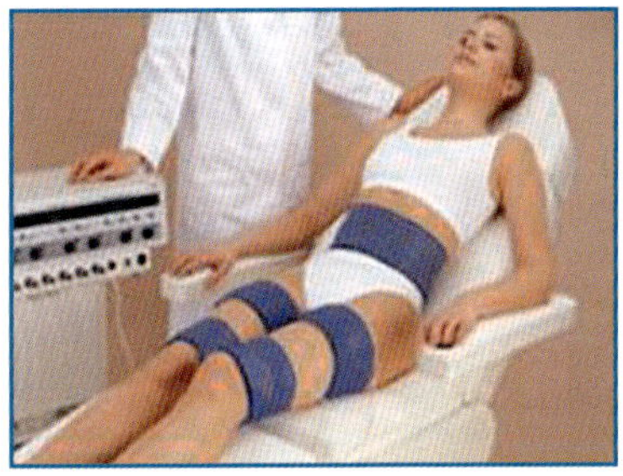

패드부착요령 : 근육의 탄력효과

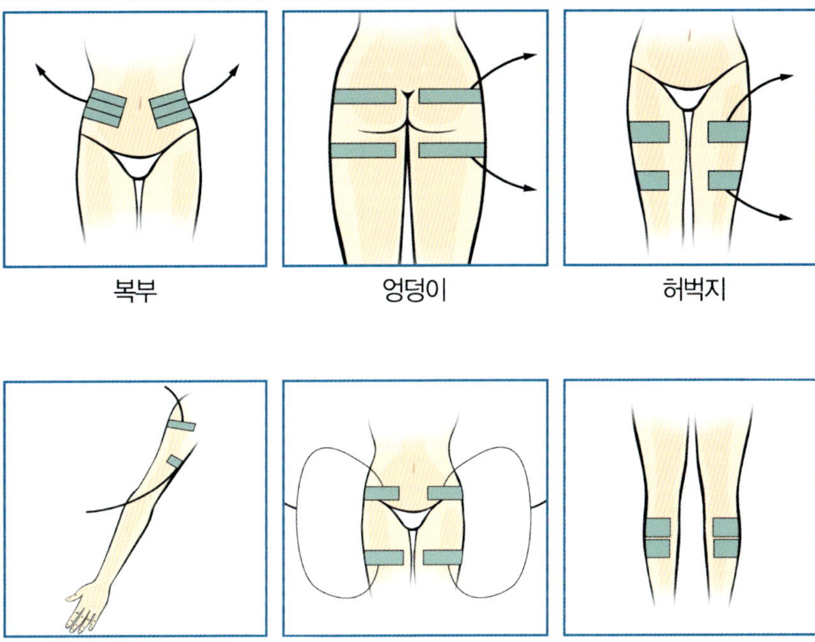

복부 엉덩이 허벅지

팔 허벅지 종아리

3_ 효과

- 물리치료의 효과
- 근육통 완화
- 슬리밍 효과
- 지방 및 셀룰라이트 완화
- 림프순환의 활성화
- 부종 완화

4_ 적용금지 대상

- 혈전성 정맥 질환이 있는 경우
- 열이 있는 경우
- 임산부 및 임신 가능성이 있는 경우
- 신경질환, 간질, 심한 림프 장애를 동반한 경우
- 외부상처가 있는 경우
- 암이나 종양이 있는 경우

5_ 주의사항

- 기기 작동 시 강도의 조절기가 '0'인 상태에서 작동시킨다.
- 강도의 세기는 고객의 상태에 따라 서서히 조절한다.

5 저주파(low frequency current)

1_ 특징

저주파 기기는 1~1,000Hz 이하의 교류전류를 사용하는 기기로, 피부 및 피하조직을 관리 및 치료하는데 적합한 전류이며 주파수가 낮은데 비하여 인체 적용 시 근육의 수축 및 이완의 느낌이 강하기 때문에 편안한 느낌의 안정감은 없다. 그러나 근육에 전극을 통하게 하여 근육을 수축, 이완시킴으로서 셀룰라이트 분해 및 지방연소의 효과가 크다.

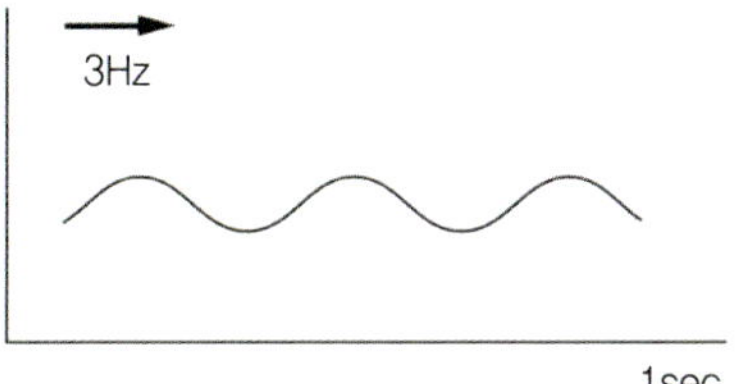

〈저주파〉

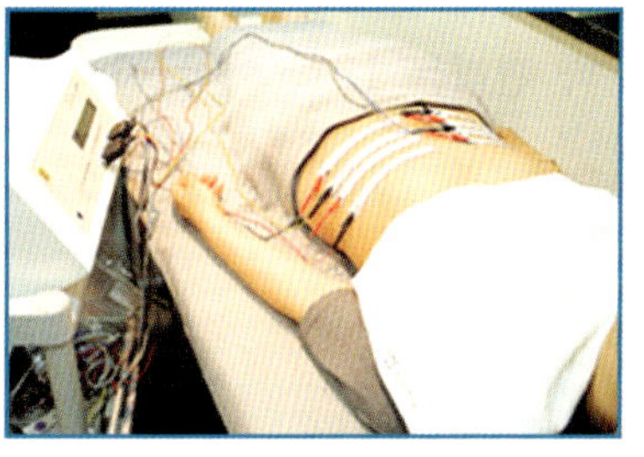

근육패딩법

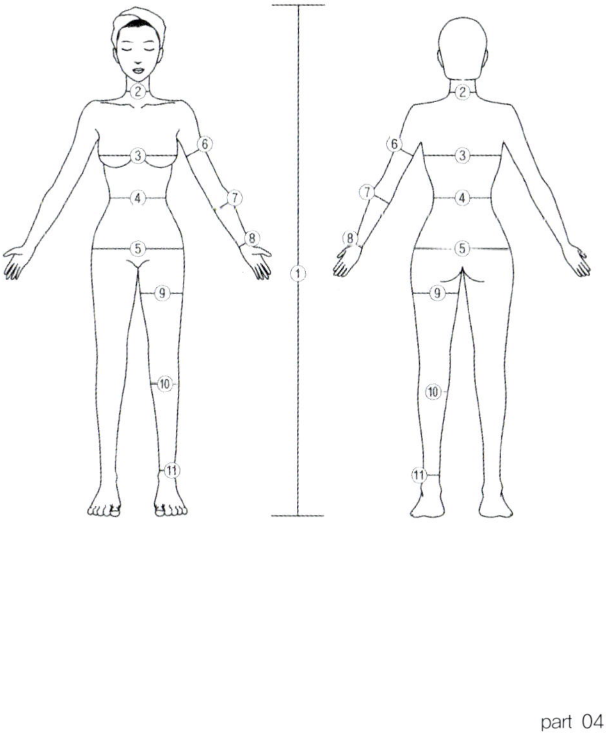

6 진공흡입기, 석션기(suction, vaccummachine)

1_ 특징

진공 흡입기(석션기)는 유리컵(벤토우즈)을 사용하여 피부를 흡입하는 원리를 적용하는 것으로 피부표면을 진공상태로 만들어 세포와 조직에 적절한 압력을 주어 혈액 및 림프의 순환을 증가시켜 체형을 관리해 주는 기기이다.

유리컵(벤토우즈)을 피부에 접촉하여 진공으로 공기압을 흡입하므로 피부의 혈액 및 림프순환이 증가되어 노폐물 배출, 근육 이완의 효과로 체형 및 비만관리에 효과적이다. 이때, 유리컵의 흡입력은 약 300mm기압 정도이고, 유리컵 상부의 구멍을 관리사의 손가락으로 열고 닫는 방법을 통해 흡입력을 조절한다.

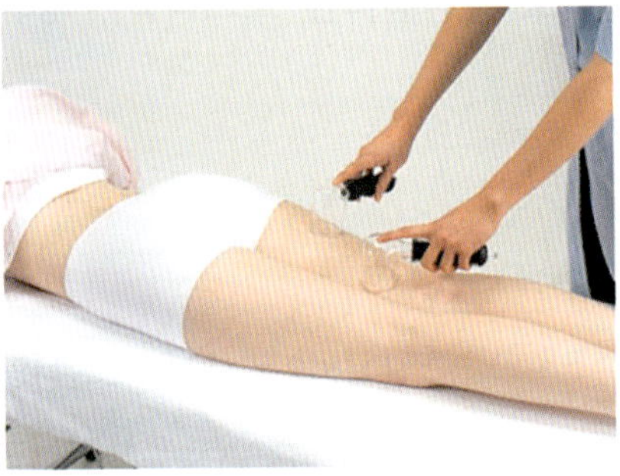

2_ 적용방법

- 관리부위에 적절한 유리컵(벤토우즈)의 크기를 선택한다.
- 흡입기를 사용하기 전 관리사의 손바닥이나 손등을 이용해 컵의 압력을 체크 한다.
- 림프의 순환 촉진 : 컵안의 압력 20% 적용
- 혈액의 순환 촉진 : 컵안의 압력 50% 적용
- 처음 사용시 낮은 압력에서 시작하여 점차 압력을 늘려나간다.
- 유리컵의 흡입력은 개인의 피부상태에 따라 달리 적용하지만, 일반적으로 안면은 20%, 전신은 30%를 기준으로 적용한다.
- 관리 시작시 주요 림프절을 먼저 뚫어준 후 림프의 순환 방향으로 시행하면 효과가 더 크다.

- 유리컵을 피부에 대고 압력을 조절하며 피부를 살짝 들어올리 듯이 올린 후 림프절에 따라 이동한다.
- 민감한 피부는 펌핑하여 자극을 최소화한다.
- 관리시 아래 그림의 화살표 방향에 맞게 림프절 방향으로 관리하며, 한 부위에 약 2~3회 정도 반복 관리한다.
- 전신관리 시 셀룰라이트 분해 및 독소배출효과가 우수한 아로마 에센셜 오일을 선택하여 매개체로 사용한다.

진공흡입기 관리 시 관리 부위와 관리 방향

관리 부위	전면 관리 시 방향	후면 관리 시 방향
가슴 관리	안에서 바깥 방향	
뒷 목 관리		경부 림프절 방향으로
복부 및 등 관리	서혜 림프절 방향으로	
팔 관리	액와 림프절 방향으로	
다리 관리	서혜 림프절 방향으로	

3_ 효과

- 혈액 및 림프의 순환촉진
- 독소 및 노폐물 제거
- 부종완화
- 피부톤 개선
- 지방 및 셀룰라이트 분해
- 경직된 근육 이완

4_ 적용금지대상

- 모세혈관 확장 피부, 예민한 피부, 민감성 피부, 로제시아 피부, 심한 여드름이 있는 경우
- 피부염증, 피부병, 알러지 피부, 감염성 피부가 있는 경우
- 일광화상이 있는 경우
- 정맥류가 있는 경우
- 심하게 탄력이 저하된 피부인 경우
- 멍들거나 상처부위가 있는 경우

5_ 주의사항

- 신체의 한 부위에만 집중 관리하지 않는다.
- 강한 압은 멍이 들 수 있으므로 주의한다.
- 심장질환, 간질, 당뇨병 등이 있는 경우 의사가 동의를 한 경우만 시술한다.

7 기타 비만관리용 기기

1_ 리프팅 기기

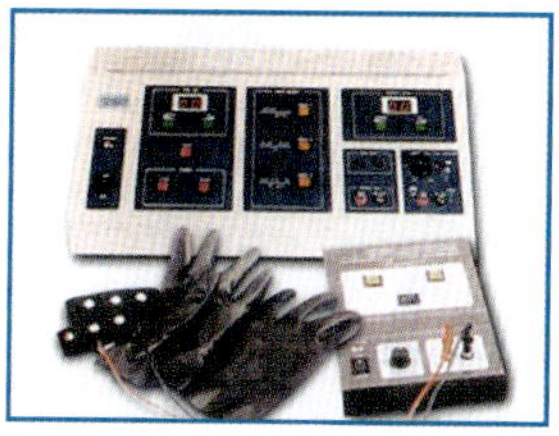

직류를 이용한 리프팅기로 피부에 탄력을 제공하며, 체형을 관리시키는 기기이다.

2_ 바이브레이터(vibrator, G5)

진동에 의해 혈액순환을 촉진시키고, 근육을 이완시켜 마사지를 하는 기기로 체형관리에 많이 사용되며, 근육 운동 및 지방 분해 효과를 주는 기기이다.

3_ 프레셔테라피(pressure therapy)

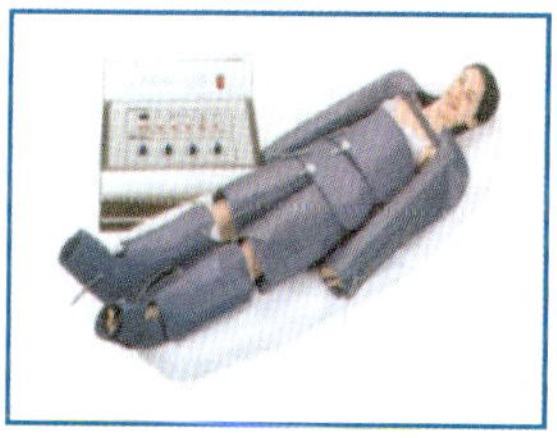

압박요법이라고도 하며, 세포 사이에 정체된 체액을 제거하여 림프와 혈액의 순환을 촉진하는 기기이다.

미용기기 주위 취급 방법

① 전압에 맞게 사용한다.
② 건전지 사용 시 전압에 맞는 지정된 것을 사용한다.
③ 사용기기에 대한 정확한 원리, 특성, 주의사항을 숙지 후 이해하여 사용한다.
④ 사용기기에 대한 메뉴얼대로 사용한다.
⑤ 관리사는 금속류 및 액세서리를 빼고, 젖은 손으로 사용을 금지한다.
⑥ 사용 후에는 전원스위치를 껐는지 확인 후 코드를 뽑아 놓아야 한다.
⑦ 사용 후 반드시 제시하는 방법으로 소독과 청소를 해야 한다.

Chapter 12 신체부위별 수기관리

1_ 체형관리를 위한 준비

① 관리 전 준비사항

- 환경적인 요소와 심리적인 요소를 배려한다.
- 관리실 내부의 쾌적한 습도와 온도를 체크한다. 담요나 타올 등 여분을 준비한다.
- 조명은 간접조명이 적절하며, 충분한 상담으로 신뢰성과, 공감을 형성한다.
- 편안하게 말할 수 있도록 분위기를 조성하고 배려하는 것이 중요하며, 아로마향이나 꽃을 준비하는 것도 좋다.
- 침대 : 겨울에는 온도를 따뜻하게 유지한다.
- 시트, 담요 : 자주 세탁하여 청결함을 유지한다.
- 레자 : 마사지 후에는 반드시 오일기가 남아 있지 않도록 깨끗이 한다.
- 수건 : 위생적인 흰색의 면 재질을 선택하고, 1회 사용한다.
  발에 사용하는 타올은 구분을 하도록 색깔을 달리 한다.
- 고객 가운 : 관리 시 불편하지 않도록 부드러운 재질을 사용한다.
  항상 청결함을 유지한다.

② 관리 전 주의사항(금기사항)

㉠ 전염성 질환을 앓고 있는 경우
㉡ 골다공증, 골격에 종양이 있는 경우
㉢ 골절상으로 통증이 심한 경우
㉣ 관절염이 심한 경우
㉤ 심한 운동이나 다친 후에 근육과 건이 파열된 경우
㉥ 건강상태가 좋지 않은 경우
㉦ 각종 수술 후에 주의를 해야 하는 경우

ⓞ 임신중인 경우
ⓩ 심한 정신질환을 앓고 있는 경우
ⓧ 외부의 상처, 피부, 근육, 골격계질환이 있는 경우

2_ 마사지 시술 전 준비

① 실기 준비 및 자세 : 외형

㉠ 복장은 늘 단정하고, 청결해야 한다.
㉡ 구취제거를 위해 마스크를 착용한다.
㉢ 손톱을 짧게 하고, 손톱 끝은 매끄럽게 정돈하며 항상 따뜻한 손을 유지한다.
㉣ 모발이 늘 청결하고, 단정하게 정리한다.
㉤ 단발머리의 경우, 단정하게 하여 머리가 앞으로 쏟아지지 않게 정리한다.
㉥ 긴머리의 경우, 망사가 달린 헤어핀을 한다.
㉦ 늘 미소를 띄고 밝은 표정으로 고객을 맞이한다.

② 실기 준비과정

㉠ 재료준비

- 타올(대타올 2장, 중타올 1장, 소타월 넉넉히)
- 알코올
- 화장솜
- 유리볼
- 팩붓
- 바디화장품(오일, 클렌징, 스크럽)
- 해면
- 각티슈
- 정리용바구니
- 스파츌라 등

㉡ 웨곤에 사용할 제품과 재료들을 정돈한다.
㉢ 배드를 정돈한다.(온도에 주의한다.)

③ 사용할 기구와 손 소독하기

2_ 등의 근육(승모근, 광배근)

(1) 승모근의 해부학적 연관 구조

① 승모근의 기능과 부착지, 혈관

- 승모근은 승려의 모자 같이 생겼다 하여 붙여진 이름의 근육이다.
- 상부, 중부, 하부의 세부분으로 나누는데 세 개의 근섬유가 독립적으로 기능한다.
- 상부승모근 : 내측으로는 항인대와 C1~C5의 극돌기, 위로는 후두상항선 내측 1/3, 밑으로는 쇄골의 외측 1/3에 부착한다.
- 중부승모근 : 내측으로는 C6~T3의 극돌기와 극간인대, 외측으로는 견봉과 견갑극의 상순에 부착한다.
- 하부승모근 : 내측으로는 T4~T12의 극돌기와 극간인대, 외측으로는 견갑거근의 견갑골 부착부위 바로 아래의 결절에 부착되어 있다.
- 위와 같이 승모근은 광범위한 부위에 부착하여 다양한 기능을 수행한다.
- 이 근육은 목의 일부 전방, 그리고 후방 근육으로 어깨와 등의 움직임에도 깊이 관여하며, 체형분석 시 매우 중요하다.
- 대부분의 근육은 정지에서 기시점으로 움직인다. 수기요법을 실시할 경우에는 수축된 곳을 먼저 관리하는 것이 좋다.
- 승모근을 싸고 있는 막과 그 막이 어디로 연결되어 있느냐를 중요하게 생각해야 한다.
- 승모근의 막은 측면의 경추 앞면바닥으로 들어가서 신장을 싸고 있는 막으로 연결되어 있다.
- 신장의 운동성이 떨어지면 승모근이 솟아올라 온다.
- 승모근, 광배근, 요방형근(신장주변)을 마사지한다.
- 다른 근육에는 혈관들이 많이 없는데 비하여 승모근에는 유독 혈관이 많다. 승모근에 문제가 생기면 추위를 많이 타게 되는 이유이기도 하다.
- 승모근의 혈관이 붙어있는 막이 전척추근막이고 신장으로 이어져 신장의 운동성에 문제가 생기면 승모근의 문제가 생긴다. 결국 승모근의 밑으로 혈액공급에 영향을 미치는 것은 신장의 역할이다. 신장과 이어진 막의 움직임이 좋아야 승모근의 문제가 해결된다. 따라서, 광배근, 요방형근의 운동성이 좋아야 된다.

(2) 해부학적 연관구조 : 신경

- 승모근은 대후두신경이 연결되어 있고 승모근 상부에 문제가 생기면 찌릿찌릿한 증상이 나타난다. 이 때 근막이 잘 움직이게 풀어주면 된다.
- 대후두공에 미주신경, 설인신경, 내경정맥, 부신경, 나온다. 내경정맥으로 뇌의 70% 정맥이 빠지는데 내경정맥 주변의 신경들이 자극을 받게 되면 구토증세와 어지럼증을 나타낸다.
- 미주신경은 내장기를 지배한다.
- 승모근의 항인대가 전척추근막과 같이 경추바닥으로 연결되어 모든 내장기와 막으로 연결되어 있다.
- 즉 내장기의 운동성이 떨어지면 승모근이 위로 솟아오른다. 특히 신장의 운동성에 영향을 많이 받는다.
- 목을 만질때 찌릿찌릿한 느낌을 받는 사람 대후두신경의 압박 때문으로 승모근을 풀어준다.

(3) 해부학적 연관구조 : 견갑대와 흉곽출입구

- 승모근 위의 두 개의 막 중 하나는 광경근막과 연결되어 있고, 하나는 대흉근과 연결되어 있다.
- 흉곽입구를 결정짓는 첫번째 근육은 광경근이며, 승모근 위에 있는 막과 삼각근위의 막이 서로 연결되어 결국 흉곽입구를 승모근이 잘 잡아준다.
- 견갑골이 척추쪽으로 모아진 사람은 중부승모근이 수축되고, 앞가슴의 근육들이 늘어난다. 그러면서 흉골쪽은 벌어진다. 견갑골이 뒤로 재껴지니까 설골에 부착되어 있는 견갑설골근이 잡아 당겨 설골의 운동성이 떨어진다.
- 설골의 근막은 심장으로 연결되어 있기 때문에 이런 체형을 가지고 있는 사람은 심장의 문제를 나타낸다.
- 흉곽이 흉골쪽으로 몰린 사람은 심장의 운동성, 폐의 운동성이 떨어지게 된다.
- 호흡을 할 때 늑골을 들어줘야 흉곽이 벌어지는데 그것을 못한다고 보면 된다.
- 횡격막의 운동성은 내장기 운동성에 영향을 가장 많이 받게 된다.

(4) 척추앞 구조물

- 설골은 견갑설골근으로, 갑상선으로, 심장으로 연결되어 있다. 즉 설골의 제한은 연결된 막이 당겨져서 심장이 두근두근한 증상이 나타날 수 있다.
- 승모근 중부섬유가 잡아당기면서 견갑설골근도 당겨지면서 이런 문제가 나타난다.
- 과식하는 사람들은 뒤로 어깨를 재끼면서 이런 문제를 만들어 낼 수 있다.
- 설골의 문제는 갑상선의 문제를 가져오고 심장의 문제도 가져올 수 있다. 이는 근막들이 연결되어 있기 때문이다.

(5) 광배근

① 부착점

- 광배근은 허리 외측에서부터 시작하여 상완의 전면에 부착하는 크고 강한 근육이다. 이 근육은 노를 젓을 때의 자세처럼 상완을 후하방으로 당기며, 승모근이 후방체간의 상부를 덮듯이 후방체간의 하부를 덮고 있다. 대원근과 더불어 액와에 후방면을 구성한다.
- 하측으로는 하부 5~6 흉추와 요추의 극돌기, 천골의 정중능선, 그리고 장골능의 외측순에서 시작하여, 상측으로는 대원근과 함께 상완골의 이두근구의 내측순까지 부착한다.

(6) 해부학적 연관구조 : 횡격막

광배근의 막은 허리속 요방형근막과 연결되어 있다. 요방형근은 횡격막이 내려갈 때 안정화 시켜주는 근육이다. 광배근에 문제가 있으면 요방형근이 제역할을 못하기 때문에 횡격막의 움직임에도 영향을 미친다.

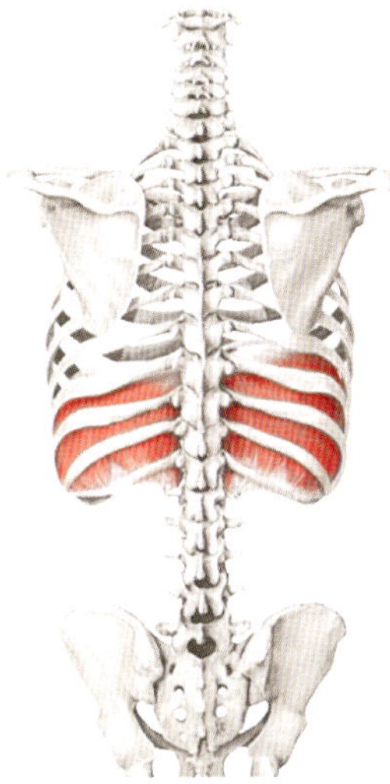

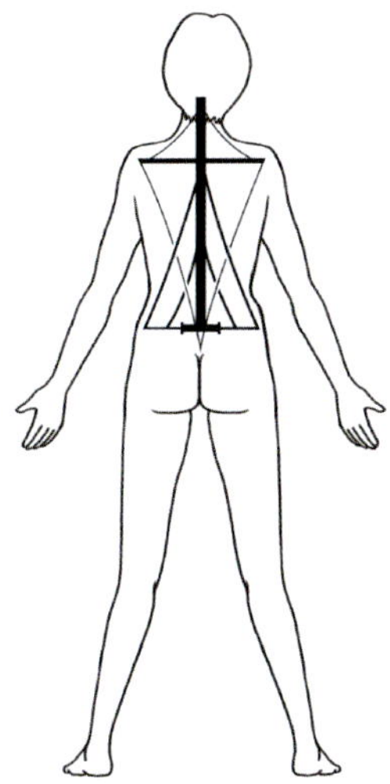

(7) 해부학적 연관구조 : 등의 근막

광배근에 하후거근, 전거근, 능형근이 막으로 연결되어 있다. 광배근의 막이 복부근육의 막과 함께 허리 부분으로 들어간다.

(8) 해부학적 연관구조 : 장요근

광배근은 천장관절에 붙어서 대둔근에 대각선으로 영향을 미친다. 대둔근이 내전근에 영향을 미치고 내전근이 장요근에 영향을 미친다. 결국 광배근으로 인해 장요근에 영향을 미치게 된다.

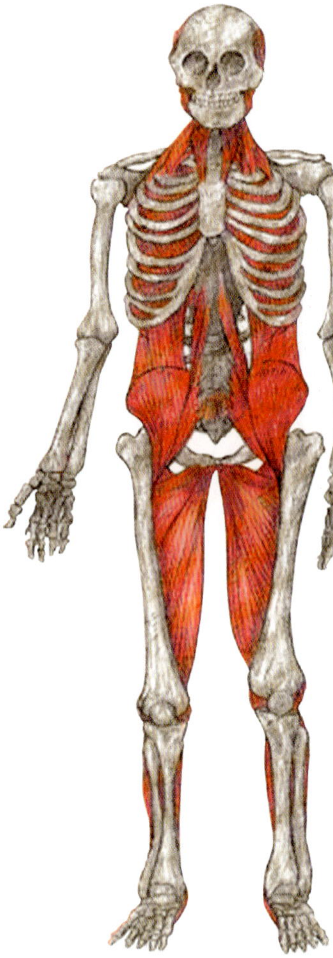

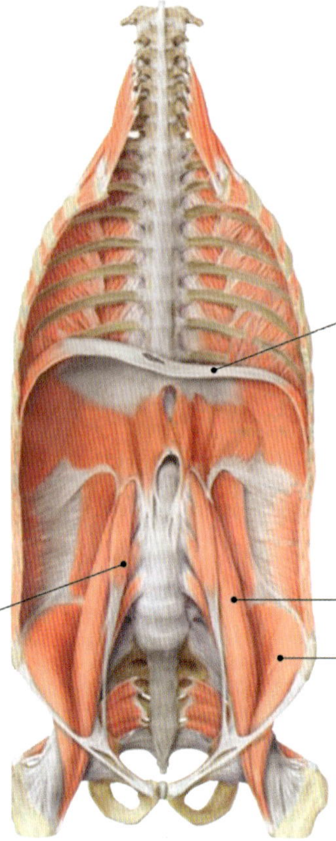

횡경막
소요근
대요근
장요근
장골근

3_ 등관리 실기

등 관리 : 오일도포 단계

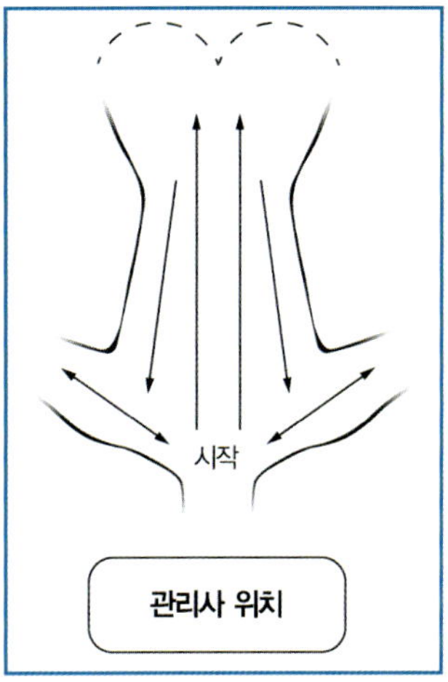

❶ 등에 양 손을 밀착시켜 기립근을 따라 압을 주며 내려간다.
❷ 측면을 따라서 승모근 방향으로 이동하며 양 승모근을 지나 상완까지 오일을 도포한다.
❸ 오일이 충분히 도포가 될 때까지 반복해서 도포한다.

등 관리 : 척추풀기 단계

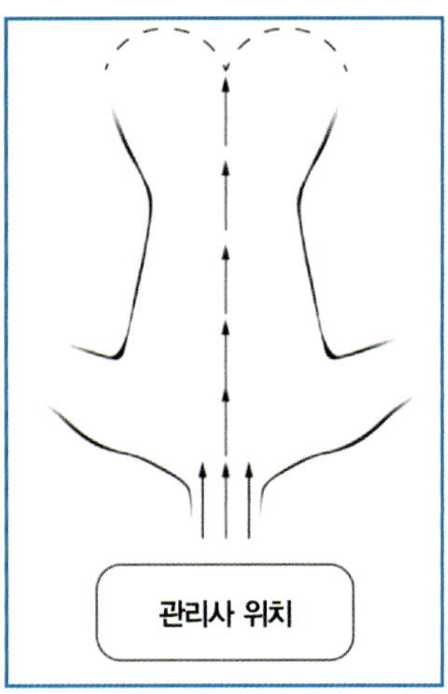

❶ 양 손을 밀착 하여 경추 3번 극돌기부터 미골까지 쓸어준다. (3회 반복)
❷ 모지구로 뒷목에서 어깨를 향해 목부위를 3등분으로 나눈 후 부드럽게 쓸어준다.

등 관리 : 어깨 풀기 단계

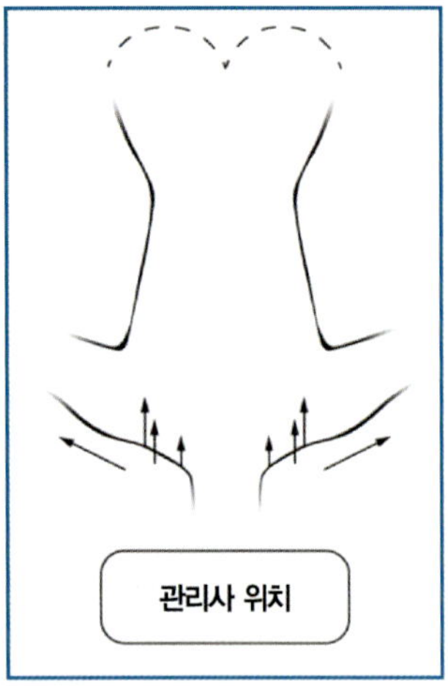

❶ 모지구와 소지구 모두를 사용하여 승모근을 견갑쪽으로 밀착하여 쓸어준다.
❷ 목에서 필쪽을 향해 쓸어준다.
❸ 승모근 뭉침의 정도에 따라서 연속 반복한다.

등 관리 : 기립근 풀기 단계

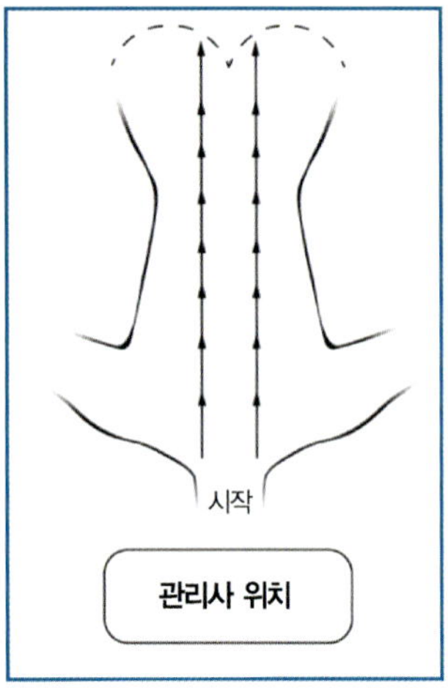

❶ 견갑에서 장골을 향해 척추기립근을 따라 아래로 촘촘히 내려가며 쓸어준다.

등 관리 : 엉덩이 풀기 단계

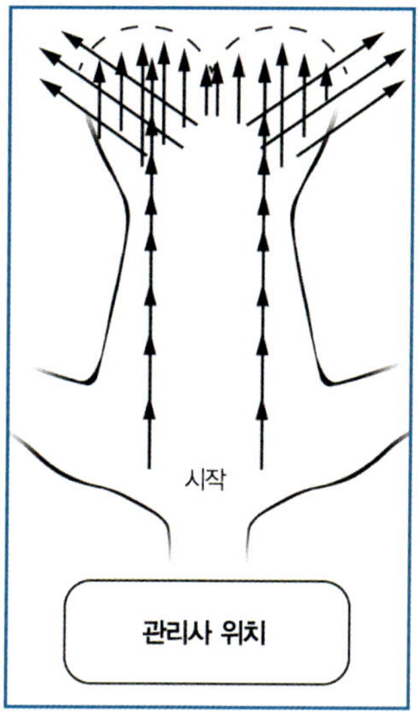

❶ 천장관절을 촘촘히 미골을 향해 쓸어준다.
❷ 장골능을 따라 천골에서 대퇴의 대전자를 향해 쓸어준다.

등 관리 : 견갑골 풀기 단계

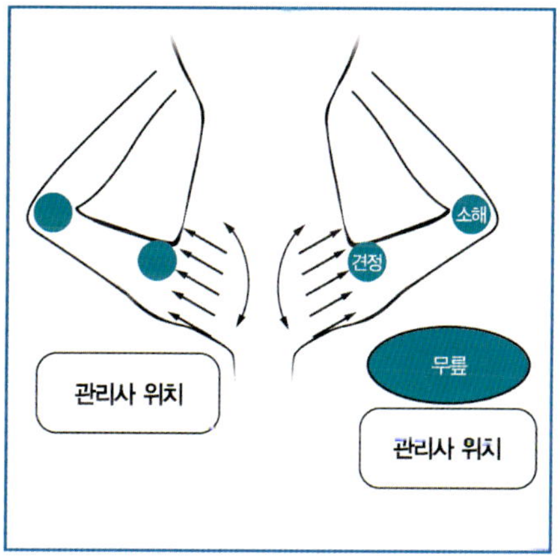

❶ 무릎을 고객 어깨 안쪽으로 깊게 넣어 편안하게 자세를 잡는다.
❷ 어깨가 들려있는 상태에서 팔굼치를 지긋이 누른다.
❸ 양손을 이용하여 경갑골을 잡고 뒤로 젖히듯 잡아 당긴다.
❹ 모지를 이용하여 능형근과 견갑골 내연을 꼼꼼히 풀어준다.

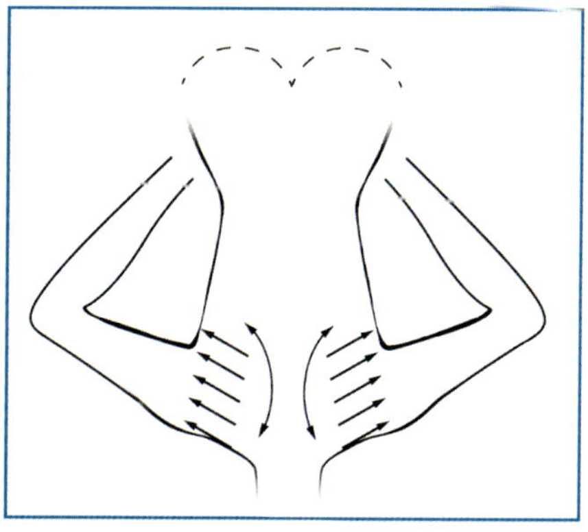

❶ 모지를 이용하여 능형근과 견갑골 내연을 꼼꼼히 풀어준다.

등 관리 : 늑골, 둔부 풀기, 꼬리뼈 흔들기 단계

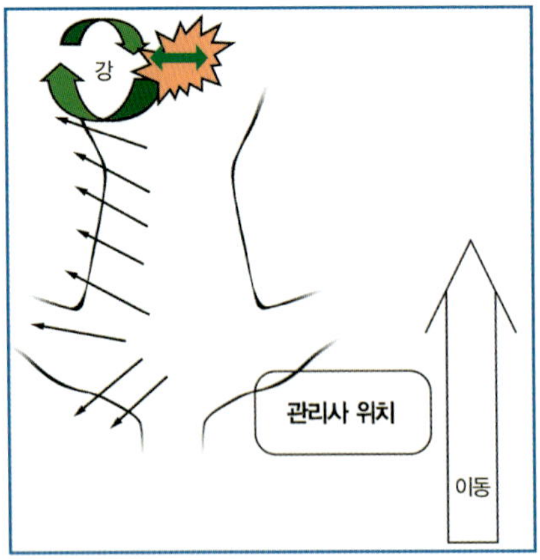

❶ 양손바닥을 이용하여 승모근에서 장골을 향하여 아래방향으로 양손을 서로 교차하며 밀착 동작을 반복 하며 림프절로 쓸어준다.
❷ 양손 겹쳐 둔부를 굴려 준다.
❸ 꼬리뼈에 수근을 대고 체중을 실어 흔들어 준다.

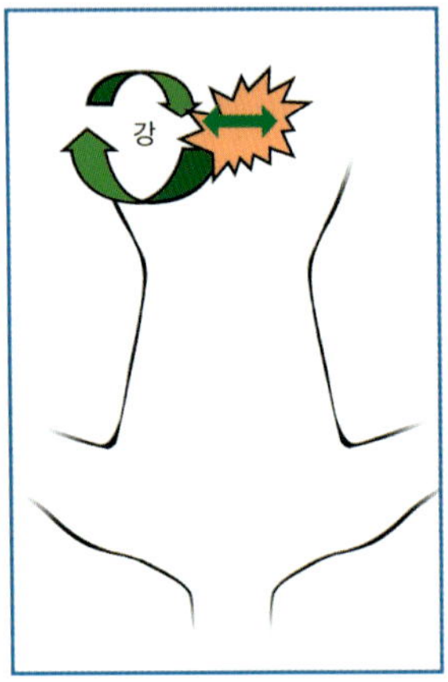

❶ 양손 겹쳐 둔부를 굴려 준다.
❷ 꼬리뼈에 수근을 대고 체중을 실어 흔들어 준다.

등 관리 : 마무리 단계 : 기립근 정리

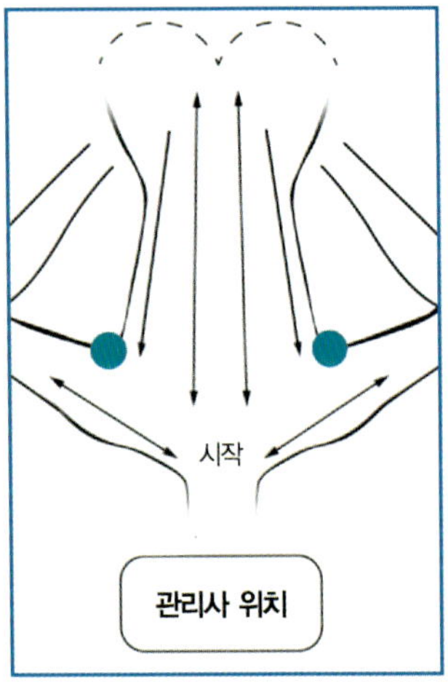

❶ 승모근에서 기립근을 따라 둔부까지 내려간다.
❷ 측면을 따라 가볍게 밀착하여 액와쪽으로 이동
→ 양 액와를 가볍게 잡아주기
❸ 양 승모근을 지나 상완까지 쓸어준다.
(상완 부위는 매회 3회 반복)

2 복부관리

1_ 흉부의 근육

(1) 대흉근

① 대흉근의 부착지

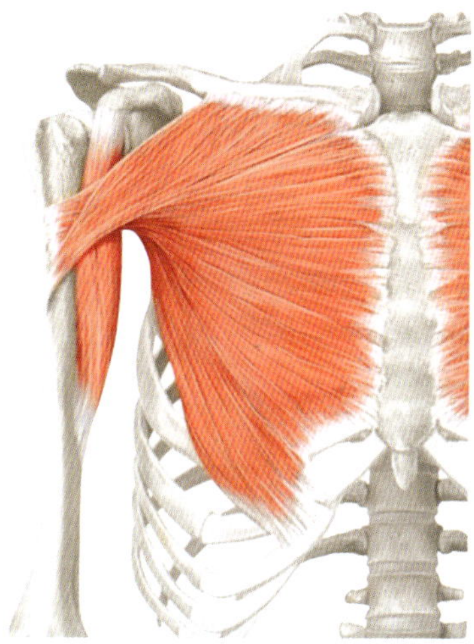

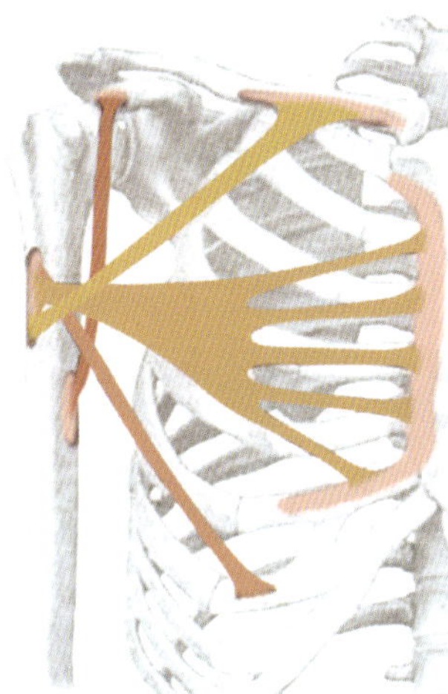

- 대흉근은 부착지에 따라 쇄골부, 흉골부 및 늑골부로 나뉜다. 각 부분들의 근섬유들은 각기 다른 방향으로 진행하며, 흉쇄관절, 견쇄관절, 견관절을 통과한다.
- 내측 및 하측으로는 쇄골의 내측 절반부(쇄골부)에서, 흉골체와 흉골병(흉늑부)의 선변과 싱부 6늑골(늑골부)에서, 복부의 외복사근건막에서 외측 및 상측으로는 상완골의 이두근구의 외측순에 부착한다.

② 해부학적 연관구조 – 액와 근막

- 대흉근은 광배근과, 소흉근은 대원근과 연결되어 액와 근막을 형성하고 있다. 대흉근과 소흉근 모두 쇄골에 붙어 있다. 액와가 3개의 근막으로 형성되어 힘줄로 잡고 있다.

(2) 소흉근

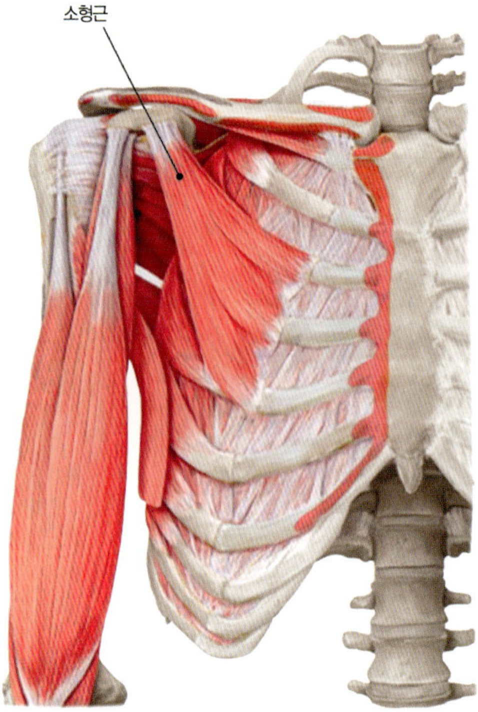

- 소흉근은 견갑골을 가슴에 고정한다.
- 팔의 하방으로의 동작으로부터 손상받기 쉽고 일반적으로 상완에서 손끝까지 통증을 수반한다.
- 능형근과 같은 상부등 근육의 통증과 함께 나타나기도 한다.
- 상완신경총이 오훼돌기 부착점 바로 아래로 지나기 때문에 긴장 시 특히 팔을 올릴 때의 동작은 신경을 압박하여 상완의 마비감을 일으키기도 한다.

① 부착점

- 하측으로 제 3, 4, 5늑골의 늑연골 관절에서 시작한다.
- 상측으로 견갑골의 오훼돌기 끝까지 부착한다.
- 작용은 견갑골의 회전 및 하방으로 당기거나 늑골을 거상한다.

② 해부학적 연관구조 – 신경, 혈관

- 액와 구조물 : 상완신경총, 액와동맥, 정맥, 림프관, 림프절, 지방성분
- 액와 신경초 : 혈관과 신경을 싸고 있다. 이 수초는 경늑근을 덮고 있는 목근막의 척추 앞층이 넓어져서 형성되었다.

- 액와 동맥 : 첫번째 늑골 외측경계부에서 대원근의 아래 경계부 사이 부분에 위치한다. 동맥을 지칭, 1센치 지름, 12센치 길이

③ 해부학적 연관구조 – 림프절

- 상 액와 림프절(apical node) : 쇄골흉근 근막에 있으며, 수입관은 유방, 상지, 액와 림프절에, 수출관은 쇄골하림프절, 심경림프절에 있다.
- 중심 액와 림프절(central node) : 액와의 중앙부에서 액와동·정맥, 후방에 있는 최대의 림프절군, 수입관은 흉근림프절, 외측액와 림프절, 견갑하 림프절에 있으며 수출관은 상 액와 림프절에 있다.
- 외측 액와 림프절(lateral node) : 수입관은 상지에, 수출관은 중심액와 림프절
- 흉근액와림프절(pectoral node) : 대.소흉근 사이와 심부에 있으며, 수입관은 흉근·유방에, 수출관은 상액와림프절에 있다.
- 흉관(thoracic duct) : 좌측 상반신과 횡격막 하단 전체에 분포하는 림프액을 받아 유미조(cisterna chyli)에서 시작하여 복대동맥 후벽을 따라 상행하여 좌측 정맥각에 유입된다.

② 해부학적 연관구조 – 신경, 혈관

- 액와 구조물 : 상완신경총, 액와동맥, 정맥, 림프관, 림프절, 지방성분
- 액와 신경초 : 혈관과 신경을 싸고 있다. 이 수초는 경늑근을 덮고 있는 목근막의 척추 앞층이 넓어져서 형성되었다.
- 액와 동맥 : 첫번째 늑골 외측경계부에서 대원근의 아래 경계부 사이 부분에 위치한다. 동맥을 지칭, 1센치 지름, 12센치 길이

③ 해부학적 연관구조 – 림프절

- 상 액와 림프절(apical node) : 쇄골흉근 근막에 있으며, 수입관은 유방, 상지, 액와 림프절에, 수출관은 쇄골하림프절, 심경림프절에 있다.
- 중심 액와 림프절(central node) : 액와의 중앙부에서 액와동·정맥, 후방에 있는 최대의 림프절군, 수입관은 흉근림프절, 외측액와 림프절, 견갑하 림프절에 있으며 수출관은 상 액와 림프절에 있다.
- 외측 액와 림프절(lateral node) : 수입관은 상지에, 수출관은 중심액와 림프절
- 흉근액와림프절(pectoral node) : 대.소흉근 사이와 심부에 있으며, 수입관은 흉근·유방에, 수출관은 상액와림프절에 있다.

- 흉관(thoracic duct) : 좌측 상반신과 횡격막 하단 전체에 분포하는 림프액을 받아 유미조(cisterna chyli)에서 시작하여 복대동맥 후벽을 따라 상행하여 좌측 정맥각에 유입된다.

(3) 전거근

① 부착지

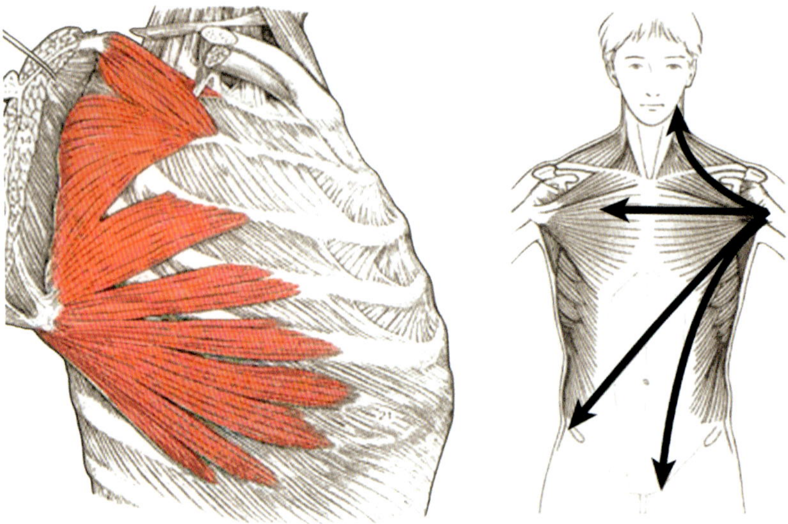

- 전거근은 흉근과 함께 작용을 하고 능형근과는 역작용을 한다.
- 통증은 가슴쪽과 상완하부에 나타나는데 이는 소흉근의 통증양상과 비슷하며, 치료 또한 쉽게 함께 이루어진다.
- 1군 : 전방 1번째 늑골 또는 2번째 늑골, 후방 견갑골 상각과 연결된다.
- 2군 : 2,3번째 늑골의 절반정도에 기시하면서 거의 평행한 섬유로 견갑골 내측연, 늑골에 45도 각도로 안정감 있게 부착한다.
- 3군 : 4늑골에서 8늑골까지 기시되어 견갑골 하각에 부착한다.
- 작용은 견갑골을 회전시키고 전방으로 당긴다. 늑골을 올린다.

② 해부학적 연관구조 – 갈비뼈 공간

2_ 복부의 근육

(1) 횡격막

① 횡격막 부착지

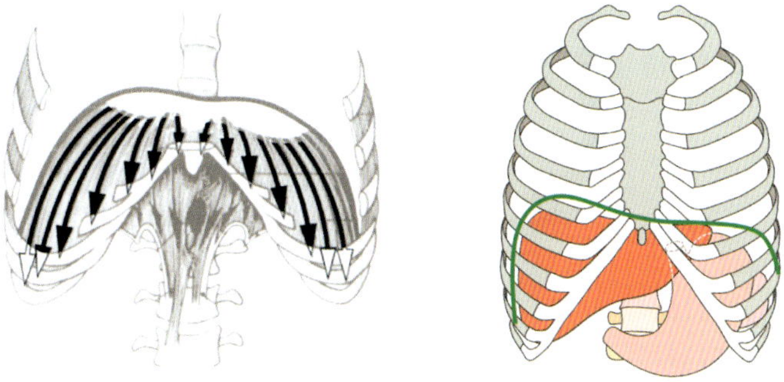

- 횡격막은 돔모양의 근육이고, 흉부가 복강으로부터 분리된 결합조직으로 흡기시 중요한 근육이다.
- 전방으로 흉골, 후방으로 상부요추체, 외측으로 늑연골연, 중심으로 대동맥, 대정맥 및 식도가 통과하는 횡격막의 중앙건, 후방으로 대요근과 요방형근의 통과를 허용하는 궁상인대에 부착되어 있다.
- 작용은 흡기시 복근과 하부 흉곽을 확장시키고 하부 늑연골연과 늑골의 거상 및 확장한다.

② 해부학적 연관구조 - 횡격막 밑 공간

- 간은 복부에서 발생되어 올라온다. 간이 후복막과 복막 앞쪽 공간을 결정한다. 간의 제한이 횡격막의 제한을 가장 많이 준다. 간을 싼막이 겸상인대로 가서 복막으로 연결되어 있다. 그래서 간의 움직임이 제한되면 상복부가 단단해진다.

③ 해부학적 연관구조 - 호흡기전

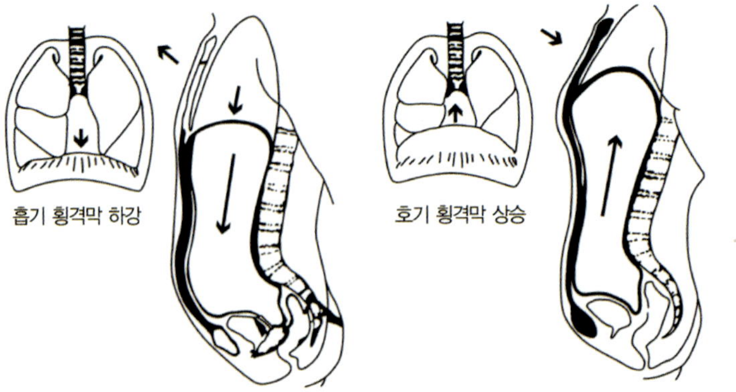

(2) 내·외 복사근

① 부착지

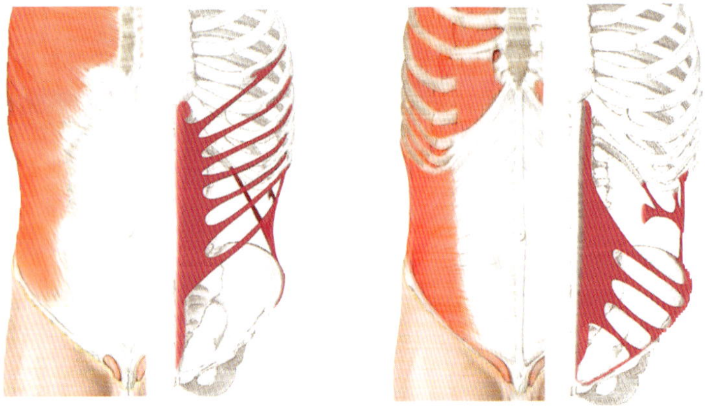

- 외복사근은 외늑간근과, 내복사근은 내늑간근과 같은 방향으로 움직인다.
- 외복사근은 상측으로 제 10~12번째 늑골과 복직근의 건막까지 부착한다.
- 하측으로는 세혜인대의 외측심부의 장골건막과 장골능의 전방 1/2 및 요추건막에서 시작한다.
- 내복사근은 상측으로 늑골 10~12에서 시작하여 하측으로는 장골능의 전방 2/1 및 서혜인대, 복직근의 건막에 부착한다.
- 양측 작용시는 내복강압을 증가시키고 척추를 굴곡시킨다. 편측작용시는 척추의 회전과 외측 굴곡을 돕는다.

(3) 복직근, 복횡근

① 부착지

- 복직근은 건 교차점에 의해 나눠진 신체 근육의 연속섬유로 중심은 백선에 의해 나뉘어진다.
- 하측으로는 치골결합과 치골능에서 상측으로는 검상돌기와 제 5~7 늑연골까지 부착한다.
- 작용은 요추를 굴곡시킨다. 흉추를 치골쪽으로 당긴다.
- 복횡근은 다른 복부근육 보다 심부에 놓여있다.
- 외측으로는 제 7~12 늑연골과 장골능 서혜인대에서 시작하여 내측으로는 검상돌기 연골부위와 백선까지 그리고 복사근의 공통건막을 통한 치골결절에 부착한다.

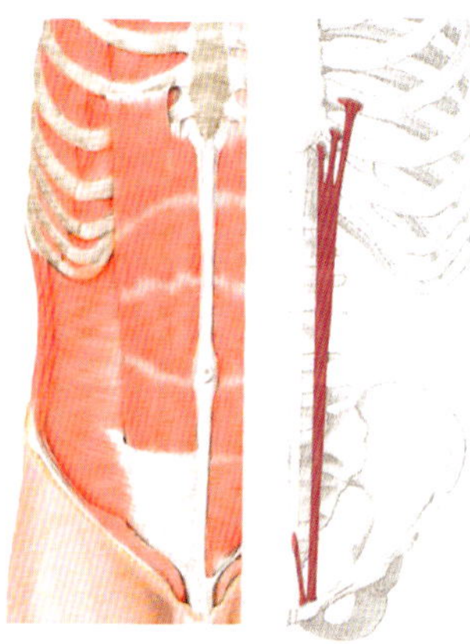

[복직근]

[복횡근]

(4) 기립근

복부근육이 등하고 이어져 있다. 장요근, 요방형근과 기립근이 이어진다.

① 복강

- 골반의 제한이 오면 복부근육이 막들의 제한으로 복부장기들의 운동성에 영향을 미친다.
- 가장 많이 영향을 받는 것은 중초의 장기이다. 특히 간, 담 비, 위가 영향을 가장 많이 받는다.

② 복부층

- 단전을 기준으로 복부근육을 잘라 보면 단전에서 복직근이 바뀐다.
- 단전위에서는 복직근위로 복횡근, 내복사근, 외복사근이 간다.

③ 복강신경절

- 횡격막요추부의 바로 밑에서 나와 있는 복강동맥을 둘러싸고 대동맥의 좌우에나 타나는 신경절이다.
- 복강신경절에는 대 · 소내장신경이나 미주(迷走)신경의 가지가 이르고 있다.(골반내장을 제외) 복강에서는 가장 커다란 신경절 로 여기에서 나오는 신경은 위, 장, 췌장, 간장, 신장 등의 복부내장(골반내장을 제외)에 널리 분포하고 그 자율 작용을 담당하고 있다.
- 복강 신경절은 거기에서 나온 다수의 신경이 주위에 분산해가는 것이 태양빛과 같아 보이기 때문에 태양신경절(ganglion solare)이라는 별명이 있다.

(5) 요방형근

① 부착점

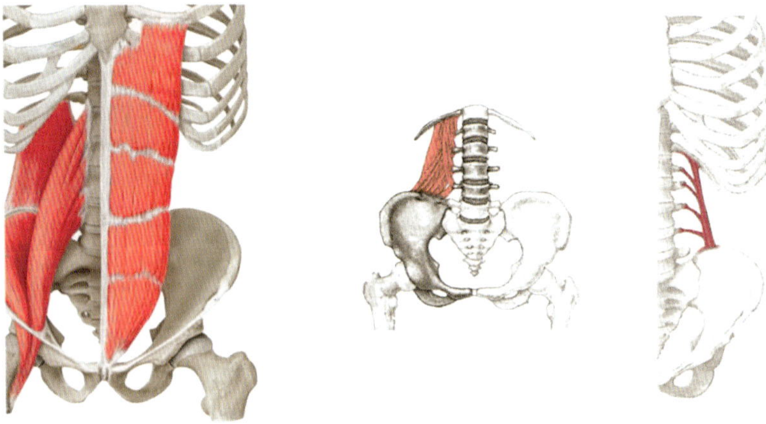

- 우리가 말을 타거나 달리는 동안 팔을 자유롭게 움직이도록 다리와 발은 안정적 자세를 유지해야 하는데 이는 상체와 하체의 협동으로 이루어진다. 이 중심에 요방형근이 있다.
- 하측으로는 하부요추의 횡돌기와 장요인대 및 장골능에서 상측으로는 제12늑골과 상부 요추의 횡돌기까지 부착한다.
- 작용은 편측 작용시 척추의 외측굴곡, 양측 작용시 척추의 신전, 요추의 안정이다.

② 해부학적 연관구조 – 복횡근막

3_ 복부 수기요법

복부관리 : 도포단계

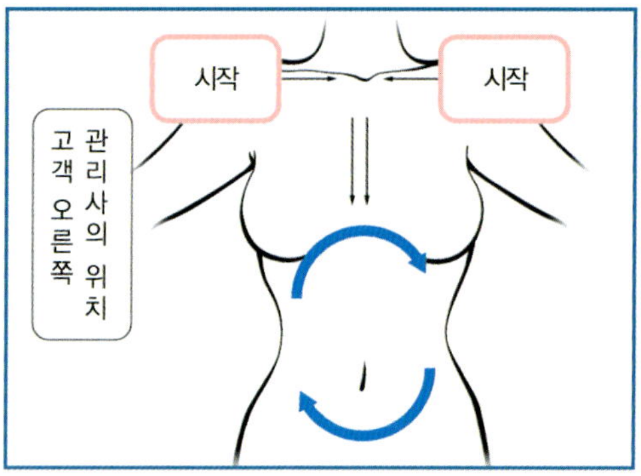

❶ 양손을 양족의 견봉에서 흉골을 향해 모은 후 치골을 방향으로 쓸어준다.
❷ 두 손바닥으로 복부를 시계방향으로 회전 경찰한다.

복부관리 : 1단계

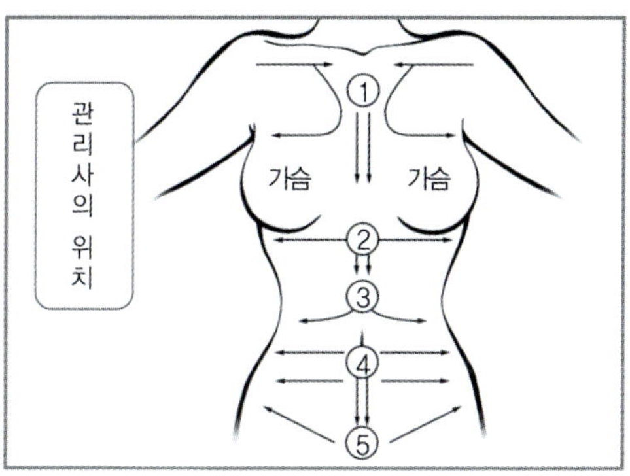

❶ 탁기를 쇄골아래로 쓸어모아 액와로 배농한다.
❷ 탁기를 흉골에서 모아 6번 늑골로 배농한다.
❸ 검상돌기에서 시작하여 10번 늑골로 탁기를 배농한다.
❹ 배꼽에서 시작하여 옆구리로 탁기를 배농한다.
❺ 배꼽에서 치골, 장골능의 순으로 탁기를 배농한다.

복부관리 : 2단계

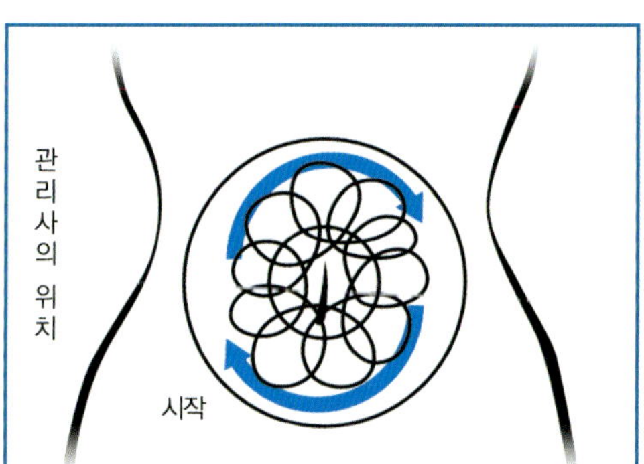

❶ 두 손바닥으로 복부를 시계방향으로 회전 경찰한다.
❷ 배꼽 주변을 꼼꼼히 압을 주어 굴리며 시계방향으로 회전하여 마사지한다.

복부관리 : 3단계

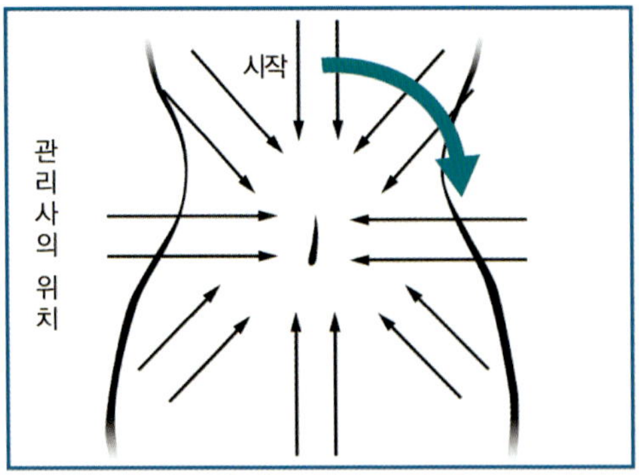

❶ 양손을 서로 교대로 늑골에서 배꼽으로 쓸어 모으듯 강찰한다.
❷ 옆구리에서 배꼽으로 쓸어 모으듯 강찰한다.
❸ 전상장골극에서 배꼽으로 쓸어 모으듯 강찰한다.
❹ 치골에서 배꼽으로쓸어모으듯 강찰한다.
❺ 반대쪽을 같은 방법으로 마사지한다.

복부관리 : 4단계

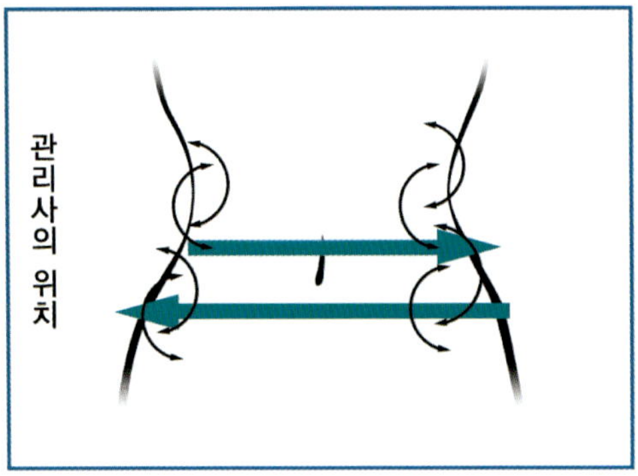

❶ 양손을 모아 한쪽 허리에서 반대쪽을 향해 당기듯 강찰 한다.
❷ 양손을 모아 반대쪽을 향해 밀듯 강찰 한다.
❸ 양손을 서로 교차하며 반죽하듯이 옆구리를 집어주기 한다.

복부관리 : 5단계

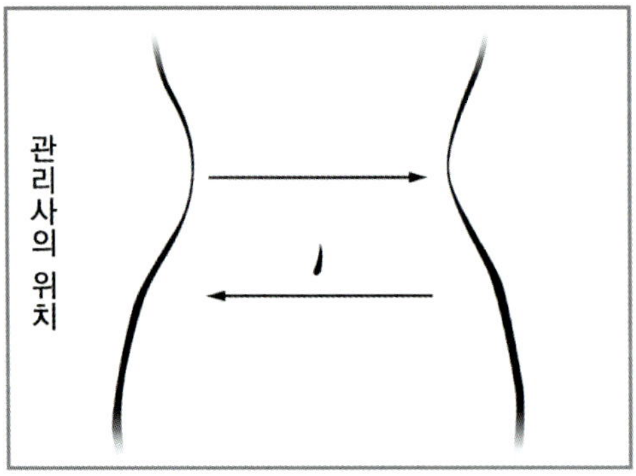

❶ 한손은 당기고, 다른 한손은 밀며 동시에 강찰한다.
❷ 수회 반복한다.

복부관리 : 6단계

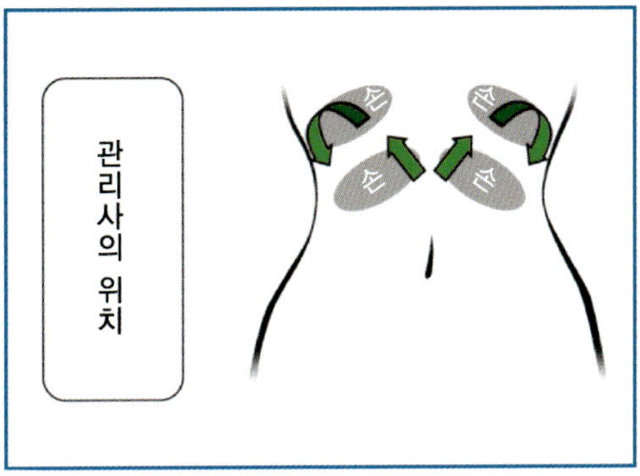

❶ 한 손은 늑연골 아래서 늑골 아래를 향하듯 굴려주고, 동시에 다른 한 손은 늑골 위에서 복부를 향하듯굴리며 마사지한다.

복부관리 : 지압 단계

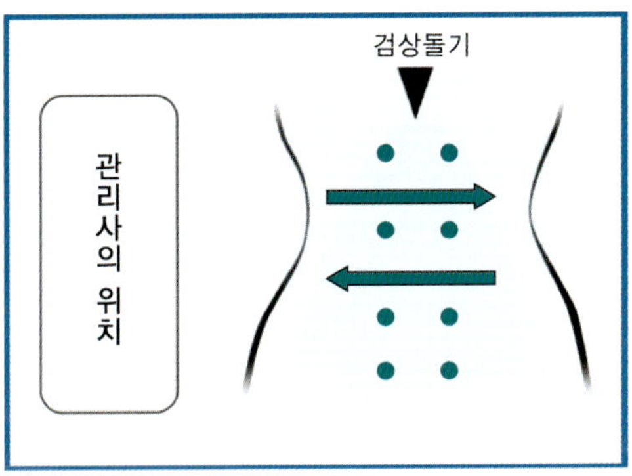

❶ 복직근을 양손으로 잡고 한손씩 번갈아가며 주무른다.

❷ 복직근을 늑골쪽에서 치골을 향해 호흡과 함께 지압한다.

복부관리 : 마무리 단계

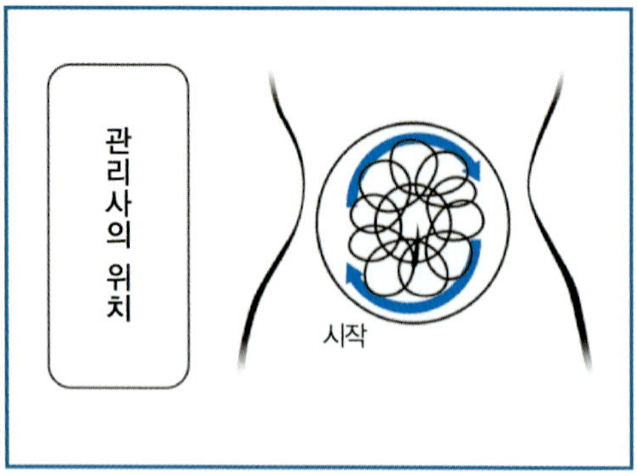

❶ 시작 때와 같이 복부를 두 손바닥으로 가볍게 경찰한 후 마무리한다.

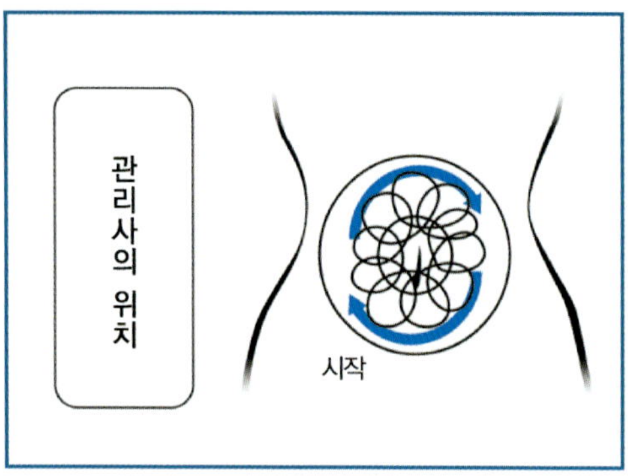

❶ 복부 안의 장기를 흔들어 주듯이 복부를 흔들어 준다.

❷ 한손은 주먹을 쥐듯, 다른 한손을 그 위에 올려놓고 손가락 마디를 이용하여 회전 경찰한다.

3 하체관리

1_ 하체관리

잘록한 허리에 둥글고 볼록한 엉덩이는 이성에게 강하게 어필할 수 있는 섹시미의 정점이다. 그러나 긴 하체에 올라붙은 볼록한 엉덩이를 가진 서양 여성과 달리 동양여성은 신체구조상 대부분 펑퍼짐하고 처진 엉덩이를 갖고 있다. 특히 엉덩이는 허벅지와 함께 저장성 지방세포가 가장 많이 분포해 있어 나이가 들수록 더 커지고 처진다.

엉덩이나 허벅지에 과량의 지방이 축적되어 있는 것으로 살은 쪄 있지만 남성은 WHR이 1 미만일 때, 여성은 0.9 미만일 때를 말초성 비만으로 분류한다.

(1) 엉덩이 관리

① 이상적인 하체비율

- 엉덩이 둘레는 신장의 20~21%로 가슴보다 약간 큰 정도가 가장 이상적이다.
- 엉덩이의 경우 가슴과의 비율, 허리둘레와의 비율 역시 중요한 고려 요소이다.
- 허리와 엉덩이가 0.7 : 1의 비율일 때 가장 매력적으로 느껴진다는 조사도 있었다.
- 엉덩이 둘레는 가장 두꺼운 엉덩이 부위로 고관절의 가장 높은 부위인 '대전자'의 위치에서 둘레를 측정한다.
- 기초 대사량이 적어지게 되면 체중이 1년에 평균적으로 0.2kg씩 늘어나게 되는데, 이때 대부분의 지방이 골반과 넓적다리에 쌓이게 된다.
- 복부둘레와 허벅지둘레의 비율이 3 : 2보다 크면 허벅지 불균형으로 진단내린다.
- 미학적으로 아름다운 다리는 허벅지와 종아리를 포함한 다리의 비율이 전체 몸의 50%를 넘어야 한다.
- 대개 허벅지는 종아리 보다 5% 정도 길다. 이때 무릎 이하의 길이가 허벅지의 길이보다 10% 이상 길면 늘씬하고 잘 빠진 다리가 된다.

② 하체의 특징

- 우리 몸 중에서 허벅지는 가장 살이 찌기 쉬우면서 빼기 어려운 부위다. 가장 근본적인 원인으로는 지방분해 및 저장에 관여하는 '지단백 분해효소'라는 효소의 활성작용을 들 수 있다.

- 이 효소는 사춘기와 20대 초반까지, 엉덩이와 허벅지 등 하체에서 활발하게 작용한다. 반면 지방을 빨리 분해시키는 '베타 아드레날린 수용체'는 얼굴 등 상체에 많다.
- 말초신경이 많이 분포되어 혈액 순환이 원활하지 않은 부위가 허벅지인 관계로 잘 붓고, 다른 부위에 비해 다이어트 효과가 나타나지 않는다. 또한 지방세포가 과다하게 쌓이면 셀룰라이트도 생길 수 있다.
- 부분적으로 과다하게 축적된 지방 때문에 혈액 순환이 잘 안되면서 노폐물, 독소, 수분 등의 배출이 제대로 이루어지지 않아서 피부 표면에 울퉁불퉁한 덩어리 같은 것이 생기는데 외관상 보기가 좋지 못하다.

③ 체형 개선의 최근 추세

- 산업자원부 산하 기술표준원이 밝힌 '한국인 체형정보'에 따르면 한국 여성의 다리 길이는 1977년 70cm에서 2000년 72.7cm로 길어졌다. 남성은 74cm에서 79.9cm로 늘었다.
- 한국인의 평균 체형이 커지면서 다리도 길어진 것이다. (그러나 만족이란 없는 것인지)
- 한 설문조사에서 '자신의 신체 중 가장 불만족스러운 부위'를 묻자 한국을 비롯한 아시아 여성들은 다리를 1위로 꼽았다. 동양인은 다리가 대체로 짧고 굵은 편이기 때문이다.
- 근래에는 물리요법(physiotherapy), 자연요법(physiatry) 그리고 정형의학(orthopedics), 등의 전통적인 분야들 이외에도 정골요법(osteopathy), 카이로프락틱, 그리고 기를 치료하는(energetic) 기법들 등의 광범위한 분야들에서도 연조직(soft tissue)을 치료하여 가동성 장애를 개선시키는 다양한 치료 기법들뿐만 아니라 신체치료에 기초한 심리치료기법들까지도 제시되고 있다.
- 새로운 이름이 붙여진 치료기법들이 거의 날마다 발표되고는 있지만, 사실 수기요법 분야에서 실제로 전혀 새로운 치료기법은 거의 없다고 보아야 한다.
- 최근 추세를 보면, 새로운 치료기법보다는 치료방법에 대해 새로운 계획을 세울 수 있는 새로운 가설(premise)들이 요구되고 있으며, 이에 유용한 새로운 가설을 세우는 것은 외관상 새로운 치료기법을 만드는 것보다 훨씬 더 어렵다.
- 모든 부분들이 서로 연계되어 있는 인체를 위한 수기치료의 핵심은 어떤 치료기법을 적용하는 것보다는 촉진을 통해 느끼고(listen), 감지하는(perceive) 능력에 있다고 여겨진다.

④ 하체의 전신적인 관점에서 재해석

- 근막경선을 전신적인 관점에서 재해석할 수 있는 근거를 제시해보자.
- 능형근과 전거근의 연결, 외복사근과 내전근의 연결
- 대흉근과 내복사근의 연결－내복사근과 중둔근의 연결
  (대흉근－복직근의 외측－장내근－대퇴골 조면)

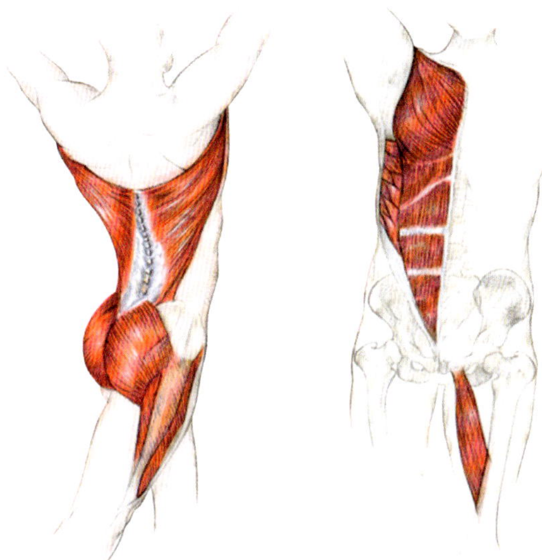

- 남아공의 인류학자인 Raymond, Dart 체간의 근육들이 나선 형태의 관계 형성 발표(1986 이전)
- 1930년 독일의 해부학자인 Hoepke의 발표하였다.
- 프랑스의 정골의학 의사인 Leopold Busquet가 "근육연쇄들(musclelinkages, chaines musculaires)"발표하였다.
- 독일의 해부힉자인 Tittcl과 Busquet 기능적인 연계성들에 기초한 그림들을 제시하였다.
- 여러 수기요법사들은 근막경선늘의 개념에 기초하여 환자들을 진료하고 롤핑요법(Rolfing 또는 Structural Integration)을 강의하였다.
- 임상가들은 환자들의 복합적인 구조상의 문제를 다루는데 있어서 자신들의 진료능력이 현저하게 향상되었음과 치료 성공률이 높아졌음을 보고하였다.

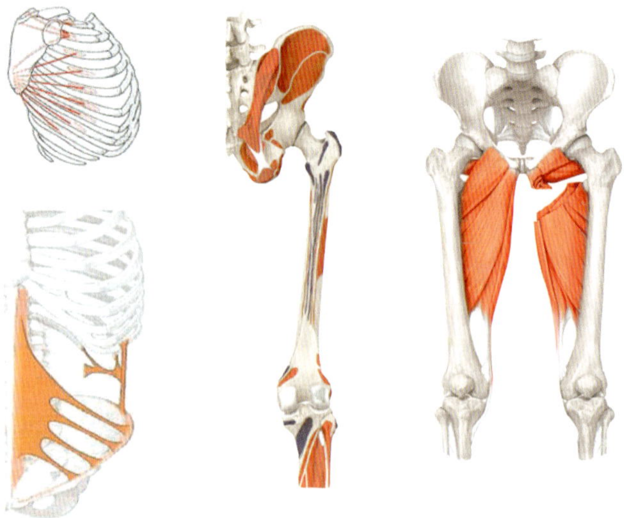

- 인체의 모든 세포들이 근섬유소(myosin)와 액틴(actin)을 가지고 있어서 어느 정도는 수축능력을 가지고 있지만 근육세포들은 수축작용에서 탁월한 기능을 발휘한다.
- 결합조직체계에서는 다양한 종류-적혈구, 백혈구, 섬유아세포, 비만세포, 색소세포, 지방세포, 그리고 골세포 등의 수 많은 세포들이 있다.
- 이들 세포들은 뼈, 연골, 인대, 근건 등을 만드는데 필요한 놀라울 정도로 다양한 물질들을 만들어 세포사이의 공간으로 분비한다.
- 결합조직의 섬유들에는 세가지 기본적인 유형이 있는데, 즉 교원섬유(collagen), 탄력섬유(elastin), 망상섬유(reticulin)이다.
- 망상섬유는 아직 성숙되지 않은 미세한 교원섬유의 일종으로 태어나서는 우위를 차지하지만, 태어나서 성인이 되면 대부분 교원섬유로 바뀌어 지게 된다.
- 탄력섬유는, 이름이 의미하는 바대로 귀나 피부 등과 같이 탄력성이 요구되는주위들에서 사용된다.
- 교원섬유는, 인체에서 가장 흔한 단백질이며, 근막체계에서도 우위를 차지하고있어서, 인체의 어떤 부위를 어떻게 절개하더라도 불가피하게 쉽게 볼 수 있다.
- 교원섬유들은 아미노산들로 구성되어 있으며, 섬유아세포(fibroblast)의 세포질세망(endoplasmic reticulum)과 골지 복합체(Golgicomplex)에서 합성되어 세포들 사이의 공간으로 분비되는데 자연스럽게 다양한 유형들로 배열된다.
- 안구의 각막, 발 부위의 튼튼한 근건들, 허파의 해면질 조직, 그리고 뇌를 싸고있는 섬세한 막들 등등은 모두 교원섬유들로 이루어져 있다.

- 교원섬유들은 인체의 각 부위 들에서 다양한 형태로 쓰여지고 있다.
  기저물질은 거의 물처럼 묽은 겔(gel) 상태이며, 히아루론산(hyaluronic acid), chondroitin sulfate, keratin sulfate, 그리고 heparin sulfate 등과 같은 점성
- 다당체들(mucopolysaccharides, MPS) 또는 glucosaminoglycans로 구성되어 있다.

기저물질들은 섬유아세포와 비반세포(mast cell)에서 만들어지는데, 지속적이고 다양한 점성(glue)을 유지하여 인체의 모든 세포들을 서로 결합시키며, 또한 생명유지에 필요한 수많은 대사물질들을 자유롭게 교환 할 수 있게 된다.
새로운 방향의 힘들이 지속적으로 가해지게 될 경우에도(어느정도의 반응기간이 경과되면) 또한 골소주들의 배열 방향을 변화시킬 수 있다.
골격조직들에서 증가된 역학적인 스트레스에 의해 만들어진 힘들은(압전효과를 통해) 파골세포의 작용을 억제하는 작용을 하게 된다.

- 근육들은 보통 연속적으로 수축과 이완을 반복하면서 작용하지만 이러한 경우의 특정한 근육들은 지속적인 긴장을 유지하고 있는데, 이러한 긴장은 근육과 근육 주위의 근막에서 압전효과를 만들어 가죽끈(strap)들처럼 작용한다.
- 근육의 작용은 탄력적(elastic)이고 근막의 작용은 성형적(plastic)이다.
- 좀 더 나은 가죽끈 같은 근육을 만들려면 그 부위에 있는 섬유아세포들(그리고중배엽 간엽질의 줄기세포들 또는 섬유아세포들이 그 부위로 이동될 수도 있다)이 근육 및 근육주위에서 더 많은 교원질 섬유들을 분비해야만 한다.
- 섬유아세포들에서 세포들은 전기적인 극성(polarity)을 가지고 있으며 압전효과에 의해 충전되면 마치 나침반들의 바늘처럼 일정한 방향으로 배열되는데,바꾸어 말하면, 긴장(tention)이 걸려 있는 방향을 따라 배열된다. 이렇게 되면 교원질 섬유의 분자들은 기저물질의 분자들에서 제공되는 수소이온결합을 통해 서로 결합되어, 근육주위에 탄력성이 적은 가죽끈(strap) 같은 세포간질(matrix)을 형성하게 된다.
- 한편 근육에서 과다하게사용되어 영양결핍이 생기게 되면 기능이 저하되어 연관통 유발점으며, 주위의 기저물질에서 요변성(thixotropy)이 증가되어 유독성대사 산물들의 축적도 증가하게 된다.
- 다행히도, 롤핑요법(structural Integration), 요가 체조, 그리고 다른 근막 수기요법들을 실시한다면, 이러한 상태들을 역전시킬 수가 있다. 수기요법이나 운동요법을 통해서 근막조직의 긴장이 감소되어 다시 이완되면, 근육의 기능도 다시 회복될 수 있다.

- 운동요법 또는 수기요법을 통해서 근막조직을 성공적으로 이완시키기 위해서는 두 가지 필수 요건이 있다.
  * 체액(기저물질)의흐름, 근육의 기능, 그리고 감각운동 신경기능의 반사고리 등을 정상으로 회복시키기 위한 근막조직의 구조적 재정렬(redpening)기법
  * 긴장상태의 근막조직에 대해 처음에는 압력을 증가시키는 견인성 이완(easingoh the full)기법이다.

  [요변성(thixotropy) : 휘젓기 또는 흔들기 등의 역학적인 힘들이 가해지면 젤리 상태에서 액체 상태로 변화되며, 가만히 두면 다시 반고체의 젤리 상태로 되돌아가는 어떤 물질의 특성을 요변성이라고 한다].
- collagen 분자들은 섬유아세포(fibroblast)에서 만들어져 세포간 공간으로 분비되며, 분극화(polarized)되어 있어서 장력(tension)의 방향을 따라 스스로 정렬하며, 장력에 저항하기 위해 긴 끈(strap)의 형태로 정렬된다.
- 결합조직에 장력이 걸리게 되면 거의 모든 collagen 섬유들은 군인들이 열(row)을 맞춘 것처럼 정렬된다. 만약 우세한(prevailing) 장력이 없어지면 교원질 섬유들은 무질서하게 배열되게 된다.
- Tensgrity(tension과 integrity의 합성어) 장력에 의한 완전성 이라는 어구를 줄여서 만든 신조어이다.
- Integrins-인테그린 분자들(세포막을 가로 지르며 세포간질과 세포 내부의 세포얼개를 연결하는 분자들)에 가해지는 압력(stress)을 증가시키면 세포들은 인체의 모든 조직들에서와 마찬가지로 점점 더 딱딱해지는 반응을 나타낸다는 것을 발견하였다. 나아가서 살아있는 세포들은, 세포얼개(cytoskeleton)를 이루는 요소들에 다양한 압박(prestress)들을 가함으로써, 예를 들어 신축성이 있는 미세섬유(microfilament)들의 장력에 변화를 일으키게 되면 좀더 단단해지거나 또는 좀 더 신축성있는 상태로 만들 수가 있다.

2_ 골반 및 대퇴의 근육과 해부학적 구조

(1) 골반

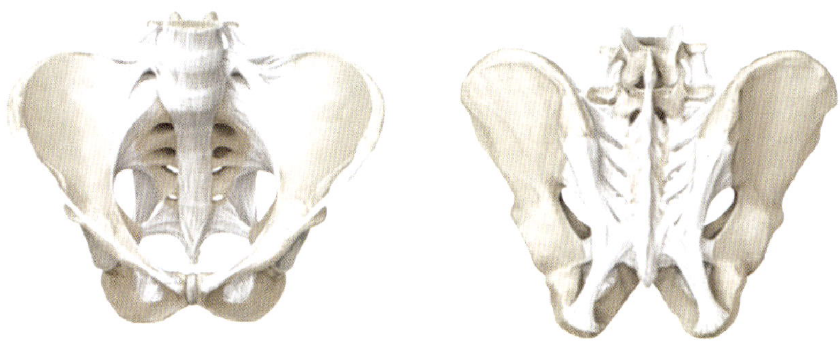

- 관골(볼기뼈)은장골, 치골, 좌골뼈가 하나로 융합된 형태로 이루어져 있다.
- 골반은 앞으로는 치골을 통해 관절을 이루고 있고, 뒤쪽으로는 천골을 통해 관절을 이루어 환형뼈를 이루고 있다.

(2) 둔근

① 둔근의 부착점

- 대둔근은 장요근과는 길항관계로 강력한 신전근이다. 요통에 가장 일반적으로 관여하는 근육이다.
- 대둔근은 상측으로는 장골 후면의 후둔근선, 천골과 미골의 후면과 천결절 인대에서 하측으로는 대퇴근막장근의 장경인대 및 대퇴골의 둔근소면까지 부착한다.
- 작용은 계단을 오를 때 혹은 앉은 자세에서 일어설 때처럼 대퇴가 굴곡되어 있는 상태에서 신전을 돕는다.
- 중둔근은 소둔근과 함께 고관절을 외전시키는 강력한 근육 중의 하나이며 또한 요통에 가장 일반적으로 관여하는 근육이다.
- 중둔근의 부착지는 상측으로는 장골의 전 · 후 둔근선에서 하측으로는 대전자의 외측면에 부착한다.
- 작용은 대퇴의 외전과 회전에 관여하며 보행시 골반을 안정시킨다.
- 소둔근은 상측으로는 장골의 전 · 하 둔근선에서 하측으로는 대퇴의 대전자까지 부착한다.
- 작용은 대퇴외전과 대퇴내회전에 관여한다.

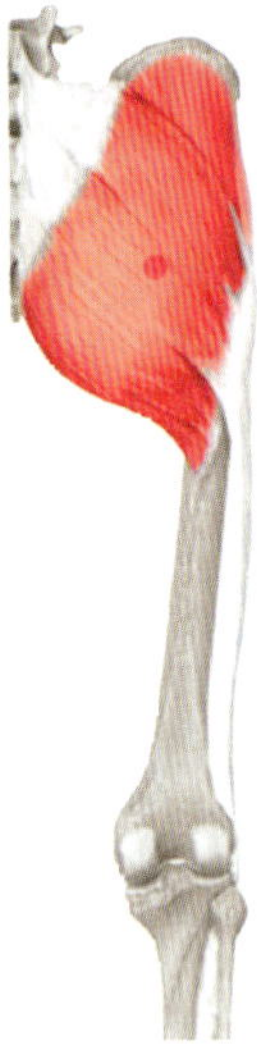

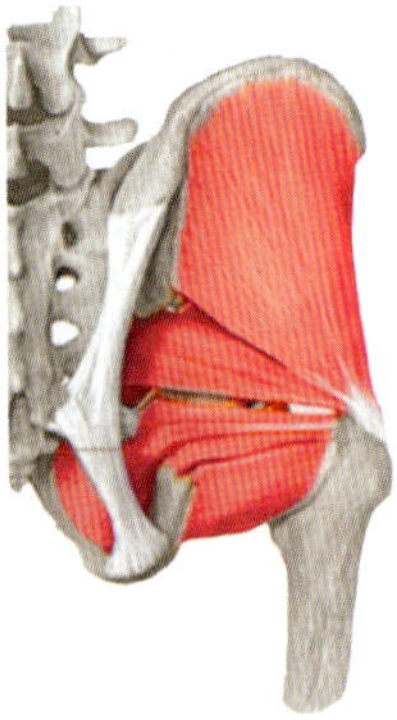

② 해부학적 연관구조 – 대둔근

- 대둔근이 지방층이 가장 많다. 다른 곳도 셀룰라이트가 있지만 대둔근에 셀룰라이트가 많이 생긴다.
- 피하지방층은 두개로 나눠진다. 대둔근은 피부유착이 많기 때문에 셀룰라이트와 닭살이 많다. 그래서 핀칭요법으로 관리가 필요하다. 마른사람도 살이 튼다. 그것은 피부가 붙어있기 때문에 살이 튼다.

③ 해부학적 연관구조 – 골반강

- 내전근이 골반강을 차지한다.

(3) 대퇴전부 근육

① 대퇴전부 근육의 부착지

- 무릎의 지배자 대퇴사두근은 우리 몸에서 가장 크고 무겁고 힘센 근육이다. 그러나 중력에 대항해서 전신을 지탱하고, 몸을 일으켜 세우는 역할을 하다보니 언제나 과부하 상태에 놓이게 된다. 먼저 대퇴직근이 고장나고, 이어서 세 광근들이 고장난다.
- 대퇴사두근 중에서 유일하게 대퇴직근만 두 개의 관절을 가로지르고 나머지 세개의 광근들은 오직 슬관절 한 관절만을 가로지른다. 이들은 슬개골 건을 지나서 경골조면에 함께 부착한다.

- 하측으로는 네 갈래의 근육(대퇴직근, 외측광근, 중간광근, 내측광근)은 슬개골을 지나 슬개골 인대에 의해서 경골조면에 부착한다. 내측광근은 또한 경골의 내측과에도 부착한다.
- 상측에서는 대퇴직근은 전상장골극과 관골구의 상연에서, 외측광근은 대전자를 향해 조선의 외측순에서, 내측광근은 조선의 내측순에서, 중간광근은 대퇴골체 전면의 상부 3/4에서부터 부착한다.
- 작용은 슬관절을 신전(伸展)하며, 이 근육중 대퇴직근은 고관절을 굴곡한다.

② 해부학적 연관구조 – 대퇴횡단면

(4) 대퇴후부근

① 대퇴후부근의 부착지

- 대퇴후부근육(반건양근, 반막양근, 대퇴이두근)들은 직립의 확고한 방해자이고, 나이가 들면 오그라 붙는 대표적인 근육이고, 쪼그리고 앉아서 생활하는 사람들은 모두 망가지는 근육이다. 경락으로는 방광경을 위주로 본다.
- 반건양근은 상측으로 좌골결절에서 하측으로는 경골체의 상부 1/4의 내측면에 부착한다. 작용은 고관절 신전, 슬관절 굴곡 및 굴곡을 동반한 내회전
- 반막양근은 상측으로 좌골결절에서 하측으로는 경골 내측과의 후면에 부착한다. 작용은 슬관절을 굴곡하고 굴곡을 동반한 신전시, 슬관절 낭의 긴장에 의한 안정성에 관여한다. 작용은 고관절의 신전
- 대퇴이두근은 상측에서 장두는 좌골결절에서, 단두는 대퇴조선의 외측하부 1/2 지점에서, 하측으로는 비골두까지 부착한다. 작용은 슬관절의 굴곡과 굴곡을 동반한 외회선, 장두는 고관절 신전에도 관여한다.

(5) 내전근

① 내전근의 부착지

- 내전근들은 비뇨생식기와 밀접한 관련을 가진다. 복부의 문제 특히 간신의 문제는 모두 내전근들과 연관지어 생각해도 무방하다. 대내전근의 하부를 눌러서 민감함이 느껴지면 자궁의 문제가 있다는 증거이다. 나이가 들수록 내전근들은 취약해진다.
- 대내전근은 상측으로 좌골결절과 치골하지 및 좌골지에서 시작하여, 하측으로 대퇴골의 조선과 내전근 결절에 부착한다. 고관절 내전 및 신전작용을 한다.
- 장내전근은 상측으로 치골결합과 치골능에서 하측으로는 대퇴골 조선의 중간 1/3까지 부착한다. 작용은 고관절 내전 단내전근은 상측으로는 장내전근의 부착지의 약간 뒤쪽에서 하측으로는 대퇴골 조선의 내순 상부 1/3까지 부착한다. 작용은 고관절 내전
- 치골근은 상측으로 치골능에서, 하측으로 대퇴 소전자와 조선사이의 치골선까지 부착한다. 작용은 고관절 내전과 고관절 굴곡보조
- 박근은 상측으로 치골결합부위에 근접한 하치골 가지에서 하측으로는 경골조면 하부의 내측면까지 부착한다. 작용은 고관절 내전, 슬관절 굴곡 및 굴곡을 동반한 내회전
- 고관절 내전근들은 고관절을 하지를 굴곡, 신전, 회전 및 고관절 안정성에 관여한다.

3_ 다리 관리의 실습

다리·발 관리 : 도포단계

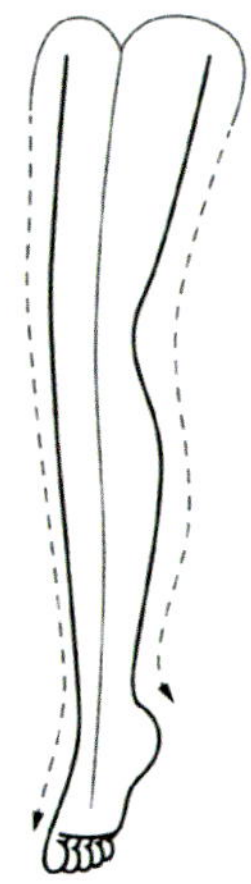

❶ 관리사의 양 손에 오일을 덜어 고객의 다리에 도포한다.
❷ 한 손은 발목을 잡고 다른 한손으로 하퇴를 안쪽으로 쓸어 올렸다 밖으로 내린다.
❸ 한손으로 발목을 잡은 상태로 두고 다른 한손으로 대퇴를 안쪽으로 쓸어 올렸다가 밖으로 내린다.
❹ 양손을 겹쳐모아 발목에서 대퇴까지 쓸어 올렸다가 내린다.

다리·발 관리 : 1단계

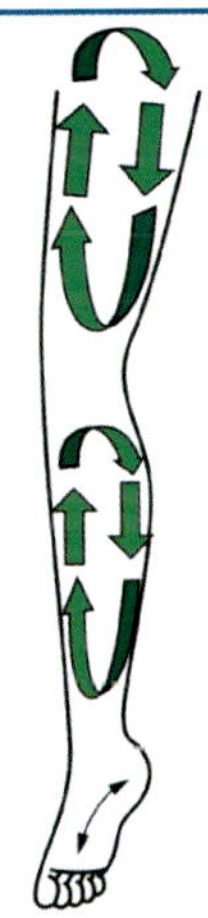

❶ 관리사의 오른 손의 엄지와 검지를 벌린 상태에서 왼손의 엄지와 검지를 겹친 후 힘을 주면서 발목에서 허벅지 쪽으로 미 끌어지듯이 이동한다. 이때 무릎의 관절 부위는 힘을 가하지 않도록 한다.

다리·발 관리 : 2단계

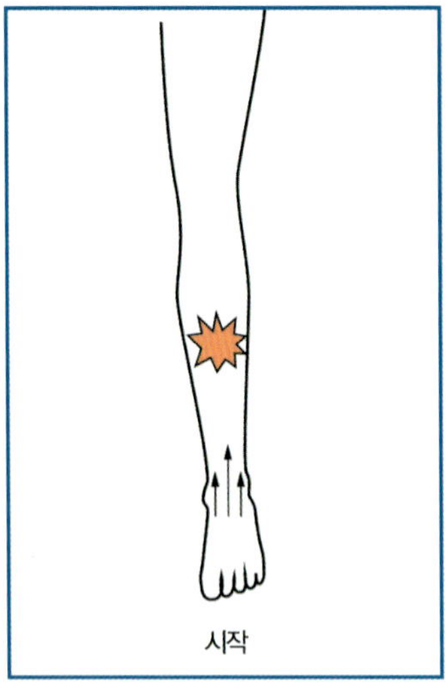

❶ 모델의 발꿈치가 엉덩이 가운데와 일자가 되도록 슬관절을 구부린 후 멈췄다가 편다.
❷ 모델의 발꿈치가 장경인대를 향하도록 슬관절을 구부린 후 멈췄다가 편다.
❸ 모델의 발꿈치를 둔부에서 45도가 되도록 슬관절을 구부린 후 멈췄다가 편다.
❹ G모델의 발꿈치를 둔부에서 90도가 되도록 슬관절을 구부린 후 멈췄다가 편다.

다리·발 관리 : 3단계

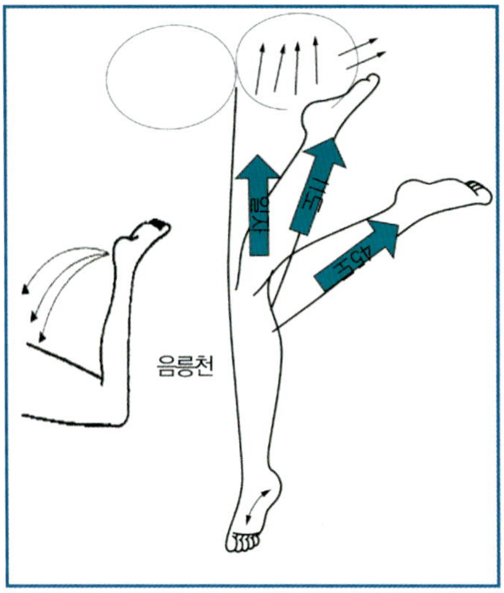

❶ 양엄지를 모았다 폈다 하듯이 굴리면서 아킬레스건에서부터 대퇴까지 쓰다듬기를 한다.
❷ 같은 동작을 엄지와 검지를 벌린 상태에서 교차하며 굴리듯이 아킬레스건에서부터 대퇴까지 쓰다듬기를 한다.

다리 · 발 관리 : 4단계

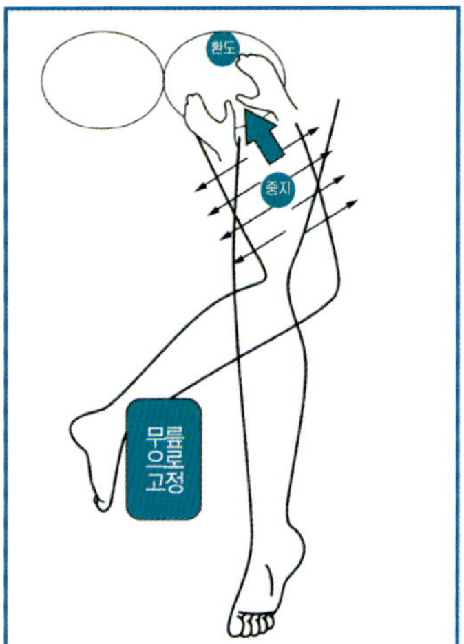

시작

❶ 모델의 다리를 4자 모양으로 굽힌 후 바깥 대퇴부를 등분하여 둔부를 향해 쓸어준다.
❷ 장경인대를 양손의 수근부를 이용하여 밖으로 굴리듯이 쓸어준다.
❸ 둔부에 하트를 그리듯 양 손으로 둔부의 근육을 크게 모아준다.

다리 · 발 관리 : 5단계

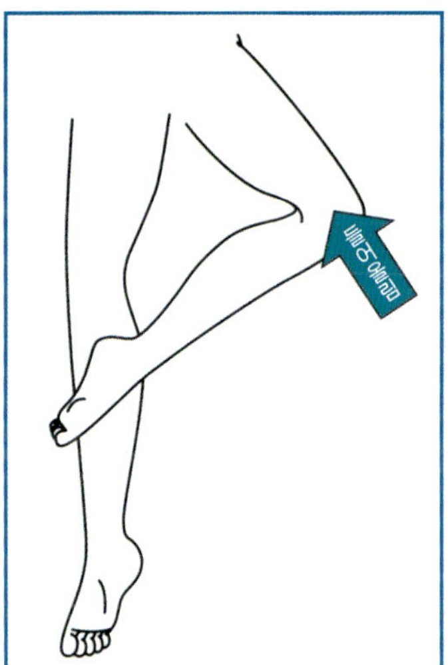

❶ 모델의 구부린 슬관절을 들어 올린 후 시술자의 주관절은 바닥에 지탱하고 손바닥으로 바친 후 잠시 머무른다.
❷ 이어서 바닥에 지탱하던 시술자의 주관절을 시술자의 허리에 올려 모델의 고관절이 조금 더 외전되도록 한 후 잠시 머무른다.
❸ 이어 시술자의 주관절을 쭉 펴 모델의 고관절이 가능한 외전되도록 한 후 잠시 머무른다.
❹ 시술한 순서와 반대로 제자리로 모델의 슬관절을 내려놓는다.

다리 · 발 관리 : 6단계

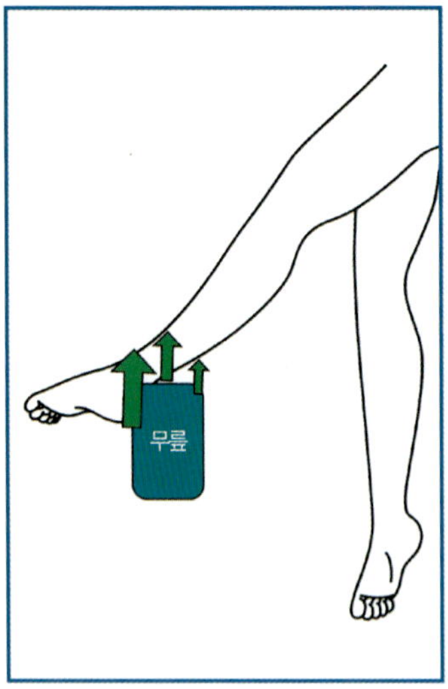

❶ 모델의 발목과 무릎을 양손으로 나누어 잡는다.
❷ 시술대에서 모델의 다리를 살짝 들어 올린 후 15도 정도 벌린 후 잠시 멈춘다.
❸ 시술대에서 모델의 다리를 45도 정도 벌린 후 잠시 멈춘다.
❹ 시술대에서 모델의 다리를 90도 정도 벌린 후 잠시 멈춘다.
❺ 내전근들이 이완되도록 충분히 기다린다.
모델의 다리를 4박자에 맞추어 제자리로 되돌린다.

다리 · 발 관리 : 7단계

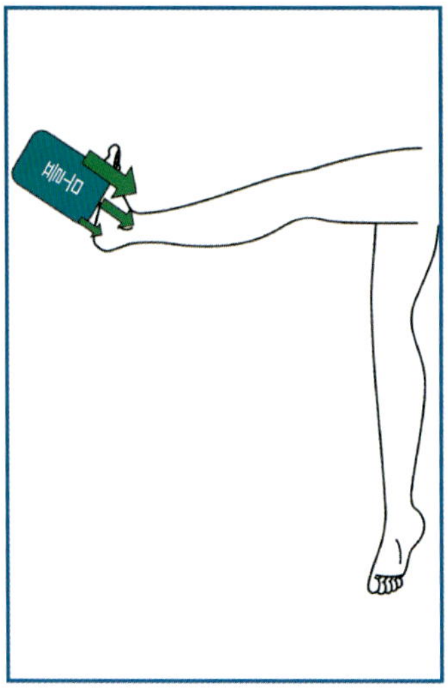

❶ 모델의 발목과 무릎을 양손으로 나누어 잡고, 4박자에 맞추어 시술대에서 45도가 되도록 고객의 다리를 벌린다.
❷ 모델의 발바닥 족궁에 시술자의 대퇴를 밀착시킨 후 골반을 향하여 툭툭 쳐준다.
❸ 모델의 다리를 가볍게 흔든 후 4박자에 맞추어 제자리로 되돌린다.

4 상지관리

1_ 견갑대 근육과 해부학적 연관 구조

(1) 견갑대

- 견갑골은 납작한 삼각형 뼈이고, 세 개의 모서리와 각을 갖는다.
- 체간과 상지와의 사이에 있고 이른바 어깨의 기초를 만들고 있는 뼈이다. 거의 역삼각형을 이루고 있으며, 상연에는 견갑골 절흔이라는 패인자국과 오훼돌기(烏口突起)라는 돌출물이 있다. 상외측연은 상완골의 골두를 넣는 관절와가 있어 견관절을 형성한다. 전면은 늑골면이라고 해서 평탄한데 배측면은 위쪽 약 4/5되는 곳에 거의 수평으로 달리는 뾰족한 부분이 있어 이것을 견갑극(肩甲棘)이라 하고 그 외측단은 크게 돌출하고 있어 이것을 어깨돌기라고 한다.

(2) 견갑거근 : 부착지

- 상측으로는 상부 4경추의 횡돌기 후면결절에서 하측으로는 견갑골의 상각까지 부착한다. 이 근육은 견갑골을 위로 들어 올리는 작용을 한다.

(3) 해부학적 연관구조 : 흉곽

- 견갑거근이 견갑골 상각에 붙어 있기 때문에 견갑골의 위치에 영향을 많이 받는다. 견갑골에 영향을 가장 많이 영향을 미치는 근육은 전거근이다.

(4) 삼각근

- 어깨의 곡선을 만들고 있는 것은 대부분 이 근육이다. 내측으로는 쇄골의 외측 1/3, 견봉돌기의 외연 및 견갑골의 하부연에서 외측으로는 상완골체의 중심에서 약간 윗부분의 외측(삼각근 조면)까지 부착한다. 이 근은 전부·중부·후부에서의 작용이 각기 달라, 중부는 상완을 수평으로 들고, 전부는 전방으로, 후부는 후방으로 잡아당긴다. 상완을 외전, 굴곡, 신전 및 회전을 시킨다.

(5) 해부학적 연관구조 : 혈관, 신경

- 쇄골하로신경, 혈관이 나와 삼각근 밑으로 돌아서 상완골두에 혈액을 공급한다.

(6) 해부학적 연관구조 : 승모근

- 승모근의 막과 광경근의 막이 하나로 연결되어 삼각근으로 내려가서 삼각근 조면에 부착한다.

(7) 대원근의 부착지

- 광배근과 비슷한 작용을 하는 근육으로 견갑골에서 액와부를 지나 상완골의 전방에 부착하여 액와 내측연을 형성한다.
- 대원근은 내측으로 견갑골의 하각과 외측연의 하부 1/3에서, 외측으로 상완골의 이두근구의 내측연까지 부착한다. 작용은 상완의 내전, 신전 및 내회전한다.

(8) 해부학적 구조 : 상완삼두근

- 상완삼두근이 대원근을 가로질러 견갑골에 붙어있다. 상완이두근과 함께 상완골의 위치를 생각해 볼 필요가 있다. 경락으로는 상완이두근은 위장, 상완 삼두근은 비장 근육으로 본다.

(9) 해부학적 구조 : 액와

- 광배근과 대원근이 뒤쪽 액와를 형성하고, 대흉근과 광배근이 중간층 액와를 형성하고 소흉근과 대원근이 심층 액와근막을 형성한다. 이것이 쇄골로 연결되어 있다.

(10) 극상근의 부착지

- 극상근은 작은 근육이지만 상완 외전시 중삼각근과 함께 작용하여 상완을 외전시키지만 이근육의 주된 기능은 견관절을 고정하는데 있다. 또한 이근육은 손으로 무거운 짐을 들고 있거나 팔을 올린 채 일을 할 때처럼 회선근이 움직일 때 함께 작용한다. 무거운 가방을 옮기는 사람들은 극상근의 문제를 지니기 쉽고, 오랜 기간동안 컴퓨터를 사용하는 식과 같이 반복된 움직임은 회선근의 문제를 일으킨다.
- 내측으로는 견갑골의 극상와에서
- 외측으로는, 상완골의 대결절까지 부착한다.
- 작용은 상완의 초기 외전
- 관절은 안정성을 확보해야 한다. 상완골두가 관절와보다 더 크다. 팔을 180도 회전하기 위해서다. 상완공두를 안정적으로 잡아주는 것이 회전덮개이다. 회전덮개 근육은 극상근, 극하근, 소원근, 견갑하근이다. 이 근육들이 상완골두를 안정되게 잡아주고 있다.

(11) 극하근, 소원근 부착지

① 극하근

- 가장 흔히 견갑골극과 견갑골의 내측연을 따라 발통점으로 부터 상완의 바깥면까지 통증을 방사한다.
- 내측으로는 견갑골의 극하와에서 외측으로는 상완골의 대결절까지 부착한다.
- 작용은 상완의 신전 및 외회전

② 소원근의 부착지

- 소원근은 극하근의 동생 근육으로 극하근과 같은 기능을 하며 이 근육의 통증 유발점 또한 같은 부위에 방사된다.
- 내측으로는 견갑골 외측연의 상부 2/3에서
- 외측으로는 극하근의 바로 아랫 부분인 상완골의 대결절에 부착한다.
- 작용은 상완의 내전 및 외회전

(12) 견갑하근의 부착지

- 견갑하근은 어깨의 내회전근으로 어깨관절을 고정한다. 반복적으로 무거운 짐을 옮기는 활동은 이 근육에 많은 스트레스를 가하는데 팔을 머리 위로 완전하게 올릴 수 없다면 이는 견갑하근의 긴장을 의미한다.
- 내측으로는 견갑하와에서
- 외측으로는 상완골의 소결절까지 부착한다.
- 작용은 상완의 내측회전

(13) 해부학적 구조 : 액와 근막

- **내측** : 전거근막을 덮는 근막과 이어짐, 전거근막은 앞쪽은 흉근막과 쇄골흉근막과 이어짐 뒤쪽은 견갑골 등쪽근육 근막과 만남
- **외측** : 상완을 둘러싸는 상완근막과 이어짐
- **액와 구조물** : 상완 신경총, 액와 동맥, 정맥, 림프관, 림프절
- 액와의 실질적인 경계는 근막에 의해서 형성되며 이 근막들은 목까지 이르러 승모근의 얕은층 근막, 설골하 근막과 합쳐짐

2_ 팔관리의 실습

상지 관리 : 도포 단계

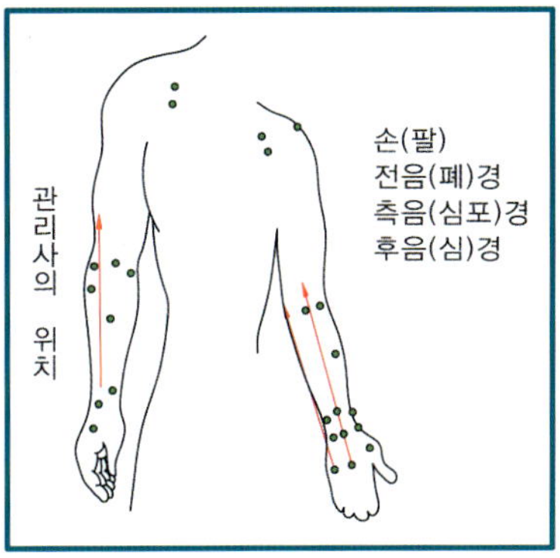

❶ 한손은 손목을 잡고 다른 한손으로 팔을 안쪽으로 쓸어 올렸다가 밖으로 내린다.
❷ 손을 바꾸어 반복한다.
❸ 양손을 겹쳐모아 손목에서 상완까지 쓸어 올렸다가 내린다.

상지 관리 : 1단계

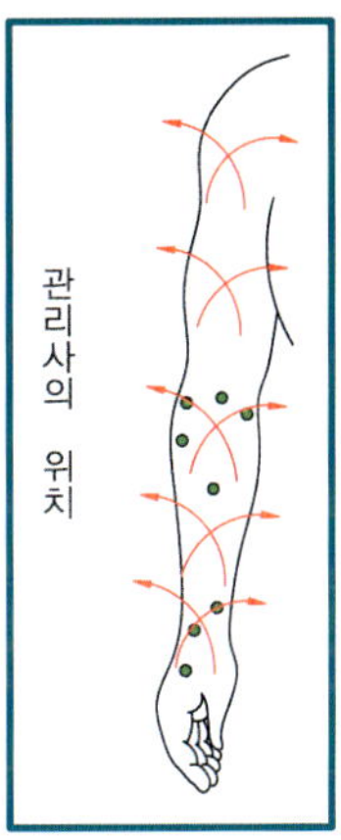

❶ 양엄지를 모았다 폈다 하듯이 굴리면서 손목에서부터 상완까지 쓰다듬기 한다.
❷ 같은 동작을 엄지와 검지를 벌린 상태에서 교차하며 굴리듯이 손목에서부터 상완까지 쓰다듬기를 한다.

상지 관리 : 2단계

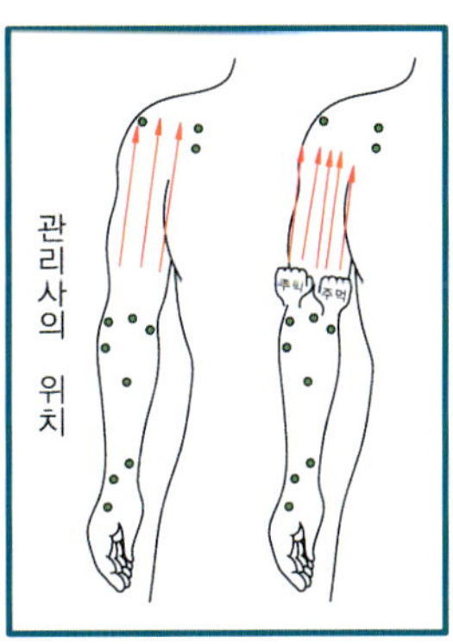

❶ 손의 엄지와 검지를 벌린 상태에서 모델의 하완을 3등분하여 상완을 향해 쓸어올린다.
❷ 상완의 상완3두근을 3등분하여 어깨를 향해 쓸어 올려준다.
❸ 8하완에서 상안까지 크게 쓸어 올렸다가 내려 훑어준다

상지 관리 : 3단계

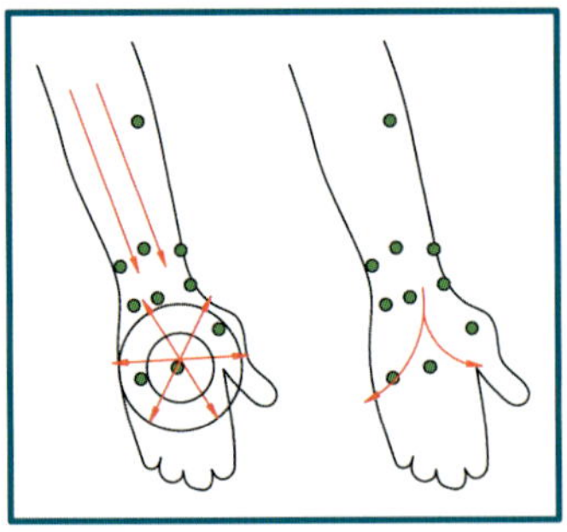

❶ 모델의 손바닥을 약지로 고정한 후 시술자의 모지로 손바닥을 꼼꼼히 훑어준다.

❷ 모델의 손바닥을 시술자의 주먹을 쥐고 꼼꼼히 굴려준다.

상지 관리 : 4단계

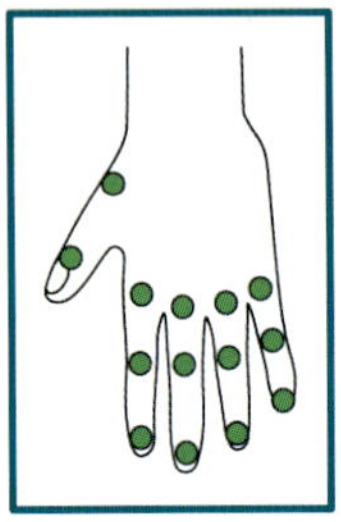

❶ 엄지와 검지를 이용하여 손가락 마디마디를 늘려주듯이 문질러 준다.

상지 관리 : 5단계

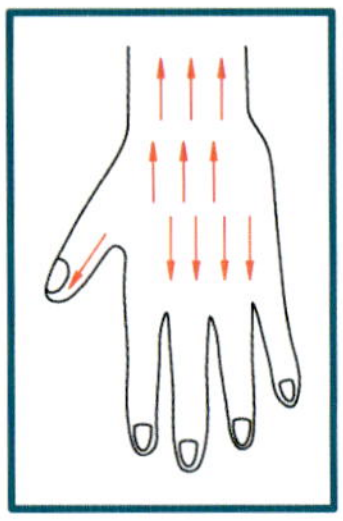

❶ 손등의 뼈와 뼈마디와 마디사이를 양엄지로 꼼꼼히 문질러준다.

❷ 손목주변을 꼼꼼히 문질러 준다.

상지 관리 : 6단계

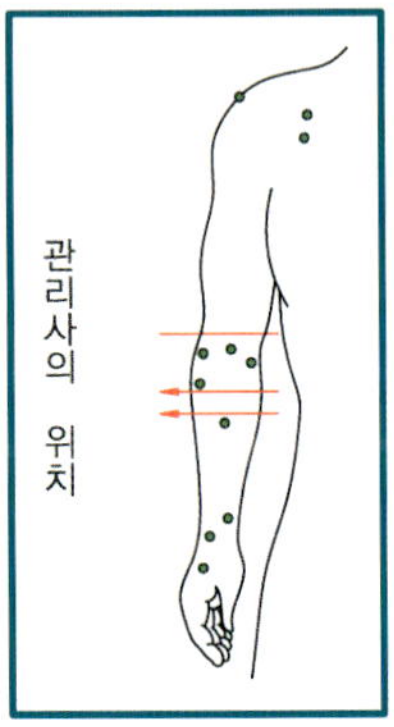

❶ 양손으로 모델의 팔을 감아쥔 후 안쪽을 향해 서로 모아주듯이 마사지한다.

❷ 손목에서 상완까지 연결하여 올라가며 마사지한다.

상지 관리 : 7단계

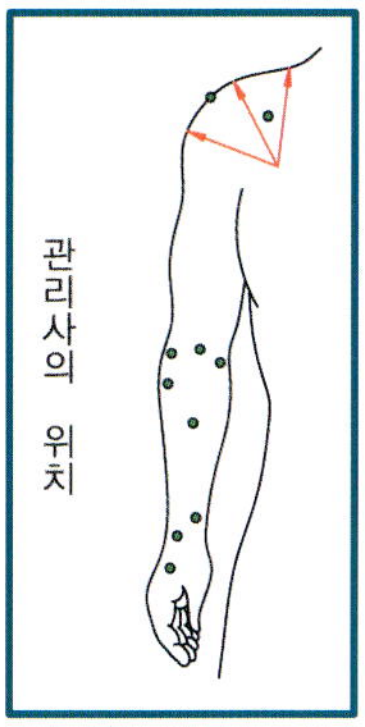

❶ 한손으로 모델의 손목을 잡고 다른 한손의 수장과 수근을 이용해 대흉근을 풀어준다.

상지 관리 : 8단계

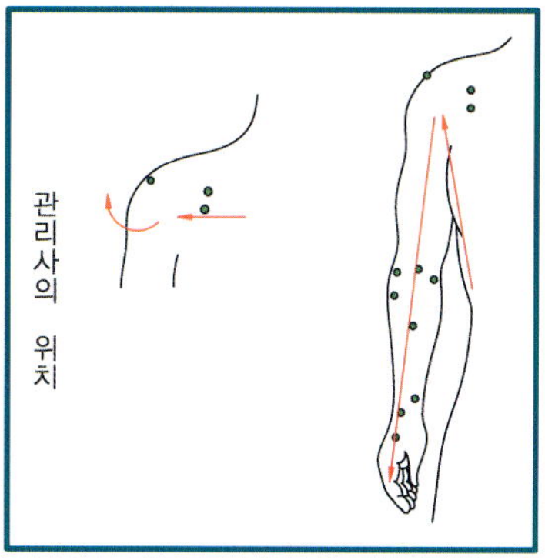

❶ 액와서부터 탁기를 모아 빼듯 양손을 사용하여 주관절, 손목관절을 연결하여 손가락 끝까지 쓸어내린다.

상지 관리 : 9단계

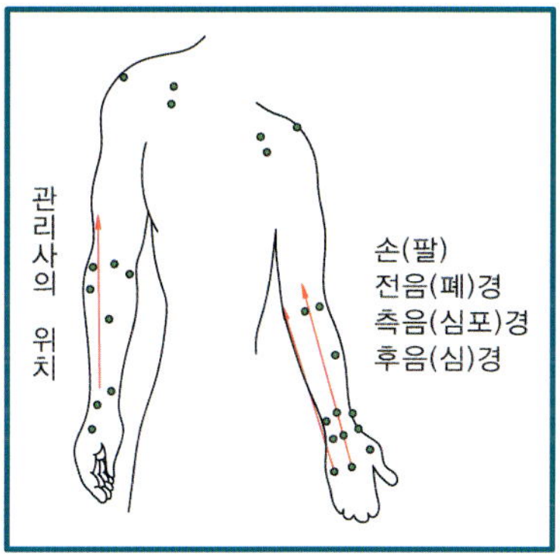

❶ 양손으로 모델의 손목을 감아잡고 전체적으로 파동을 일으키듯 흔들어 주며 마무리한다.

MEMO

MEMO

참고문헌

- 셀룰라이트와 에스테틱 메조테라피　박용우 / 한미의학 2004
- 비만학 완전정복　김영설 / 군자출판사 2005
- 림프드레나지　심정묘 외 / 정담미디어 2007
- 알기쉬운 인체생리학　정담미디어
- 인체 해부생리학　라이프사이언스
- 시바 컬렉션
- 체형관리학　강수경 외 / 청구문화사 2007
- 근육평가를 통한 자세교정 및 통증치료　FLORENCE PETERSON KENDALL 외 지음. 장훈재 외 옮김 / 푸른솔 2001
- 마사지&보디워크　박동호 / 일진사 2008
- 클리니컬 마사지　JAMES H. CLAY 지음. 성기석 외 옮김 / 영문출판사 2004
- 비만관리학　김은주 외 / 구민사 2012
- http://cafe.daum.net/liveuro/9LuJ/68131?q=%C3%BC%C7%FC&re=1
- 영양과 질병예방　박건영 / 유한문화사 2005
- 식생활과 다이어트　김일성 외 / 신광문화사 2005
- 건강한 사람이 성공한다.　이진우 / 무한출판사 2000
- 식품과 건강　명영선 외 / 유한문화사 2000
- 근막경선 해부학　Thomas W. Myers 지음. 송윤경, 이종수, 임형호 옮김 / 현문사 2005
- 과학적인 비만치료와 체중관리 비만은 없다　이윤관 저 / 대경북스 2010

저자소개

이영미 건국대학교 미래지식교육원 미용학과 전임교수

이정희 광주여자대학교 미용과학과 교수

최화정 광주여자대학교 미용과학과 교수

윤미영 광주여자대학교 미용과학과 교수

비만 및 체형관리학

초판인쇄 | 2012년 9월 5일
초판발행 | 2012년 9월 10일
개정1판 발행 | 2016년 3월 30일

저자 | 이영미 이정희 최화정 윤미영
발행인 | **조규백**
발행처 | 도서출판 **구민사**
(07301)
서울특별시 영등포구 문래로 187, 604(영등포동4가, 동서빌딩)
전화 | (02) 701-7421(~2)
팩스 | (02) 3273-9642
홈페이지 | www.kuhminsa.co.kr
등록 | 제14-29호 (1980년 2월 4일)
ISBN | 979-11-5813-237-8 [13600]
값 | **24,000원**